本书由苏州科技大学教材建设项目资助出版

现代光学
测试技术

主　编　吴泉英　孙文卿　王　军　马　骏

副主编　陈宝华　唐运海　王　帆
　　　　樊丽娜　陈　磊　沈海龙

江苏大学出版社
JIANGSU UNIVERSITY PRESS

镇　江

图书在版编目（CIP）数据

现代光学测试技术 / 吴泉英等主编. -- 镇江 ： 江苏大学出版社，2024. 8. -- ISBN 978-7-5684-2119-5

Ⅰ. TB96

中国国家版本馆 CIP 数据核字第 2024QC8325 号

现代光学测试技术

Xiandai Guangxue Ceshi Jishu

主　　编 / 吴泉英　孙文卿　王　军　马　骏

责任编辑 / 郑晨晖

出版发行 / 江苏大学出版社

地　　址 / 江苏省镇江市京口区学府路 301 号（邮编：212013）

电　　话 / 0511-84446464（传真）

网　　址 / http://press.ujs.edu.cn

排　　版 / 南京月叶图文制作有限公司

印　　刷 / 广东虎彩云印刷有限公司

开　　本 / 787 mm×1 092 mm　1/16

印　　张 / 16.5

字　　数 / 374 千字

版　　次 / 2024 年 8 月第 1 版

印　　次 / 2024 年 8 月第 1 次印刷

书　　号 / 978-7-5684-2119-5

定　　价 / 49.00

如有印装质量问题请与本社营销部联系（电话：0511 - 84440882）

前　言

　　光学测试技术是利用光的特性,如振幅、相位、波长、频率和偏振特性,测量各种变量和数量的技术,通过对待测光学量的观测、记录和处理,达到对各种元件和系统进行测试的目的。近年来,随着现代电子、计算机、信息处理以及复杂自动控制技术的发展,作为早期记录介质的感光底片已经被阵列光电探测器取代。目前,在许多应用场景中都采用光电探测器或光电倍增管作为传感器。借助现代高性能计算芯片,数据处理可以实时计算,人工智能技术也已应用至光学检测设备中。现代光学精密测试技术已经发展为集多种前沿技术于一身的综合性技术。

　　本书共有11章。第1章介绍测量误差的基本知识和测量数据的处理,包括误差的来源、分类、特性、数据处理等。这部分内容是光学测试数据处理的基础。

　　第2章主要介绍光学测量仪器的常用部件,如平行光管、自准直目镜、自准直仪、测微目镜、单色仪。这些部件在后续章节的各种测量系统中都将用到,因此本章介绍了其基本原理及用法。

　　第3章主要介绍光学玻璃的光学性能测量,对V棱镜法、最小偏向角法、全反射法等常见的测量方法进行了详细介绍。其中,光学材料的折射率及其均匀性是最基本的光学参数,对各类光学材料的正确选用起到了至关重要的作用。

　　第4—6章主要介绍光学元件参数的测量,包括光学元件表面面形误差、球面元件曲率半径以及焦距和截距的测量,详细讲解了测量原理、测量仪器、测量方法以及数据处理等各个方面的内容。

　　第7—11章主要介绍光学系统参数的测量,包括光度特性、鉴别率、几何像差以及光学传递函数的测量,同时对星点检验法、哈特曼法以及刀口阴影法在这些参数测量中的应用进行了详细介绍。

　　本书在介绍这些测试方法的过程中,融入了多个现行的国际和国内标准,有助于学生了解和掌握行业的技术规范。

　　本书中讲解的各类方法相对独立,在教学过程中如果课时有限,可以选择讲解其中的部分测试方法,但不影响课程内容的完整性。

　　本书的撰写人员和分工如下:第1章由王帆、樊丽娜编写,第2章由王军编写,第3章由唐运海编写,第4—5章由陈宝华编写,第6—10章由吴泉英、孙文卿编写,

第 11 章由马骏编写。全书由吴泉英、孙文卿统稿,沈海龙和陈磊为本书的撰写提供了十分宝贵的指导意见。陆焕钧老师以及研究生张力伟、陈浩博、鲍海宇、许星楠、朱嘉欣、郭振翔、钱进、沙刘和袁子航在本书的图表绘制、书稿的整理和校对方面付出了辛勤劳动,在此一并表示衷心的感谢!

本书由苏州科技大学教材建设项目资助,江苏大学出版社给予大力支持。本书旨在介绍各种光学测量技术的基本理论及实验方法,可作为光电信息科学与工程、测控技术与仪器、精密仪器、智能感知工程、光学工程等专业的本科及研究生教材,也可作为相关专业领域工程技术人员的参考用书。

由于作者的水平有限,书中难免存在不足之处,敬请广大读者批评指正。

编 者

2024 年 2 月于苏州

目　录

第 1 章

测量误差的基本知识和测量数据的处理

光学测试离不开测量,测量误差的基本知识和测量数据的处理方法是光学工作从业人员所必须具备的。

本章主要讲述有关测量误差的基本知识和测量数据的处理方面的内容,其中包括测量和测量方法的分类,测量误差和测量误差的分类,偶然误差,测量的精密度和准确度,算术平均值和测量偏差,系统误差的发现和消除,过失误差的处理,间接测量中均方误差的传递公式,有限次重复测量中均方误差的计算和测量结果的表示方法等。

1.1 测量误差的基本知识

1.1.1 测量和测量方法的分类

1. 测量和标准单位

测量就是将待测量与选作法定标准的同类计量单位进行比较,从而确定待测量是标准单位的若干倍或几分之几的过程。

作为法定标准的计量单位(或者称为基本单位)是测量工作的重要依据,光学测量领域采用国际单位制(SI)。

对国际单位制的基本要求是统一且可在世界范围内使用,以支撑国际贸易、高科技制造业、人类健康与安全、环境保护、全球气候研究与基础科学的发展;SI 单位须长久稳定,具有内部一致性,可基于当前最高水平的自然理论描述完成实际复现。

目前,最新的关于 SI 的定义是在第 26 届国际计量大会(CGPM)上通过的,决定自 2019 年 5 月 20 日起生效。7 个 SI 基本单位全部通过不变的自然常数来定义,具体如下:

秒,符号 s,SI 中的时间单位。当铯的频率 $\Delta\nu_{Cs}$,即铯 133 原子不受干扰的基态超精细能级跃迁频率以单位 Hz,即 s^{-1} 表示时,将其固定数值取为 9 192 631 770 来定义秒。

米,符号 m,SI 中的长度单位。当真空中光的速度 c 以单位 m/s 表示时,将其固定数值取为 299 792 458 来定义米,其中秒用 $\Delta\nu_{Cs}$ 定义。

千克,符号 kg,SI 中的质量单位。当普朗克常数 h 以单位 J·s,即 $kg \cdot m^2 \cdot s^{-1}$ 表示时,将其固定数值取为 $6.626\ 070\ 15 \times 10^{-34}$ 来定义千克,其中米和秒用 c 和 $\Delta\nu_{Cs}$ 定义。

安[培],符号 A,SI 中的电流单位。当基本电荷 e 以单位 C,即 A·s 表示时,将其固

定数值取为 $1.602\ 176\ 634\times10^{-19}$ 来定义安培,其中秒用 $\Delta\nu_{Cs}$ 定义。

开[尔文],符号 K,SI 中的热力学温度单位。当玻尔兹曼常数 κ 以单位 $J\cdot K^{-1}$,即 $kg\cdot m^2\cdot s^{-2}\cdot K^{-1}$ 表示时,将其固定数值取为 $1.380\ 649\times10^{-23}$ 来定义开尔文,其中千克、米和秒用 h,c 和 $\Delta\nu_{Cs}$ 定义。

摩[尔],符号 mol,SI 中的物质的量的单位。1 摩尔精确包含 $6.022\ 140\ 76\times10^{23}$ 个基本粒子。该数即为以单位 mol^{-1} 表示的阿伏伽德罗常数 N_A 的固定数值,称为阿伏伽德罗数。一个系统的物质的量,符号 n,是该系统包含的特定基本粒子数量的量度。基本粒子可以是原子、分子、离子、电子,以及其他任意粒子或粒子的特定组合。

坎[德拉],符号 cd,SI 中的发光强度的单位。当频率为 540×10^{12} Hz 的单色辐射的发光效率以单位 $lm\cdot W^{-1}$,即 $cd\cdot sr\cdot W^{-1}$,或 $cd\cdot sr\cdot kg^{-1}\cdot m^{-2}\cdot s^3$ 表示时,将其固定数值取为 683 来定义坎德拉,其中千克、米、秒分别用 h,c 和 $\Delta\nu_{Cs}$ 定义。

2. 测量方法的分类

测量方法可以从不同的角度进行分类。分类的目的是在多种多样的测量方法中找出它们的共同点,以便在实际工作中对测量方法进行分析和选择。在光学测量中,测量方法大致有以下几种分类。

(1) 机械法和光学法

机械法——指测量不通过光学系统成像,直接由测量仪器取得结果的方法。例如,用环形球径仪测量球面的曲率半径。

光学法——指测量时经过光学系统所成的像或者根据光通过待测工件的效果进行测量的方法。在光学测量中,大多数测量方法都属于光学法。光学法还可分为测量原理是建立在几何光学上的(如焦距测量)和测量原理是建立在波动光学上的(如各种干涉法)两类。

(2) 直接测量和间接测量

直接测量——指直接从仪器的标尺上读出待测量的整个数值或者待测量对标准量的偏差的方法。

间接测量——指利用仪器测量的是与所需要知道的量有关的另外一个或几个量,然后通过一定的数学关系式求得所需要知道的量的方法。

(3) 接触测量和非接触测量

接触测量——指测量仪器的测量头或测量平面与待测工件表面直接接触,并有机械作用所产生的测量力存在的方法。例如,光学车间用样板看光圈。

非接触测量——指待测工件表面和测量仪器之间没有机械作用所产生的测量力存在的方法。例如,在棱镜透镜干涉仪上的测量。

(4) 等精度测量和不等精度测量

等精度测量——指在测量过程中决定误差的全部因素不变的方法。例如,由同一个测量人员,用同一台仪器,在同样的测量环境下,以同样的方法,仔细测量同一个量,求测量结果平均值时所依据的测量次数也相同,这种情况下可以认为每次测量的可靠程度是相同的。在一般情况下,大都采用等精度测量法。

不等精度测量——与等精度测量相反,它是采用不同的测量方法、不同的测量仪器,在不同的测量环境下,由不同的测量人员对同一待测量进行不同次数的测量的方法。

(5)绝对测量和相对测量

绝对测量——指能给出待测量的绝对数值的测量方法。例如,用精密测角仪器测量棱镜角度。

相对测量——指只能给出待测量和标准量之间偏差值的方法。例如,用比较法测量棱镜角度。

上面是测量方法的几种常见分类,当然还可以从其他的角度进行分类,这里就不一一列举了。

1.1.2　测量误差和测量误差的分类

1. 测量误差

所需要测量的某一量(如透镜的焦距、球面的曲率半径等),它的数值总是客观存在的,是不随测量仪器和测量人员的不同而变化的。把客观存在的某一量的实际数值称为真值,或者称为测量的目标值,这里以符号 A 表示真值。

一个量的真值就是测量希望知道的值。但由于所用的测量仪器、测量方法、测量时的环境和测量人员的观察瞄准能力都不可能是完全理想的,所以通过测量所得到的某一个量的数值总是它的真值的一个近似值。把通过测量所得到的数值称为测量值,这里以符号 a 表示测量值。

测量值和真值之间的差值叫作测量误差,用符号 Z 表示,即

$$Z = a - A \tag{1-1}$$

在实际应用中,只知道测量误差还不足以说明两种测量中哪一种更准确。例如,用激光测距仪测量距离 6 000 m 的目标,测量误差为 10 m;用普通显微镜测量分划板上两条相距 1.5 mm 的刻线时,测量误差为 0.01 mm。从表面上看,前者的测量误差比后者的要大得多,但是到底哪一种测量更准确呢?为了能进行比较,需要引入相对误差的概念。

相对误差是测量误差与测量值之比,用符号 K 表示,即

$$K = \frac{Z}{a} \tag{1-2}$$

利用相对误差,可以方便地对上述两种测量结果进行比较。例如,上面提到的例子,用激光测距仪测量时,相对误差为 $K = 10/6\,000 \approx 0.001\,7 = 0.17\%$;用普通显微镜测量时,相对误差为 $K = 0.01/1.5 \approx 0.006\,7 = 0.67\%$,可见前者的测量比后者更准确。

为了区别起见,把式(1-1)表示的测量误差 Z 称为绝对误差。

2. 测量误差的分类

在测量过程中,误差总是难免的。即使对同一个量进行多次重复测量,所得到的数值也会各不相同。产生测量误差的原因有很多,各种原因所产生的测量误差不仅大小不一样,而且具有不同的规律。根据测量误差所呈现的规律性,通常可将其分成三大类:过失误差、系统误差和偶然误差。这样分类是为了在测量中尽量减少出现测量误差的可能性,即使测量误差不可避免地出现在一系列的测量值中,也可以根据各种类型误差的规律,分别加以消除、改正和处理,以使测量结果更可靠。

(1)过失误差

过失误差产生的原因是测量人员的疏忽、疲劳过度或者操作不正确,以致在读数时读错,记录时写错、算错,或者在瞄准分划刻线时出现错误等。

这种误差纯粹是由测量人员在工作中的错误所引起的,因此在一系列重复测量的测量数据中,带有过失误差的数据表现为明显的过大或者过小。

(2)系统误差

在相同的测量条件下,经过多次观测所得到的一系列测量值,如果它们的误差在大小和符号上是始终保持恒定的,或者是遵循一定的规律变化的,这样的误差就称为系统误差。

系统误差产生的原因大致有以下几种:

① 测量仪器在设计时存在原理误差。设计者为了使仪器结构简单、制造容易和操作方便,通常把一些不是严格呈线性关系的原理公式简化成线性关系来近似计算。

② 测量仪器在制造过程中存在误差。例如,度盘、分划刻尺在刻制过程中产生的误差必然会引起系统误差。另外,如果测角仪器的度盘和轴系在装配中有偏心,在读数时若不采取措施,就会产生一种按照正弦规律变化的系统误差。

③ 测量仪器在使用前零位校正不准确,导致在使用时每一个读数值中都有一个不变的误差值。

④ 测量环境不合适也会引起系统误差。例如,某些仪器要求在一定的温度条件下才能正常地工作,温度的变化会使这种仪器的分划刻度尺和度盘的格值变得不准确。

⑤ 测量人员的某些习惯也会引起系统误差。例如,用双分划线对准刻线时,有的测量人员习惯偏左,有的测量人员习惯偏右。

从上面列举的几种原因可以看出,系统误差可以是恒定不变的,也可以是变化的。变化的系统误差可以是累进的、周期性变化的,或者是按照某种复杂规律变化的。

(3)偶然误差

在相同的测量条件下,进行多次观测所得到的一系列测量值,即使不存在系统误差和过失误差,各个测量值也不可能是完全相同的。这些测量值的误差有时大、有时小,有时为正值、有时为负值,而且误差出现的时间也不一定。从表面上看,这些误差是杂乱无章地分布的,但事实上,它们是遵守统计规律而分布的。这样的误差就是偶然误差。

偶然误差产生的原因主要是事物是互相制约、互相作用的。平常所注意到的产生误差的因素只是一些影响较大的因素,其他还有一些小的影响因素和偶然出现的因素,不是未发现就是无法控制。例如,测量仪器的微量振动,仪器传动部件的间隙,环境温度的波动,空气中灰尘的降落,气流的变化,测量人员观察读数位置的变化、注意力集中的程度,等等,这些都是产生偶然误差的原因。

在测量中偶然误差的产生是不可避免的。由于偶然误差的分布服从统计规律,所以可采用多次重复测量取得一系列测量值,然后用概率论来分析和处理这一系列测量数据,从而得到待测量的正确测量结果。

1.1.3 偶然误差

1. 偶然误差的特征

大量的实验表明,当设法消除了系统误差和过失误差之后,在相同的测量条件下,对某一量进行反复多次测量所得到的一系列只含有偶然误差的测量值中,偶然误差表现出如下 4 个特征:

① 绝对值小的误差比绝对值大的误差出现的机会多(次数多)。

② 大小相等、符号相反的正负误差出现的机会相同(即次数相等)。

③ 在相同的观测条件下,误差的绝对值不会超过某一极限值。

④ 随着观测次数的不断增加,偶然误差的算术平均值逐渐趋近于零。

由上面几个特征可以看出,偶然误差的分布一定是测量误差值 Z 的平方的函数。可以把一系列测量值中每一个偶然误差值的出现看成机会均等的独立随机事件,根据概率理论,测量误差值 Z 服从正态分布,即

$$y = \frac{1}{\sqrt{2\pi}\sigma} e^{\frac{-z^2}{2\sigma^2}} \tag{1-3}$$

式中,Z 是测量误差(偶然误差)。多次重复测量所得到的一系列测量值可以表示为 a_1,a_2,$\cdots$,a_n,如果该待测量的真值为 A,则相应的测量误差 Z_1,Z_2,$\cdots$,Z_n 可写成

$$Z_i = a_i - A$$

σ 被称为均方误差。它是误差理论中一个极其重要的量,通常又称为标准误差、均方根误差等。它的定义如下:

$$\sigma = \pm\sqrt{\frac{\sum_{i=1}^{n} Z_i^2}{n}} \tag{1-4}$$

$y(Z)$ 描述了偶然误差值出现在 Z 附近一小范围 ΔZ 之内的机会。$y(Z) \cdot \Delta Z$ 是曲

线下的面积,表示偶然误差出现在这个范围内的概率。偶然误差出现在 $-Z_1 \sim Z_1$ 范围内的概率为

$$P = \int_{-Z_1}^{Z_1} y(Z) \mathrm{d}Z = \frac{1}{\sqrt{2\pi}\sigma} \int_{-Z_1}^{Z_1} \mathrm{e}^{\frac{-Z^2}{2\sigma^2}} \mathrm{d}Z \qquad (1-5)$$

图 1-1 中阴影线所示的部分就表示了偶然误差出现在 $-Z_1 \sim Z_1$ 范围内的概率。显然,误差出现在 $-\infty \sim +\infty$ 范围内是必然事件,其概率为 1,则有 $\int_{-\infty}^{+\infty} y(Z) \mathrm{d}Z = 1$,这表示"完整"的正态分布曲线下的面积为 1。

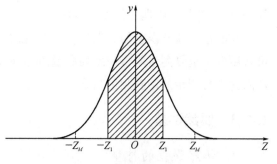

图 1-1 正态分布曲线

从式(1-3)和图 1-1 中可看出,$|Z|$ 值越小,y 值就越大;当 $|Z| \to 0$ 时,y 值最大。这说明绝对值小的误差比绝对值大的误差出现的机会多,这正反映了前面叙述的偶然误差的第一个特征。

式(1-3)中,$y(Z)$ 是 Z^2 的函数,图 1-1 中表现为曲线是左右对称的。这说明大小相等、符号相反的正负误差出现的机会相等,这反映了偶然误差的第二个特征。

由图 1-1 可见,当 $|Z|$ 稍大时,$y(Z)$ 迅速下降;当误差大于某一定值(如图中的 $\pm Z_M$)以后,$y(Z)$ 几乎下降到零。这说明偶然误差超过某一定值(如 $|Z_M|$)的可能性几乎为零,这正反映了偶然误差的第三个特征。

图 1-1 中,曲线是关于 y 轴左右对称的。由此可以想象到,当测量次数无限增加,使可能出现的误差都出现时,则有一个正误差必定有一个绝对值与之相等的负误差存在。这称为偶然误差的相消性,它反映了偶然误差的第四个特征。

2. 均方误差 σ

从式(1-3)可以看出,偶然误差的分布规律仅取决于 σ 值的大小。也就是说,在测量中,当多次重复测量得到一系列偶然误差的数值 Z_1,Z_2,$\cdots$,Z_n 后,利用式(1-4)就可以计算出这次测量的均方误差 σ,再将 σ 代入式(1-3),则 $y(Z)$ 和 Z 的关系式就完全确定了,也就是曲线的形状完全确定了。如果均方误差的值不一样,则函数 $y(Z)$ 不一样,曲线的形状亦不一样。均方误差 σ 值和曲线形状的关系如图 1-2 所示。σ 值越小,曲线的形状越陡,表明在测量中出现

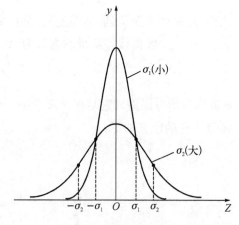

图 1-2 均方误差 σ 值和曲线形状的关系图

绝对误差值小的机会就多;相反,σ 值越大,曲线的形状越平坦,表明在这样的测量中出现误差值大的机会就多,相应出现误差值小的机会就少。

从数学上也很容易证明 $Z=\sigma$ 值的位置正好是正态分布曲线的拐点位置,σ 值越大,相当于拐点(曲线的弯曲趋势在拐点处发生变化)离开原点越远,显然曲线越平坦。

由上面的关系可以看出,均方误差 σ 正反映了一系列重复测量中精度的高低,σ 值越小,说明这一系列测量值中误差小的出现次数多,当然精度高。

利用式(1-5)可以计算出误差出现在 $-\sigma\sim\sigma$ 范围之内的概率 $P(\sigma)$ 为

$$P(\,|\,Z\,|<\sigma)=\int_{-\sigma}^{\sigma}\frac{1}{\sqrt{2\pi}\sigma}\mathrm{e}^{\frac{-z^2}{2\sigma^2}}\mathrm{d}Z\approx0.683=68.3\%$$

这里表明在一系列重复测量中,误差值出现在 $-\sigma\sim\sigma$ 范围内的概率为 68.3%。也就是说,这一系列测量值中有 68.3% 的误差值小于 $|\sigma|$,只有 31.7% 的误差值大于 $|\sigma|$,如图 1-3(a)所示。

用同样的方法,可以计算出误差出现在其他范围内的概率,如表 1-1 所示。

表 1-1　误差与概率的对应关系

误差 Z 出现的范围	误差在此范围内的概率/%	误差在此范围外的概率/%
$-0.674\,5\sigma\sim0.674\,5\sigma$	50.0	50.0
$-\sigma\sim\sigma$	68.3	31.7
$-2\sigma\sim2\sigma$	95.4	4.6
$-3\sigma\sim3\sigma$	99.7	0.3

从表 1-1 中的计算结果可以看出,测量中偶然误差的数值出现在 $-0.674\,5\sigma\sim$ $0.674\,5\sigma$ 范围内的概率和范围外的概率各有 50.0%,如图 1-3(b)所示。偶然误差出现在 $-3\sigma\sim3\sigma$ 范围内的概率为 99.7%,如图 1-3(c)所示,这表明在多次重复测量中偶然误差的数值在 $-3\sigma\sim3\sigma$ 范围外的可能性只有 0.3%。也就是说,在 1 000 次重复测量中只有 3 次的误差是大于 3σ 的;在 337 次重复测量中只有 1 次的误差值是大于 3σ 的。这样通常可以认为在次数较少的重复测量中不会出现比 3σ 更大的测量误差值。

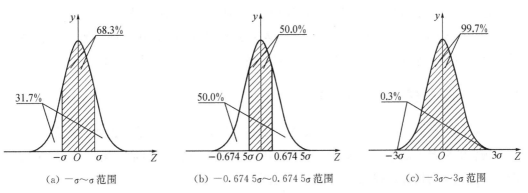

图 1-3　偶然误差出现在不同取值范围对应的概率分布曲线和概率

3. 衡量测量精度的指标

在对某一量进行测量时,利用多次重复测量得到了一系列含有偶然误差的测量值。根据偶然误差的性质,这些测量值各不相同,符合正态分布。在光学测量中,常用的衡量测量值的可靠程度(即测量精度)的指标有均方误差 σ、或然误差 γ 和极限误差 Δ 三种。

(1)均方误差 σ

在得到一系列重复测量的测量值后,根据式(1-4)就可以计算出均方误差 σ 值。而 σ 值又完全确定了这一系列偶然误差的正态分布的形状,所有的偶然误差值小于 $|\sigma|$ 的概率为 68.3%。因此,若知道了某一测量的均方误差 σ 值,则在测量中每重复一次测量所得的测量值中,其误差值有 68.3% 的可能性是小于 $|\sigma|$ 值的。当然,σ 值越小,就表示测量的精度越高。

(2)或然误差 γ

有时,还用或然误差 γ 作为衡量测量精度的指标。它表示测量中每重复一次测量所得到的测量值,其误差值有一半的可能性是小于 γ 值的。也就是说,误差值大于或者小于或然误差 γ 值的概率各占一半。从表 1-1 中可以看出,当计算出均方误差 σ 值后也就知道了 γ 值,它们的关系为

$$\gamma = 0.674\,5\sigma \tag{1-6}$$

(3)极限误差 Δ

在光学测量中,极限误差也是常用的一种估计测量精度的指标。它表示测量中每重复一次测量所得到的测量值,其误差的绝对值有 99.7% 的可能性是小于极限误差 Δ 的。极限误差 Δ 和均方误差 σ 的关系为

$$\Delta = 3\sigma \tag{1-7}$$

在实际应用中,利用以上三个指标中的任何一个都可以,只要事先约定好使用的是哪一个精度指标,就可以明确地知道所给出的测量值在某一范围内的可能性是多少。例如,对某一角度进行测量,当给出测量值为 59°36′,并给出极限误差为 30″时,就可以知道,被测角的实际大小在 59°35′30″~59°36′30″(即 59°36′±30″)范围内的可能性(概率)为 99.7%。

在光学测量中,最常用的测量精度指标是极限误差 Δ 和均方误差 σ。

需要说明的是,在一般情况下,偶然误差的分布规律是服从正态分布的。但是,在光学测量中可能会遇到服从其他分布规律(例如均匀分布)的偶然误差数据。

1.1.4 测量的精密度和准确度

通常所需要测量的某一量的数值是客观存在的,这个值就是前面提到的真值。

测量的精密度是指在一系列重复测量中所得到的一系列测量值的集中程度。它是一个与真值无关的指标,只和测量误差的分布情况有关。

测量的准确度是指所得到的测量值与真值相符合的程度。

利用打靶的例子能清楚地说明精密度和准确度之间的区别,如图 1-4 所示。图中的靶心可以理解为被测量的真值,弹着点可以理解为一系列重复测量所得到的值。

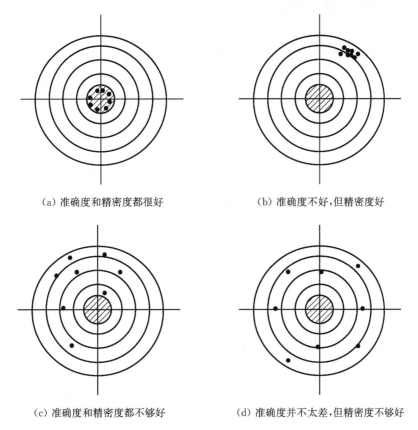

(a) 准确度和精密度都很好　　　　　(b) 准确度不好,但精密度好

(c) 准确度和精密度都不够好　　　　(d) 准确度并不太差,但精密度不够好

图 1-4　精密度和准确度的关系图(以打靶为例)

图 1-4(a)表示的所有的测量值都与真值很接近,说明测量的准确度和精密度都很好。图 1-4(b)表示的测量值全都离开了所希望得到的真值(靶心位置),显然这种测量的准确度不够好。但是各个重复测量的测量值彼此相差很少,表示这种测量的精密度是很好的。这种情况表明所使用的测量仪器可能有一较大的系统误差,一旦消除了系统误差,就能得到图 1-4(a)所示的结果。图 1-4(c)表示的测量值不仅离真值距离较远,而且彼此比较分散,因此准确度和精密度都不够好。这种情况不仅表示测量仪器可能存在较大的系统误差,而且在仪器结构的可靠性、测量方法、测量环境等上存在产生较大偶然误差的因素。图 1-4(d)表示的一系列测量值彼此比较分散,但基本上是以真值为中心而对称的。这种情况表示准确度并不太差,但精密度不够好。如果从测量操作方法、测量环境上设法使产生偶然误差的因素减少,则有可能获得精密度和准确度都比较好的测量结果。

由上面的分析可知,对于测量不仅要注意它的精密度,而且要注意它的准确度。两者不可偏废,否则对于一系列彼此十分接近的测量值,虽然其精密度很高,但仍有可能得出偏离真值很多的错误结果。

1.2 测量数据的处理

在测量中,偶然误差、系统误差和过失误差往往是同时存在的。它们同时包含在对某一待测量重复测量所得到的一系列测量值中。为了从这样的一系列测量值中找出正确的测量结果,必须把三种不同类型的测量误差从一系列测量值中区分开来,然后分别加以处理。偶然误差通常按照正态分布,可根据正态分布的特性对测量值进行处理,但是首先应把系统误差和过失误差消除。这一节就是叙述如何从测量数据中消除或减少系统误差和过失误差的影响,以及对测量数据进行处理以给出正确测量结果的方法。

1.2.1 算术平均值和测量偏差(残差)

对某一待测量进行有限次(例如 n 次)重复测量,得到了 n 个测量值,则这一组测量值的算术平均值用 $\bar{a}_0$ 表示为

$$\bar{a}_0 = \frac{a_1 + a_2 + \cdots + a_n}{n} = \frac{1}{n}\sum_{i=1}^{n} a_i \tag{1-8}$$

待测量的实际值(真值)通常是事先不知道的,在实际测量中,用算术平均值来代替测量结果是最可靠的。

一组测量值与算术平均值 $\bar{a}_0$ 的差值,称为测量偏差,用符号 v_i 表示,即

$$v_i = a_i - \bar{a}_0 \tag{1-9}$$

测量偏差通常还称为残差、剩余误差等。

1.2.2 系统误差的发现和消除

系统误差与偶然误差不一样,它不能依靠概率理论来消除或者削弱。对于系统误差的处理,常常属于测量技术上的问题。首先在测量原理、测量仪器的设计、测量环境的选择以及操作方法上都应该注意尽可能防止系统误差出现或者减少系统误差出现的可能性。在一般情况下,测量之前应首先设法找到系统误差的大小、符号或者变化规律,在测量前将系统误差排除,或者在测量后对所得到的数据进行修正。

根据产生的原因不同,系统误差的数值可以是恒定的或变化的。前者称恒定系统误差,后者称变值系统误差。变值系统误差又有累积型的(随着测量次数的增加,测量误差越来越大)、周期性变化的和按复杂规律变化的几类。

1. 系统误差的发现

在一系列测量数据中,如果其中包含恒定系统误差是很难被发现的,因为恒定系统误差并不会改变偶然误差的正态分布,所以应在测量之前尽量设法找出和消除系统误差。

如果测量数据中包含变值系统误差,则会改变偶然误差的正态分布,这样就有可能根据一系列测量值的分布偏离正态分布的情况来发现变值系统误差的存在。根据这个思路,下面简要介绍两种系统误差存在的判据。

（1）阿贝（Abbe）判据

对某一待测量重复测量 N 次,得到 N 个测量数据, a_1 , a_2 , $\cdots$, a_N 。 将这些数据按重复测量的先后次序排列,求出该组数据的算术平均值 $\bar{a}_0$ 后,即可得到按测量先后次序排列的 N 个测量偏差（残差）, v_1 , v_2 , $\cdots$, v_N 。

令 B 为相邻的两个偏差值之差的平方总和,即

$$B = \sum_{i=1}^{N} (v_i - v_{i+1})^2$$

式中,规定当 $i = N$ 时, $v_{N+1} = v_1$ 。 这样,根据 N 个测量偏差 v_i 就可计算出 B 值。

再设 A 为 N 个测量偏差的平方和,即

$$A = \sum_{i=1}^{N} v_i^2$$

阿贝判据:满足下式的一组测量数据中存在变值系统误差。

$$\left| 1 - \frac{B}{2A} \right| = \left| 1 - \frac{\sum_{i=1}^{N} (v_i - v_{i+1})^2}{2 \sum_{i=1}^{N} v_i^2} \right| > \frac{1}{\sqrt{N}} \tag{1-10}$$

根据测量值,再利用式(1-10)进行计算,结果见表 1-2。

表 1-2　多次测量数据计算结果

序号	a_i	v_i	v_i^2	$v_i - v_{i+1}$	$(v_i - v_{i+1})^2$
1	3.56	0.015	0.000 2	−0.01	0.000 1
2	3.57	0.025	0.000 6	0.06	0.003 6
3	3.51	−0.035	0.001 2	−0.05	0.002 5
4	3.56	0.015	0.000 2	0.06	0.003 6
5	3.50	−0.045	0.002 0	−0.08	0.006 4
6	3.58	0.035	0.001 2	0.05	0.002 5
7	3.53	−0.015	0.000 2	−0.06	0.003 6
8	3.59	0.045	0.002 0	0.11	0.012 1
9	3.48	−0.065	0.004 2	−0.08	0.006 4
10	3.56	0.015	0.000 2	0.02	0.000 4

序号	a_i	v_i	v_i^2	$v_i - v_{i+1}$	$(v_i - v_{i+1})^2$
11	3.54	−0.005	0.000 02	0.02	0.000 4
12	3.52	−0.025	0.000 6	−0.03	0.000 9
13	3.55	0.005	0.000 02	0.01	0.000 1
14	3.54	−0.005	0.000 02	−0.04	0.001 6
15	3.58	0.035	0.001 2	0.02	0.000 4
$\bar{a}_0 = 3.545$, $\displaystyle\sum_{i=1}^{N} v_i^2 = 0.013\ 86$, $\displaystyle\sum_{i=1}^{N}(v_i - v_{i+1})^2 = 0.044\ 6$					

$$B = \sum_{i=1}^{N}(v_i - v_{i+1})^2 = 0.044\ 6$$

$$A = \sum_{i=1}^{N} v_i^2 = 0.013\ 86$$

$$\left|1 - \frac{B}{2A}\right| = \left|1 - \frac{0.044\ 6}{2 \times 0.013\ 86}\right| \approx 0.61$$

$$N = 15, \quad \frac{1}{\sqrt{N}} \approx 0.26$$

$$\left|1 - \frac{B}{2A}\right| > \frac{1}{\sqrt{N}}$$

该组测量数据满足式(1-10)所示的阿贝判据,可见其中存在变值系统误差,应仔细分析该变值系统误差产生的原因,并设法消除,然后重新进行测量。

(2) 阿贝-赫梅特(Abbe-Helmert)判据

阿贝判据适用于检查测量值中呈周期性变化的系统误差的存在。由于在计算中令 $v_{N+1} = v_1$,所以如果第一个测量值 a_1 和最后一个测量值 a_N 正好为周期性误差的极大值和极小值,计算 B 值中的最后一项 $(v_N - v_{N+1})^2$ 就有可能很大,这样可能使 $\left|1 - \dfrac{B}{2A}\right|$ 值很小。为了避免出现这种情况,可以把这最后一项从计算中删去,得到

$$\left|1 - \frac{\displaystyle\sum_{i=1}^{N-1}(v_i - v_{i+1})^2}{2\displaystyle\sum_{i=1}^{N} v_i^2 - (v_1^2 + v_N^2)}\right| > \frac{1}{\sqrt{N-1}} \tag{1-11}$$

这就是阿贝-赫梅特判据,只要一组测量值使式(1-11)成立,就可以认为该组测量值

中存在变值系统误差。

2. 系统误差的消除

在测量前应找出系统误差产生的原因并设法测定出其大小,在测量后要对所得到的数据加以修正,或者避免系统误差的产生。系统误差的消除方法归纳起来大致有以下几种:

① 用比所使用的测量仪器精度更高的仪器(最好高一个数量级)来检验,如果两种测量仪器测得的数据相差很大,则必定存在系统误差。其差值和正负符号就是系统误差的大小和正负符号,可以用来对实际测量数据进行改正。

② 用相同的几台仪器测量同一个量,如其中一台所得到的数据与其他几台所得到的数据相比差距较大,则使用此仪器时必定存在系统误差。

③ 用一个与待测量相同的已知量在仪器上测量,如所得数据与已知值相比相差较大,则使用此仪器时必定存在系统误差。其差值就是系统误差的大小。

④ 从仪器结构设计上考虑尽量减小系统误差。例如,减小与测量直接有关的传动部件的制造公差,减小空回量。如果测量仪器所基于的测量原理本身有原理误差,则可以考虑读数部分采用不等间隔的分划,或者尽量利用测量原理所基于的曲线公式的直线部分。

⑤ 在仪器总体设计上选择合理的读数位置。例如,当度盘刻划中心与转动中心有偏心时,如果使用一边读数,就会产生按照正弦规律变化的系统误差。如果在直径相对位置上采用两边读数,或者将直径两边的分划线引入同一视场进行符合法读数,就可以消除这种由于偏心所引起的系统误差。

⑥ 对测量仪器中用作测量基准的元件,如刻线尺、度盘等,通过制作数据修正表,在实际测量中可将由这些基准元件的制造误差所引起的系统误差利用修正数据的方法进行消除。

⑦ 根据待测量和测量仪器中作为测量基准的元件与测量条件(例如温度)变化的关系,可以事先找出"修正公式"或者"修正曲线"。测量时根据测量条件的变化,利用"修正公式"找出修正值或者在"修正曲线"上直接找出修正值。

⑧ 严格地规定仪器的使用条件,可以减小系统误差产生的可能性。

消除系统误差的方法还有很多,这里就不一一列举了。在测量前找出系统误差是很重要的,尤其是恒定系统误差。恒定系统误差必须在测量前找出,因为其在对一系列测量数据处理的过程中是很难发现的,这也正是常用的测量检校等仪器需要定期进行校验和鉴定的原因。

1.2.3　过失误差的处理(可疑数据的剔除)

过失误差是由测量人员本身所犯错误或者环境突然变动(如大的震动)等原因产生的,所以只要测量人员在工作中认真细致,养成严谨的工作作风,就可以避免过失误差的产生。若测量数据存在过失误差,则会造成这些测量数据明显的过大或者过小,所以过失误差比较容易从中分辨出来。

在测量数据中,任意地删去某一个数据是不允许的。可疑数据的删去,是不能依靠主观臆断来进行的,而应当有较为客观可靠的判据。常用的判据有多种,下面简单介绍几种。

(1) 极限误差判据

由偶然误差的正态分布特性可知,在一系列测量值中,每一个数据的误差绝对值小于3倍的均方误差 σ 的可能性为99.7%,也就是误差绝对值大于 3σ 的可能性只有0.3%,即1 000次测量中才可能有3次。通常在重复次数不太多的测量中,可以认为误差绝对值大于 3σ 的测量值是不可能出现的。一旦出现了误差绝对值大于 3σ 的测量值,就可以认为它是由过失误差引起的,可以从一组测量数据中把它剔除。3σ 称为极限误差。因此,这个判断过失误差的判据称为极限误差判据。

由于偶然误差的分布规律是在测量次数无限多的情况下得到的,所以上面这个判据在重复测量次数比较少的情况下,可靠性就较差。

(2) 肖维涅(W. Chauvenet)判据

肖维涅判据是一种广泛被采用的用于剔除过失误差的判据。该判据的理论依据是,在一系列按正态分布的观察值中,如果某一测量值的误差出现的概率小于 $\dfrac{1}{2N}$ (其中 N 是重复测量的总次数),则该测量值可能是由过失误差引起的,应该舍弃。否则,应予以保留。

肖维涅判据的具体应用是,在一组 N 个测量数据中,如果发现某一次测量数据的测量偏差绝对值 $|v|$ 满足式(1-12),就可以怀疑该数据是由过失误差引起的,允许在整个测量数据中将它剔除。

$$|v| > \omega_n \sigma \tag{1-12}$$

式中,σ 是该组测量数据的均方误差;ω_n 是一个系数,称为肖维涅系数。不同的重复测量次数 N 对应不同的 ω_n 值,它们的对应关系可以从表1-3中查到。

表1-3　ω_n-N 对应表

N	ω_n	N	ω_n	N	ω_n
5	1.65	13	2.07	21	2.26
6	1.73	14	2.10	22	2.28
7	1.79	15	2.13	25	2.33
8	1.86	16	2.16	30	2.39
9	1.92	17	2.18	35	2.45
10	1.96	18	2.20	40	2.50
11	2.00	19	2.22	50	2.58
12	2.03	20	2.24	100	2.81

如果怀疑测量数据中有不止一个数据是由过失误差引起的,则应首先根据全部 N 个数据计算出均方误差 σ(计算方法在后面介绍)。然后从表 1-3 中查出对应 N 的 ω_n 值,检查其中绝对值最大的一个数据是否满足式(1-12)。如果式(1-12)成立,则将该数据剔除。接着根据剩下的 $N-1$ 个数据计算出均方误差 σ,从表 1-3 中查出对应 $N-1$ 的 ω_n 值,再检查其中绝对值最大的数据。这样一直进行下去,直到将存在过失误差的数据都剔除。

当在一组测量值中消除了系统误差和过失误差后,余下的数据就可以认为是由偶然误差引起的。下面介绍根据这些测量数据正确表示测量结果的方法。

1.2.4　有限次重复测量的最可靠值——算术平均值

由于误差的存在,真值 A 是无法准确获得的。另外,偶然误差的正态分布规律都是在测量次数 N 为无限多次时求得的,而在实际测量中重复测量次数总是有限的。

那么,当对待测量进行了有限次的重复测量(例如 n 次)得到 n 个测量值后,究竟哪一个值是测量的最可靠结果呢?

根据最小二乘法原理,在一组等精度测量值中,最可靠的值是能使各测量值相对于它的差值的平方和最小的那个值。

利用最小二乘法原理可以证明,在一组等精度测量值中,最可靠的值是该组测量值的算术平均值 $\bar{a}_0$,即

$$\bar{a}_0 = \frac{1}{n}\sum_{i=1}^{n} a_i$$

应当指出的是,$\bar{a}_0$ 并不是真值。只有当重复测量次数为无限多次时,算术平均值才是真值。在有限次重复测量中,算术平均值只是真值的一个近似值。另外,假定有无限多次重复测量的数据,则在其中任意位置上取 n 个数据,所求得的算术平均值也是不一样的。这表示算术平均值本身也是偶然分布的,即算术平均值本身也有一个衡量分布规律的精密度指标,这就是算术平均值的均方误差。为了导出算术平均值的均方误差计算公式,需要用到间接测量中均方误差的传递公式。

1.2.5　间接测量中均方误差的传递公式

所谓间接测量,是指待测量是通过测量与它有关的其他几个量,然后通过一定的数学关系计算得到的。例如,待测量是 P,直接测量得到的量是 x,y,t,…,它们之间的关系为 $P = f(x,y,t,\cdots)$。

重复测量各直接测量量得到各组一系列的测量值,它们都遵从偶然误差的正态分布规律,那么间接测量值按照各直接测量值计算得到的一系列值也是按正态分布规律分布的。现在的问题是,当知道了各直接测量量的精密度[即已知各量的均方误差 $\sigma(x)$,$\sigma(y)$,$\sigma(t)$,…]以后,怎样求出间接测量量 P 的均方误差 $\sigma(P)$。下面介绍如何导出均

方误差的传递公式。

现假设间接测量量 P 可由两个直接测量量 x，y 求出，即 $P = f(x, y)$，并假设测量 x，y 时都进行了 n 次重复测量，这样可得 n 个间接测量量 P 值，即

$$P_1 = f(x_1, y_1), \ P_2 = f(x_2, y_2), \ \cdots, \ P_n = f(x_n, y_n)$$

为了求得由直接测量量的误差所引起的间接测量值 P 的误差，可应用全微分，即

$$dP = \frac{\partial f}{\partial x}dx + \frac{\partial f}{\partial y}dy$$

式中，dx，dy 和 dP 分别表示各量的变化，即测量误差 Z。现不妨用测量误差 $Z(x)$，$Z(y)$ 和 $Z(P)$ 分别代替，则有

$$Z(P) = \frac{\partial f}{\partial x}Z(x) + \frac{\partial f}{\partial y}Z(y)$$

将上式两边分别平方，则有

$$Z^2(P) = \left(\frac{\partial f}{\partial x}\right)^2 Z^2(x) + \left(\frac{\partial f}{\partial y}\right)^2 Z^2(y) + 2\left(\frac{\partial f}{\partial x}\right)\left(\frac{\partial f}{\partial y}\right)Z(x)Z(y)$$

由于分别重复测量了 n 次，则由两组直接测量值得到 n 个间接测量值 P 的测量误差如下：

$$Z_1^2(P) = \left(\frac{\partial f}{\partial x}\right)^2 Z_1^2(x) + \left(\frac{\partial f}{\partial y}\right)^2 Z_1^2(y) + 2\left(\frac{\partial f}{\partial x}\right)\left(\frac{\partial f}{\partial y}\right)Z_1(x)Z_1(y)$$

$$Z_2^2(P) = \left(\frac{\partial f}{\partial x}\right)^2 Z_2^2(x) + \left(\frac{\partial f}{\partial y}\right)^2 Z_2^2(y) + 2\left(\frac{\partial f}{\partial x}\right)\left(\frac{\partial f}{\partial y}\right)Z_2(x)Z_2(y)$$

$$\vdots$$

$$Z_n^2(P) = \left(\frac{\partial f}{\partial x}\right)^2 Z_n^2(x) + \left(\frac{\partial f}{\partial y}\right)^2 Z_n^2(y) + 2\left(\frac{\partial f}{\partial x}\right)\left(\frac{\partial f}{\partial y}\right)Z_n(x)Z_n(y)$$

现将上式两边分别求和，则有

$$\sum_{i=1}^{n} Z_i^2(P) = \left(\frac{\partial f}{\partial x}\right)^2 \sum_{i=1}^{n} Z_i^2(x) + \left(\frac{\partial f}{\partial y}\right)^2 \sum_{i=1}^{n} Z_i^2(y) + 2\left(\frac{\partial f}{\partial x}\right)\left(\frac{\partial f}{\partial y}\right)\sum_{i=1}^{n} Z_i(x)Z_i(y)$$

由于 $Z(x)$ 和 $Z(y)$ 都是偶然误差，因此当测量次数 n 无限增加（$n \to \infty$）时，可以认为

$$\sum_{i=1}^{n} Z_i(x)Z_i(y) = 0$$

则有

$$\sum_{i=1}^{n} Z_i^2(P) = \left(\frac{\partial f}{\partial x}\right)^2 \sum_{i=1}^{n} Z_i^2(x) + \left(\frac{\partial f}{\partial y}\right)^2 \sum_{i=1}^{n} Z_i^2(y)$$

根据均方误差公式(1-4),有

$$n\sigma^2(x) = \sum_{i=1}^{n} Z_i^2(x); \quad n\sigma^2(y) = \sum_{i=1}^{n} Z_i^2(y); \quad n\sigma^2(P) = \sum_{i=1}^{n} Z_i^2(P)$$

所以有

$$n\sigma^2(P) = n\left(\frac{\partial f}{\partial x}\right)^2 \sigma^2(x) + n\left(\frac{\partial f}{\partial y}\right)^2 \sigma^2(y)$$

$$\sigma(P) = \pm\sqrt{\left(\frac{\partial f}{\partial x}\right)^2 \sigma^2(x) + \left(\frac{\partial f}{\partial y}\right)^2 \sigma^2(y)}$$

这就是间接测量量的均方误差表示式。知道了直接测量量的均方误差 $\sigma(x)$ 和 $\sigma(y)$ 后,用此公式就可以求出间接测量量的均方误差。

上面是从两个直接测量量推导均方误差的。同样,如果有 N 个直接测量量(u_1,u_2,$\cdots$,u_N),间接测量量为 $P = f(u_1, u_2, \cdots, u_N)$,当已知各直接测量量的均方误差 $\sigma(u_1)$,$\sigma(u_2)$,$\cdots$,$\sigma(u_N)$ 后,间接测量量的均方误差 $\sigma(P)$ 可以用下式求得:

$$\sigma(P) = \pm\sqrt{\left(\frac{\partial f}{\partial u_1}\right)^2 \sigma^2(u_1) + \left(\frac{\partial f}{\partial u_2}\right)^2 \sigma^2(u_2) + \cdots + \left(\frac{\partial f}{\partial u_N}\right)^2 \sigma^2(u_N)} \quad (1-13)$$

式(1-13)称为间接测量中均方误差的传递公式。

例如,球面曲率半径 R 是利用下面的公式计算得到的,即

$$R = \frac{r^2}{2h} + \frac{h}{2}$$

式中,r 是测量环的半径,直接测得的值是 $r = 32.480$ mm。已知 $\sigma(r) = \pm 0.003$ mm;h 是待测球面的矢高,直接测得的值是 $h = 4.851$ mm,计算得 $\sigma(h) = \pm 0.001$ mm。

由

$$\frac{\partial R}{\partial r} = \frac{r}{h}$$

$$\frac{\partial R}{\partial h} = -\frac{r^2}{2h^2} + \frac{1}{2} = -\left(\frac{r^2}{2h^2} - \frac{1}{2}\right)$$

$$\sigma(R) = \pm\sqrt{\left(\frac{r}{h}\right)^2 \sigma^2(r) + \left(\frac{r^2}{2h^2} - \frac{1}{2}\right)^2 \sigma^2(h)}$$

则有

$$R = \frac{32.480^2}{2 \times 4.851} + \frac{4.851}{2} \approx 111.16 \text{ mm}$$

$$\sigma(R) = \pm \sqrt{\left(\frac{32.480}{4.851}\right)^2 \times (0.003)^2 + \left(\frac{32.480^2}{2 \times 4.851^2} - \frac{1}{2}\right)^2 \times (0.001)^2}$$

$$\approx \pm 0.03 \text{ mm}$$

1.2.6 算术平均值的均方误差

均方误差 σ 可以用来表示重复测量所得一组数据的分布情况(即精密度),表明每一个测量值的误差绝对值小于 σ 值的可能性(即概率)为 68.3%。

如前面所述,在有限次重复测量中,是用算术平均值作为最可靠值的,但算术平均值只是真值的近似值,它本身也是偶然分布的。算术平均值的精密度通常可以用算术平均值的均方误差来表示,符号为 $\sigma(\bar{a}_0)$。当知道 $\sigma(\bar{a}_0)$ 后,在没有系统误差存在的情况下,它表示所求得的算术平均值 $\bar{a}_0$ 与真值 A 之间差值的绝对值小于 $\sigma(\bar{a}_0)$ 的可能性为 68.3%,算术平均值的均方误差 $\sigma(\bar{a}_0)$ 与单个测量值的均方误差 σ 之间有一定的关系。

算术平均值的表示式可以写成

$$\bar{a}_0 = \frac{1}{n} \sum_{i=1}^{n} a_i = \frac{1}{n} a_1 + \frac{1}{n} a_2 + \cdots + \frac{1}{n} a_n$$

这样相当于把算术平均值 $\bar{a}_0$ 看成各个测量值 $(a_1, a_2, \cdots, a_n)$ 的函数,即 $\bar{a}_0 = f(a_1, a_2, \cdots, a_n)$,也就是把 $\bar{a}_0$ 看成间接测量量。根据间接测量的均方误差传递公式 (1-12),则可直接写出算术平均值的均方误差为

$$\sigma^2(\bar{a}_0) = \left(\frac{\partial f}{\partial a_1}\right)^2 \sigma^2(a_1) + \left(\frac{\partial f}{\partial a_2}\right)^2 \sigma^2(a_2) + \cdots + \left(\frac{\partial f}{\partial a_n}\right)^2 \sigma^2(a_n)$$

由于 $(a_1, a_2, \cdots, a_n)$ 是重复测量的一组等精度数据,每一个测量值的均方误差都是相同的,即

$$\sigma(a_1) = \sigma(a_2) = \cdots = \sigma(a_n) = \sigma$$

式中,σ 是由该组数据计算得到的单个测量值的均方误差。

又由

$$\frac{\partial f}{\partial a_1} = \frac{\partial f}{\partial a_2} = \cdots = \frac{\partial f}{\partial a_n} = \frac{1}{n}$$

则有

$$\sigma^2(\bar{a}_0) = \frac{1}{n^2}\sigma^2 + \frac{1}{n^2}\sigma^2 + \cdots + \frac{1}{n^2}\sigma^2 = \frac{n}{n^2}\sigma^2 = \frac{1}{n}\sigma^2$$

因此

$$\sigma(\bar{a}_0) = \frac{\sigma}{\sqrt{n}} \tag{1-14}$$

这就是算术平均值的均方误差计算公式。

由式(1-14)可知：

① 由于重复测量次数 n 是一个大于 1 的正整数，所以算术平均值的均方误差一定小于单个测量值的均方误差。偶然误差分布曲线的形状是由均方误差 σ 值确定的，算术平均值和单个测量值的均方分布曲线对比如图 1-5 所示。其中，实线表示算术平均值的均方误差分布曲线，虚线表示单个测量值的均方误差分布曲线。由此可见，算术平均值接近真值的可能性要比单个测量值接近真值的可能性大。对于单个测量，误差绝对值小于 σ 的可能性为 68.3%。对于多个测量的算术平均值，误差绝对值小于 $\dfrac{\sigma}{\sqrt{n}}$ 的可能性为 68.3%，如图 1-5 中阴影线所示。

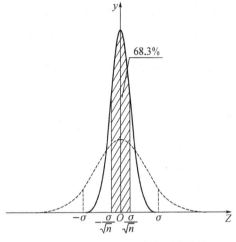

图 1-5　算术平均值和单个测量值的均方误差分布曲线对比

② 算术平均值的均方误差 $\sigma(\bar{a}_0)$ 的大小与重复测量次数 n 有关。重复测量的次数越多，则算术平均值的均方误差 $\sigma(\bar{a}_0)$ 值越小，表示算术平均值接近真值的可能性越大。当 n 为无限大时，$\sigma(\bar{a}_0)=0$，表示算术平均值就等于真值。但是 $\sigma(\bar{a}_0)$ 的减小并不与 n 的增加成比例。现假定单个测量值的均方误差 $\sigma=10$，则 $\sigma(\bar{a}_0)$ 随着重复测量次数 n 的增加而减小的规律如表 1-4 所示。

表 1-4　$\sigma=10$ 时，n 与 $\sigma(\bar{a}_0)$ 的对应关系

n	1	2	4	6	8	10	20	30	50	100
$\sigma(\bar{a}_0)$	10	7.1	5.0	4.1	3.5	3.2	2.2	1.8	1.3	1.0

由表 1-4 和图 1-6 所示的曲线可以看出，当重复测量次数 n 不太大时，增加测量次数，算术平均值的均方误差减小得非常快，表示精密度迅速提高。但是当重复测量次数较多(例如 $n=20$)时，再增加测量次数，算术平均值的均方误差的减小就不是很明显了。例如，重复测量次数从 2 次增加到 10 次，$\sigma(\bar{a}_0)$ 从 7.1 迅速减小到 3.2。而重复测量次数从 20 次增加到 100 次，总共增加了 80 次，$\sigma(\bar{a}_0)$ 才从 2.2 减小到 1.0。由此可见，通过增加重复测量次数来提高精密度的方法只有在测量次数不多时

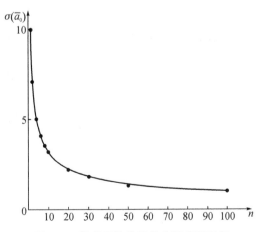

图 1-6　算术平均值的均方误差随重复测量次数的变化关系

才是有效的,否则是不经济的。虽然花费了很多人力、物力和时间进行大量的重复测量,但是精密度的提高仍是不明显的。要提高测量精密度,关键是使用高精度的仪器或者改进操作方法,以减小单个测量值的均方误差 σ。

在通常的测量中,重复测量次数一般不超过 12 次,以 4～6 次居多。

1.2.7 有限次重复测量中均方误差的计算

在测量数据的处理过程中,首先要计算出该组数据的均方误差 σ。但是在测量中,真值 A 无法准确获得。根据有限次重复测量所得到的一组测量值,只能得到算术平均值 $\bar{a}_0$。它不是真值,只是真值的一个可靠的近似值。因此,测量误差 Z_i 也无法准确获得,只能得到测量偏差 $v_i = a_i - \bar{a}_0$。那么,怎样利用测量偏差 v_i 值来计算均方误差呢?

测量误差 $Z_i = a_i - A$,分别对公式两边求和,则有

$$\sum_{i=1}^n Z_i = \sum_{i=1}^n a_i - nA$$

算术平均值 $\bar{a}_0 = \dfrac{1}{n} \sum_{i=1}^n a_i$,将其代入上式,推导可得

$$\bar{a}_0 = A + \frac{1}{n} \sum_{i=1}^n Z_i$$

测量偏差 $v_i = a_i - \bar{a}_0$,将上式代入则有

$$v_i = a_i - A - \frac{1}{n} \sum_{i=1}^n Z_i = (a_i - A) - \frac{1}{n} \sum_{i=1}^n Z_i = Z_i - \frac{1}{n} \sum_{i=1}^n Z_i$$

将上式两边分别平方,则有

$$v_i^2 = Z_i^2 - 2Z_i \frac{1}{n} \sum_{i=1}^n Z_i + \frac{1}{n^2} \left(\sum_{i=1}^n Z_i \right)^2$$

将上式两边分别求和,则有

$$\begin{aligned}
\sum_{i=1}^n v_i^2 &= \sum_{i=1}^n Z_i^2 - 2 \sum_{i=1}^n Z_i \cdot \frac{1}{n} \sum_{i=1}^n Z_i + \frac{n}{n^2} \left(\sum_{i=1}^n Z_i \right)^2 \\
&= \sum_{i=1}^n Z_i^2 - \frac{2}{n} \left(\sum_{i=1}^n Z_i \right)^2 + \frac{1}{n} \left(\sum_{i=1}^n Z_i \right)^2
\end{aligned}$$

$$\sum_{i=1}^n v_i^2 = \sum_{i=1}^n Z_i^2 - \frac{1}{n} \left(\sum_{i=1}^n Z_i \right)^2$$

又有

$$\left(\sum_{i=1}^n Z_i \right)^2 = (Z_1 + Z_2 + \cdots + Z_n)^2$$

$$=Z_1^2+Z_2^2+\cdots+Z_n^2+2Z_1Z_2+2Z_1Z_3+\cdots+2Z_1Z_n+2Z_2Z_3+\cdots$$

即

$$\left(\sum_{i=1}^n Z_i\right)^2=\sum_{i=1}^n Z_i^2+2\sum_{p,q}Z_pZ_q \quad (p=1,2,\cdots,n;q=1,2,\cdots,n;p\neq q)$$

根据偶然误差中正负误差出现的概率相等的特征,可以认为 $\sum Z_pZ_q=0$,因此可得

$$\sum_{i=1}^n Z_i^2=\frac{n}{n-1}\sum_{i=1}^n v_i^2$$

根据均方误差的计算公式(1-4),则有

$$\sigma^2=\frac{1}{n}\sum_{i=1}^n Z_i^2=\frac{1}{n-1}\sum_{i=1}^n v_i^2$$

$$\sigma=\pm\sqrt{\frac{\sum_{i=1}^n v_i^2}{n-1}}=\pm\sqrt{\frac{v_1^2+v_2^2+\cdots+v_n^2}{n-1}} \tag{1-15}$$

这就是在有限次重复测量中均方误差的计算公式,通常被称作贝塞尔(Bessel)公式。

根据公式(1-15)可得算术平均值的均方误差计算公式为

$$\sigma(\bar{a}_0)=\frac{\sigma}{\sqrt{n}}=\pm\sqrt{\frac{\sum_{i=1}^n v_i^2}{n(n-1)}}=\pm\sqrt{\frac{v_1^2+v_2^2+\cdots+v_n^2}{n(n-1)}} \tag{1-16}$$

1.2.8　测量结果的表示方法和测量数据处理举例

1. 测量结果的表示方法

重复测量的一系列测量数据经过处理后,测量结果的最后表示方法通常有两种。

第一种:测量结果=算术平均值±算术平均值的均方误差 $=\bar{a}_0\pm\sigma(\bar{a}_0)$。

第二种:测量结果=算术平均值±算术平均值的极限误差 $=\bar{a}_0\pm\Delta(\bar{a}_0)$,根据偶然误差的正态分布规律可知 $\Delta(\bar{a}_0)=3\sigma(\bar{a}_0)$。

上面两种表示方法在光学测量中都很常见,但采用第一种表示方法的较多。应该注意的是,两种表示方法是不一样的,在第一种表示方法中,所给出的算术平均值与被测量实际值(即真值)的差值的绝对值小于 $\sigma(\bar{a}_0)$ 的可能性为 68.3%,而在第二种表示方法中,所给出的算术平均值与真值之差值的绝对值小于 $\Delta(\bar{a}_0)$ 的可能性为 99.7%。因此,在对给出的测量结果和现有资料中的数据精密度进行分析时应根据测量要求来选取。

2. 测量数据处理的步骤

总结前面所叙述的,对一组等精密度测量数据进行处理的步骤如下:

① 求出该组数据的算术平均值 $\bar{a}_0$，并由式(1-9)计算出各次测量值的测量偏差 $v_i (i = 1, 2, \cdots, n)$。

② 根据式(1-15)计算出单次测量值的均方误差 σ。

③ 利用极限误差判据，检查每一个测量数据是否有可能存在过失误差。若有过失误差，则应将该数据剔除，并重新进行第①、②两步，计算出剩余数据的算术平均值、测量偏差和单次测量值均方误差。

④ 利用判断系统误差的判据，检查是否有可能存在有变值系统误差。如果有变值系统误差，则应考虑从测量仪器或测量方法上找原因，可以先求出校正公式或校正曲线再进行测量，也可以换另外的仪器或另外的测量方法重新进行测量。

⑤ 根据式(1-16)计算出算术平均值的均方误差 $\sigma(\bar{a}_0)$。

⑥ 将测量结果表示为 $\bar{a}_0 \pm \sigma(\bar{a}_0)$。

3. 举例

现以一次测量球面的矢高 h 为例来说明测量数据处理的步骤。重复测量 10 次，其数据如表 1-5 所示。

表 1-5 球面矢高的测量数据

测量序号	h_i	v_i	v_i^2
1	7.432	+0.000 4	0.000 000 16
2	7.431	−0.000 6	0.000 000 36
3	7.432	+0.000 4	0.000 000 16
4	7.433	+0.001 4	0.000 001 96
5	7.429	−0.002 6	0.000 006 76
6	7.430	−0.001 6	0.000 002 56
7	7.437	+0.005 4	0.000 029 16
8	7.429	−0.002 6	0.000 006 76
9	7.432	+0.000 4	0.000 000 16
10	7.431	−0.000 6	0.000 000 36
$\bar{a}_0 = 7.431\,6, \quad \sum\limits_{i=1}^{n} v_i^2 = 0.000\,048\,4$			

① 计算算术平均值。

$$\bar{a}_0 = \frac{1}{n} \sum_{i=1}^{n} h_i = \frac{1}{10}(7.432 + 7.431 + \cdots + 7.431) = 7.431\,6$$

计算出各测量值的测量偏差，结果见表 1-5。

② 计算单次测量值的均方误差。

$$\sigma = \pm \sqrt{\frac{\sum\limits_{i=1}^{n} v_i^2}{n-1}} = \pm \sqrt{\frac{0.000\,000\,16 + 0.000\,000\,36 + \cdots + 0.000\,000\,36}{10-1}}$$

$$= \pm \sqrt{\frac{0.000\,048\,4}{9}} \approx \pm 0.002\,3$$

③ 用肖维涅判据检查过失误差。

由 $n = 10$，从表 1-3 查得肖维涅系数 $\omega_{10} = 1.96$，则 $\omega\sigma = 1.96 \times 0.002\,3 \approx 0.004\,5$，由于 $v_7 = 0.005\,4$，可见 $v_7 > \omega\sigma$，所以测量值 h_7 可能是由过失误差产生的，可以把它从测量数据中剔除。余下的数据重新列表，如表 1-6 所示。

表 1-6　剔除过失误差后的数据

数据序号	h_i	v_i	v_i^2	$v_i - v_{i+1}$	$(v_i - v_{i+1})^2$
1	7.432	+0.001	0.000 001	+0.001	0.000 001
2	7.431	0.000	0.000 000	−0.001	0.000 001
3	7.432	+0.001	0.000 001	−0.001	0.000 001
4	7.433	+0.002	0.000 004	+0.004	0.000 016
5	7.429	−0.001	0.000 001	−0.001	0.000 001
6	7.430	−0.001	0.000 001	+0.001	0.000 001
7	7.429	−0.001	0.000 004	−0.003	0.000 009
8	7.432	+0.001	0.000 001	+0.001	0.000 001
9	7.431	0.000	0.000 000	−0.001	0.000 001
$\bar{a}_0 = 7.431,\ \sum\limits_{i=1}^{n} v_i^2 = 0.000\,016$					

④ 重新计算算术平均值 $\bar{a}_0$ 和各次测量值的偏差 v_i，结果见表 1-6。

$$\bar{a}_0 = \frac{1}{n}\sum_{i=1}^{n} h_i = \frac{1}{9}(7.432 + 7.431 + \cdots + 7.431) = 7.431$$

$$v_1 = h_1 - \bar{a}_0 = 7.432 - 7.431 = +0.001$$

$$v_2 = h_2 - \bar{a}_0^{'} = 7.431 - 7.431 = 0.000$$

$$\vdots$$

⑤ 重新计算单次测量值的均方误差 σ。

$$\sigma = \pm \sqrt{\frac{\sum\limits_{i=1}^{n} v_i^2}{n-1}} = \pm \sqrt{\frac{0.000\,001 + 0.000\,000 + \cdots + 0.000\,000}{9-1}}$$

$$= \pm \sqrt{\frac{0.000\,016}{8}} \approx \pm 0.001\,4$$

⑥ 再检查过失误差。

由 $n=9$，从表 1-3 查得肖维涅系数为 $\omega_9=1.92$，则 $\omega\sigma\approx0.0027$，所以测量数据中不再包括过失误差。

⑦ 检查数据中是否存在变值系统误差。

根据阿贝判据，由表 1-6 可知

$$B=\sum_{i=1}^{n}(v_i-v_{i+1})^2=0.000032$$

$$A=\sum_{i=1}^{n}v_i^2=0.000016$$

$$\frac{1}{\sqrt{n}}=\frac{1}{\sqrt{9}}\approx0.333$$

则

$$\left|1-\frac{B}{2A}\right|=\left|1-\frac{0.000032}{2\times0.000016}\right|=0,\quad\left|1-\frac{B}{2A}\right|<\frac{1}{\sqrt{n}}$$

可见，数据中无变值系统误差。

⑧ 计算算术平均值的均方误差 $\sigma(\bar{a}_0)$。

$$\sigma(\bar{a}_0)=\pm\frac{\sigma}{\sqrt{n}}=\pm\frac{0.0014}{\sqrt{9}}\approx\pm0.0005$$

⑨ 表示出测量结果。

测量结果为

$$\bar{a}_0\pm\sigma(\bar{a}_0)=7.431\pm0.0005$$

测量结果也可用极限误差表示为

$$\bar{a}_0\pm3\sigma(\bar{a}_0)=7.431\pm0.0015$$

第 2 章

光学测量仪器的常用部件

为了保证测量具有一定的精度,需要借助一定的仪器。光学测量由于涉及的范围比较广,因此所用的光学测量仪器种类很多。在各种比较复杂的测量仪器中,有一些组成部件在各种类型的仪器上所起的作用是相同的,这样的部件称为光学测量仪器的常用部件。这些常用部件的工作原理和使用方法是理解各种复杂光学测量仪器的基础。这些常用部件还可以组合成测量某些物理量的专用装置。

本章要介绍的常用部件有平行光管、自准直目镜和自准直仪、测微目镜以及单色仪等。

2.1 平行光管

2.1.1 平行光管的构造原理

在光学测量中常常有两种需要,一是需要一束平行光或者波面为平面的光,二是需要一个位于无限远处或者位于远距离处的目标。

如果把一个发光的点光源放到很远的地方,则它发出的光相对于接收光的地方可以认为是一束平行光,而且点光源距离越远,光越"平行"。例如,由天空上的星星发出的光可以认为是平行光。另外,如果把所需要测试的目标放到很远的地方,也可以近似地将其认为是位于无限远处的目标。但这样做显然是很不方便的,并且受很多条件的限制。于是需要一种仪器,它能产生平行光或者一个无限远处的目标。这种仪器就是广泛使用在光学测量仪器或者装校调整仪器上的平行光管。

由几何光学可知,从透镜焦点上发出的一束光经过透镜后就成为一束平行光,无穷远处的物体经过透镜之后将成像在焦平面上;反过来,如果将一物体放在透镜的焦平面上,那么它将成像在无穷远处。平行光管就是根据这两个几何光学规律构成的。

平行光管的光学系统是光学仪器中最简单的光学系统之一,但是它对组成光学系统的光学元件的质量有很高的要求。图 2-1 所示为平行光管的构造原理。平行光管由物镜、放在物镜焦平面上的分划板、光源以及为了使分划板能均匀照亮而在光源前放置的毛玻璃组成。有时,当分划板上的小孔需要强光照亮时,在光源和毛玻璃之间加用聚光镜(图中未画出)。

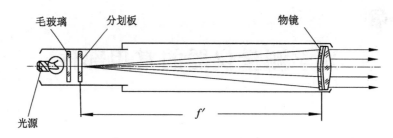

图 2-1　平行光管原理图

由于分划板位于物镜的焦平面上,所以如果分划板上是一个被后面光源照得很亮的小孔,则该小孔发出的光束经过物镜后就成为一束平行光。这种分划板上是一个被光源照得很亮的小孔的平行光管,通常被称为点光源平行光管。

如果分划板上带有分划刻线或者某种图案,则经光源照明通过物镜后将成像在无限远处,这个像可以用作无限远处的测量目标。

1. 平行光管的物镜

平行光管是一种能产生平行光束或者无限远目标的仪器,其产生的光束通常要求是准确平行的,也就是要求光的波面是准确的平面,无限远目标上的刻线或者图案应与所要求的形状一致。平行光管物镜的成像质量要好,因为物镜的成像质量直接决定了平行光管的质量。

根据物镜焦距和相对孔径的不同,平行光管一般采用如下几种物镜。

① 对于中等焦距的平行光管,物镜焦距一般为 $f' = 300 \sim 500 \text{ mm}$,相对孔径一般为 $\dfrac{D}{f'} = \dfrac{1}{10} \sim \dfrac{1}{8}$,这时通常采用消色差双胶物镜。由于这种双胶物镜的相对孔径和视场都较小,单色像差可以校正得很小,因此这种平行光管常常用在精度不太高的目视光学仪器的调整检验结构上。如果光源使用白炽灯光源,则平行光管物镜需要消色差。

② 对于短焦距、大视场的平行光管,物镜焦距一般为 $f' = 200 \sim 300 \text{ mm}$,视场达 $2\omega = 50°$,相对孔径为 $\dfrac{D}{f'} = \dfrac{1}{4.5}$。这样的平行光管主要用来测量目视望远仪器的视场,也称为视场仪,如图 2-2 所示。由于这种平行光管本身的视场较大,要求物镜的成像质量比较好,尤其要求校正大视场下的斜光束像差,因此这种平行光管物镜常用较大相对孔径的广角照相物镜,因为只有广角照相物镜才能满足大视场下成像质量比较好的要求。

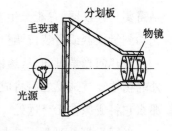

图 2-2　视场仪

③ 物镜焦距在 500 mm 以上的长焦距平行光管在光学测量中应用得最多。其物镜焦距通常为 1 500～2 000 mm,相对孔径为 $\dfrac{D}{f} = \dfrac{1}{15} \sim \dfrac{1}{12}$。这时物镜的口径通常都比较

大,由于采用胶合物镜,在工艺上已较难保证它的成像质量,所以通常采用双分离式物镜。

④ 对于用在成像质量评定等高精度测量中的平行光管,其对物镜的成像质量要求很高,除了要求单色像差很小外,还要求对三种以上光谱线同时消色差,也就是要求物镜的二级光谱很小。这样的物镜称为复消色差物镜。复消色差物镜通常由三片以上的单透镜组成,对玻璃材料有特殊要求。通常,复消色差物镜的制造费用要比普通消色差物镜高得多,所以只在一些高精度要求的平行光管上使用。

⑤ 对于一些作为校正其他仪器的平行光管,其焦距很长,有的长达 20 m,有的甚至长达 50 m,物镜的通光孔径一般不大,因此相对孔径很小 $\left(\dfrac{D}{f'} < \dfrac{1}{20} \right)$,视场也很小。这种平行光管物镜采用单透镜就能满足成像质量的要求,而且这种焦距特别长的平行光管没有镜筒,通常都是把物镜和分划板分别固定在两个用水泥或其他材料制成的牢固的台柱上。

2. 平行光管的分划板

安装在物镜焦平面上的分划板有很多种形式。它可以是用玻璃制成的透射式分划板,在玻璃片上刻有分划刻线或各种图案;也可以是由金属制成的可以调节的狭缝装置。

根据不同的需要,分划板可以有各种各样形状的图案。图 2-3 中列举了几种常见的分划板图案。其中,图 2-3(a)是刻有十字线的分划板,常用在校正仪器的平行光管上,在瞄准目标时使用。图 2-3(b)是带有长度标尺或者角度分划的分划板,常在测量角度时使用。对于角度分划,它表示每两条相邻刻线对平行光管后主点的夹角。图 2-3(c)是中间有一小孔的分划板,当它被后面的光源照亮后,可获得一束平行光束,即组成点光源平行光管。这种带小孔的分划板被照亮后,从物镜方向往里看,好像和星星一样,所以又把它叫作星点板。它用在检验光学系统成像质量上。图 2-3(d)是一种叫作鉴别率板的分划板,它也用在检验光学系统成像质量上。图 2-3(e)是一种带有几组一定间隔线条的分划板,它用在测量透镜焦距的平行光管上。这种测量焦距的方法最先是由玻罗(Porro)提出的,所以通常又把它叫作"玻罗板"。

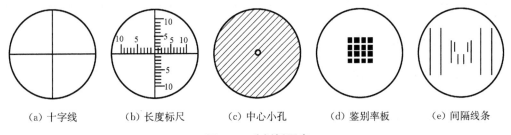

(a) 十字线　　　(b) 长度标尺　　　(c) 中心小孔　　　(d) 鉴别率板　　　(e) 间隔线条

图 2-3　分划板图案

作为测量用的平行光管分划板,如有角度分划的分划板,对制作的精度要求是比较高的。图 2-4(a)所示为一块带有角度值刻线的分划板,上面标有角度为 β 的刻线。在平行光管中,要求分划板刻线中点和物镜后主点的连线与光轴所成角度为β,这样经刻线中点从物镜出射的是一束与光轴夹角为β的平行光。在分划板上,这条刻线的位置是由它到光轴O的距离y所决定的。分划板也是根据距离y进行刻制的,然后标上相应的β角度值。

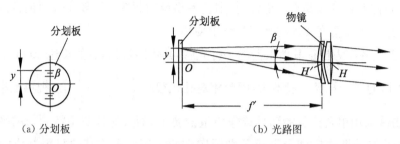

(a) 分划板   (b) 光路图

图 2-4　平行光管分划板

由图 2-4(b)可看出,分划刻线的位置可按下式计算:

$$y = f' \cdot \tan \beta \tag{2-1}$$

式中,f'是平行光管物镜的焦距;β是所要刻制的分划线对应的角度值;y是标有β角度值的分划线到分划板中心O(该点与平行光管光轴重合)的距离。

例如,平行光管物镜的焦距为$f' = 1\,200\ \text{mm}$,分划板上标有$1'$角度值的分划线的位置计算如下:

$$y = f' \cdot \tan \beta = 1\,200 \times \tan 1' = 1\,200 \times 0.000\,291 = 0.349\ \text{mm}$$

同样,其他角度值的分划线位置如表 2-1 所示。

表 2-1　角度值与分划线位置对照

β	1′	2′	3′	4′	5′	6′	7′
y/mm	0.349	0.698	1.048	1.379	1.745	2.049	2.443
β	8′	9′	10′	15′	20′	25′	30′
y/mm	2.792	3.142	3.492	5.232	6.982	8.726	10.472

2.1.2　平行光管的误差

平行光管的误差可以分成两部分,一部分是在制造中产生的,另一部分是在调整中产生的。

1. 制造中产生的误差

平行光管的制造误差主要是指物镜的焦距误差和分划板的刻线误差。通常,要求比较高的平行光管的物镜焦距都应该给出实际的测量值,但测量中还是存在误差。现设平行光管物镜焦距的均方误差为$\sigma(f')$,分划板上对应于角度β的刻线误差为$\sigma(y)$,这样该刻线中心发出的光束从平行光管物镜出射时,与光轴的夹角就不再是准确的 β 角,而是存在均方误差 $\sigma(\beta)$ 的。$\sigma(\beta)$ 可以用来表示平行光管的误差。

式(2-1)可以写成 $\beta = \arctan(y/f')$,根据间接测量的误差传递公式有

$$\sigma(\beta) = \pm\sqrt{\left(\frac{\partial\beta}{\partial y}\right)^2 \cdot \sigma^2(y) + \left(\frac{\partial\beta}{\partial f'}\right)^2 \cdot \sigma^2(f')}$$

$$\frac{\partial\beta}{\partial y} = \frac{1}{1+(y/f')^2} \cdot \frac{1}{f'} = \frac{f'}{f'^2 + y^2}$$

$$\frac{\partial\beta}{\partial f'} = \frac{1}{1+(y/f')^2} \cdot \left(-\frac{y}{f'^2}\right) = \frac{-y}{f'^2 + y^2}$$

则有

$$\sigma(\beta) = \pm\frac{1}{f'^2 + y^2}\sqrt{f'^2 \cdot \sigma^2(y) + y^2 \cdot \sigma^2(f')} \tag{2-2}$$

式(2-2)就是平行光管误差的表示式,其中 f' 是平行光管物镜的焦距。

例如,平行光管物镜焦距为 $f' = 1\,200$ mm,焦距的测量误差为 $\sigma(f') = f' \times 0.1\% = 1.2$ mm,分划板的刻线制造误差为 $\sigma(y) = 0.001$ mm。 当 $\beta = 10'$ 时,平行光管误差 $\sigma(\beta)$ 的计算如下。

由式(2-1)可知,角度分划 β 的位置为

$$y = f' \cdot \tan\beta = 1\,200 \times \tan 10' = 3.492 \text{ mm}$$

代入式(2-2)有

$$\sigma(\beta) = \pm\frac{1}{(1\,200)^2 + (3.492)^2}\sqrt{(1\,200)^2 \times (0.001)^2 + (3.492)^2 \times (1.2)^2}$$
$$= 0.3 \times 10^{-5} = 0.6''$$

下面讨论当平行光管的误差 $\sigma(\beta)$ 一定时,分划板的刻线位置允许误差 $\sigma(y)$ 和平行光管物镜焦距 f' 的关系。设平行光管的误差为一常数,$\sigma(\beta) = C$,则式(2-2)可以写成

$$(f'^2 + y^2) \cdot C = \sqrt{f'^2 \cdot \sigma^2(y) + y^2 \cdot \sigma^2(f')}$$

通常 $f' \gg y$,所以等式左边括弧中的 y^2 可略去,则有

$$\sigma(y) = \sqrt{f'^2 \cdot C^2 - \frac{y^2}{f'^2} \cdot \sigma^2(f')} \tag{2-3}$$

式(2-3)就是分划板刻线位置允许误差和平行光管物镜焦距 f' 的关系式。

现对 $\beta = 10'$, $\sigma(\beta) = C = 1'' = 0.5 \times 10^{-5}$ rad, $\sigma(f') = 0.1\% \cdot f' = 0.001f'$ 进

行讨论，f' 从 550 mm 增大到 2 000 mm 的过程中，平行光管物镜焦距测量误差的计算结果如表 2-2 所示。

表 2-2　焦距与平行光管物镜焦距测量误差对照

f' /mm	550	800	1 000	1 200	1 600	2 000	2 250	3 000
$\sigma(y)$ /10^2 mm	0.22	0.33	0.41	0.49	0.65	0.81	0.92	1.22

由表 2-2 可见，在同样的精度要求下，平行光管物镜焦距 f' 越长，则分划刻线的允许误差越大，所以越容易制造。也就是说，平行光管物镜焦距越长，越容易获得较高的精度。

2. 调整中产生的误差

平行光管在生产和使用时，要仔细地进行调整。调整的内容包括以下两个方面：

① 使分划板的刻线平面与物镜的焦平面相重合，这个过程称为平行光管调焦。

② 使分划板的刻线中心与物镜的光轴相重合，这个过程称为平行光管对中心。

调整过程中总会残留一部分误差。例如，分划板的刻线平面不会完全准确地位于物镜的焦平面上，而是会偏离一个很小的距离 Δ。

当分划板的刻线平面离开物镜的焦平面时，则分划板上的刻线或图案经过物镜所成的像就不再位于无限远处。对点光源平行光管而言，它所出射的就不再是平行光。如果经过物镜所成的分划板像与物镜的距离为 L（见图 2-5），则通常以屈光度（$1/L$）为单位来表示平行光管的误差 ΔD（称为调焦误差）。

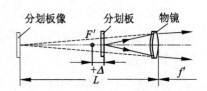

图 2-5　分划板不在物镜焦平面上的光路示意图

由几何光学成像公式很容易写出

$$\Delta \cdot (L - f') = -f'^2$$

通常 Δ 值是很小的，因而 $L \gg f'$，又由于 L 是以 m 为单位的，则有

$$L = -\frac{f'^2}{1\,000 \cdot \Delta}\ (\mathrm{m})$$

$$\Delta D = \frac{1}{L} = -\frac{1\,000 \cdot \Delta}{f'^2}\ (\mathrm{D}) \tag{2-4}$$

这就是由分划板的位置误差 Δ（以 mm 为单位）引起的平行光管调焦误差 ΔD。其中，f' 是平行光管物镜的焦距，以 mm 为单位。

例如，对于焦距为 $f' = 1\,200$ mm 的平行光管，调整时，分划板的残留位置误差为 $\Delta = 0.05$ mm，则有

$$\Delta D = -\frac{1\,000 \times 0.05}{1\,200^2} \approx -0.3 \times 10^{-4}\ (\mathrm{D})$$

2.1.3　平行光管产生有限远距离的目标

一般情况下,分划板总是位于物镜焦平面上,以便得到无限远的目标。但是,有时也希望平行光管能给出一个特定距离上的目标。这时分划板刻线平面就不再位于焦平面上,而是需要离开焦平面某一确定的距离。

能产生有限远距离目标的平行光管,其物镜和分划板通常分别装在两个镜筒上,并且分划板镜筒能在物镜镜筒内滑动。在物镜镜筒或者分划板镜筒上安装长度标尺,以便确定分划板相对于物镜所移动的距离。

如果需要平行光管产生距离为 L 处的目标,则应该使分划板调节到离开物镜焦平面的距离为 b,如图 2-6 所示。L 和 b 之间的关系可由几何光学成像公式直接写出,即

$$b \cdot (L - f') = -f'^2$$

式中,L 是所要求的目标位置,通常在几十米以上;f' 是物镜焦距,mm;b 是所需要的分划板移动量,mm。

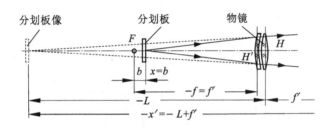

图 2-6　分划板距离调节光路图

如果 L 以 m 为单位,则可以得到

$$b = -\frac{f'^2}{1\,000 \cdot (L - f')} \tag{2-5}$$

这就是按照所要求的目标位置计算分划板移动量的公式。

例如,用一台焦距为 $f' = 1\,200$ mm 的平行光管,要产生距离为 $L = -100$ m 处的目标,则分划板需要调节到离开焦平面的距离为

$$b = -\frac{(1\,200)^2}{1\,000 \times (-100 - 1\,200)} = 14.57 \text{ mm}$$

这里必须指出的是,在移动分划板产生有限远距离的目标时,只能产生足够远距离的目标,也就是说,分划板离开物镜焦平面的距离不能太大。因为通常在设计平行光管物镜时都是对无限远距离的目标消像差的,而对于有限远距离上的目标,物镜有较大的像差。一般来讲,距离越近,像差越严重。

2.2 自准直目镜和自准直仪

自准直目镜是一种带有分划板和分划板照明装置的目镜。带有自准直目镜的望远镜和带有自准直目镜的显微镜均广泛应用在光学测量仪器中。例如,在测量棱镜角度、透镜的球面曲率半径以及校正平行光管时,都可以应用自准直目镜来组成测量仪器和测量装置。

2.2.1 高斯式自准直目镜

图 2-7 中双点划线内的部分就是高斯式自准直目镜的光学系统原理图。高斯式自准直目镜的分划板上有十字刻线,在目镜和分划板之间放置了一块与光轴成 45° 的半透明半反射玻璃板,它的一侧有一个用来照亮分划板的灯泡,分划板位于物镜前焦平面上。为了说明自准直目镜的工作原理,在其前面放置了一个望远物镜;在望远物镜前方,放置了一块垂直于光轴的平面反射镜。

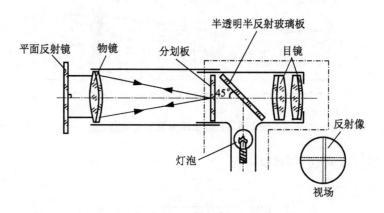

图 2-7 高斯式自准直目镜的工作原理图

该光学系统的工作原理:灯泡发出的光线经过半透明半反射玻璃板反射后将分划板照亮,分划板上每一点发出的光经过物镜后都变成平行光束(因为分划板在物镜的焦平面上)。如果物镜前的平面反射镜表面和光轴严格地垂直,那么轴向平行光束将按原光路反射回来,斜光束将以与光轴对称的方向被反射回来。这样,当光再经过物镜后,就形成一个原来分划板上十字线的像,并且它和原来分划板上的十字线相重合。如果物镜前的平面反射镜表面和光轴不垂直,则反射回来的十字线像和原来分划板上的十字线就不重合,此时通过目镜所看到的反射像就如图 2-7 中右下方所表示的那样。

从上面所叙述的工作原理中可以发现这样一个特点:当目镜带有照亮分划板的装置时,可以根据目镜视场中分划板十字线的像和原来的十字线是否相重合,把光轴调整到与平面反射镜表面严格垂直的位置,也就是这样的仪器能使自身的光轴垂直地对准平面反射镜表面。这就是"自准直"名称的来由。

图 2-7 所示的高斯式自准直望远镜和普通的望远镜装置是一样的。只是自准直望远镜在目镜前面附加了一套分划板的照明装置。它是利用仪器前面的反射镜产生一个分划板本身的像来进行瞄准的。如果照明小灯泡不点亮,那么这个系统就是普通的望远镜。

有时这种目镜并不是用在玻璃板上刻制的十字线作为分划板,而是在目镜焦平面上交叉架设两根细丝或者铂金细丝。灯泡发出的光经半透明半反射玻璃板反射照在细丝上,光经物镜出射,再由平面反射镜反射回来,在细丝平面上形成细丝叉线的像。

2.2.2　阿贝式自准直目镜

图 2-8 中双点划线内的部分是阿贝式自准直目镜的光学系统原理图。阿贝式自准直目镜由分划板、分划板上胶合的一块长条形小棱镜、目镜及照明灯泡组成。分划板上刻有分划刻度线,图中阴影线部分镀有铝反光膜,膜层上刻有透明的十字线,如图 2-9 所示。小长条棱镜胶合在阴影线部分,其下端面是抛光的,其余侧面都涂有黑漆。

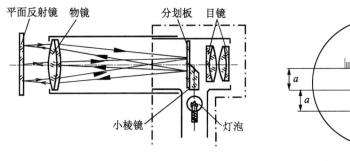

图 2-8　阿贝式自准直目镜　　　　　　图 2-9　分划板

为了说明阿贝式自准直目镜的工作原理,也在其前面放置了望远物镜和平面反射镜,并使分划板位于物镜的焦平面上,如图 2-8 所示。灯泡发出的光在小棱镜的斜面上全反射,并把分划板上的透明十字线照亮,这个透明十字线上每一点发出的光经过物镜后就成为平行光束。如果物镜前的平面反射镜表面与光轴严格垂直,那么这些平行光束被平面反射镜反射回来再经过物镜,就在分划板上得到透明十字线的像,并且该像的位置和分划板上原来的透明十字线的位置相对于光轴对称。如果分划板上透明十字线在光轴下方距离为 a 处(见图 2-9),则此时光线反射回来所成像的位置正好在光轴上方距离为 a 处。分划板在这个地方刻有带分划的十字线,如果物镜前的平面反射镜表面与光轴严格地垂直,则反射回来的透明十字线的像将和分划板上的十字线相重合;如果物镜前的平面反射镜与光轴不垂直,则反射回来的透明十字线的像就不再和分划板上的十字线相重合,并且利用上面的分划刻度线可以直接读出它们之间的位置偏离量。图 2-9 中虚线十字线(位于右上方)表示从平面反射镜反射回来的透明十字线的像,它的偏离量就表示了平面反射镜表面相对于光轴的倾斜位置。

阿贝式自准直目镜有时也不用玻璃分划板,而是在这个平面上架设两根交叉的细丝或者铂金细丝。灯泡发出的光通过小棱镜斜面照亮交叉细丝的一部分,再经物镜前与光轴垂直的平面反射镜反射回来,在细丝平面上得到一亮斑,亮斑中是被照亮的部分细丝的像,它与原来细丝对称部分相重合。

2.2.3 双分划板式自准直目镜

图 2-10 中双点划线内的部分是双分划板式自准直目镜的光学系统原理图。双分划板式自准直目镜由一块分光棱镜、两块分划板(其中一块称为辅助分划板)、毛玻璃、目镜和照明灯泡所组成。分光棱镜是由两块玻璃材料和尺寸大小均相同的等腰直角棱镜胶合而成,在其中一块棱镜的弦面上镀有半透明半反射膜层,光束通过半透明半反射膜层时被分成两部分,一部分直接透过,另一部分被反射。分划板与辅助分划板离分光棱镜两个面的距离相等。辅助分划板上镀有反射膜层,膜层上刻有透明的十字线。分划板上刻有分划刻线,如图 2-10 中左下方所示。

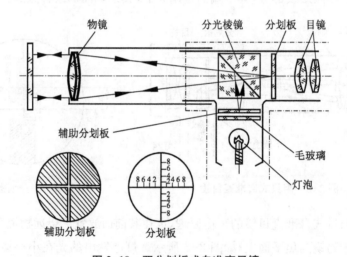

图 2-10 双分划板式自准直目镜

为了说明双分划板式自准直目镜的工作原理,同样在其前面放置了望远物镜和平面反射镜,并使分划板和辅助分划板都位于物镜的焦平面上。灯泡发出的光通过毛玻璃后照亮了辅助分划板上的透明十字线,这个透明十字线上每一点发出的光经过分光棱镜,由中间的半透明半反射膜层反射。因为辅助分划板位于物镜的焦平面上,所以这些光经过物镜后变成了平行光束。如果物镜前的平面反射镜表面与光轴严格地垂直,那么这些平行光束被平面反射镜反射回来再经过物镜和分光棱镜,就在分划板上得到辅助分划板上透明十字线的像,此透明十字线的像与分划板上的十字线相重合。如果物镜前的平面反射镜表面与光轴不垂直,则反射回来的透明十字线的像就不与分划板上的十字线相重合。在分划板上可以直接读出两者的偏离量,此偏离量也就表示了平面反射镜相对于光轴的倾斜位置。

2.2.4　三种自准直目镜的比较

上面所叙述的三种自准直目镜在光学测量中是经常用到的。下面来比较它们各自的特点,以便在实际测量工作中选用。

1. 反射像的亮度

高斯式自准直目镜采用一块半透明半反射玻璃板来照亮分划板,光两次经过半透明半反射玻璃板,每次都有一半光能损失,所以视场里得到的反射像比较暗。

阿贝式自准直目镜采用小棱镜斜面上的全反射来照亮分划板,而且光在反射回来的光路中不再遇到其他反射面而损失光能,所以光能损失少,反射像比较亮。

双分划板式自准直目镜采用了分光棱镜,光线在半透明半反射膜层上也要经过两次,所以光能损失也很大,反射像比较暗。

2. 反射像的衬度

高斯式自准直目镜在视场中看到的是分划板本身的像,由于光能损失大,分划刻线的像的背景也变得较暗,所以反射像的衬度比较差。

阿贝式自准直目镜在视场中看到的是在比较暗的背景上有一个反射回来的亮的十字线像,所以反射像的衬度比较好。

双分划板式自准直目镜在视场中看到的也是暗背景中的亮十字线反射像,所以反射像的衬度也比较好。

3. 反射像和分划板刻线的关系

高斯式自准直目镜中,反射回来的刻线像和它本身的刻线相重合,不受其他光学元件位置的影响,因此不会产生失调,比较准确。

阿贝式自准直目镜中,分划板上被照亮的一部分刻线经反射回来的像与分划板上另一部分刻线相重合,因此要求两部分刻线中心相对于光轴对称。

双分划板式自准直目镜中,辅助分划板的刻线反射像与分划板上相应的刻线重合。在仪器装配时,虽然已把两块分划板的位置校正好,并且都位于物镜的焦平面上,但是在使用中会受外界的影响,两块分划板位置会产生相对移动,从而影响使用精度,这种现象称为失调。

4. 视场

高斯式自准直目镜的视场中无遮挡。

阿贝式自准直目镜的视场中有遮挡现象,如图 2-9 所示。要使在视场中看不到小棱镜的背面部分,只有缩小视场。另外,小棱镜和分划板胶合时,由于胶合位置不合适,常会出现漏光现象。

双分划板式自准直目镜的视场中也无遮挡。

5. 所使用的目镜结构

高斯式自准直目镜中,由于在分划板和目镜之间加入了一块半透明半反射玻璃板,而分划板又必须在目镜的焦平面上(或者在焦平面附近),因此,所采用的目镜必须有足够长的前截距。一般情况下,这样的目镜的焦距比较长,当它和物镜组成仪器时,放大倍率比较小。

阿贝式自准直目镜和双分划板式自准直目镜中,由于分划板可以靠近目镜,所以一般焦距较短的目镜也可以采用。

6. 平面反射镜离物镜的距离

阿贝式自准直目镜中,由于光束是由分划板上离开光轴一定距离的透明十字线上发出的,所以当平面反射镜远离物镜时,有可能切割光束,如图 2-11 所示。此时,在目镜视场中有可能看不到反射回来的透明十字线像。

对于高斯式自准直目镜,只要照明亮度足够大,平面反射镜的位置无论多远,都可以看到反射回来的像。

双分划板式自准直目镜也总是可以看到反射回来的像。

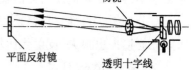

图 2-11 平面反射镜远离物镜切割光束示意图

2.2.5 自准直望远镜和自准直显微镜

由自准直目镜和望远物镜组成的望远系统称为自准直望远镜,由自准直目镜和显微物镜组成的显微系统称为自准直显微镜。二者统称为自准直仪。

1. 自准直望远镜

自准直望远镜是光学测量中经常用到的部件之一,它还常常单独作为一个仪器用来测量角度或者对准某一测量基准面。

不同的自准直目镜构成了不同的自准直望远镜。自准直目镜的类型很多,下面介绍三种自准直望远镜的光学系统,同时也介绍自准直目镜。

图 2-12 所示为第一种自准直望远镜的工作原理。这种类型的自准直望远镜的目镜基本上是高斯式自准直目镜的改进。灯泡发出的光经聚光镜和分光棱镜中半透明半反射

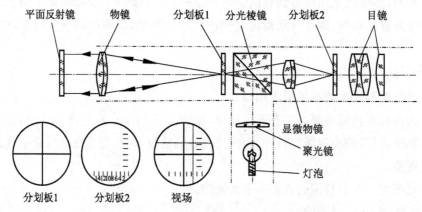

图 2-12 第一种自准直望远镜工作原理示意图

膜层的反射把分划板 1 照亮,分划板 1 上刻有十字线。由于分划板 1 位于物镜的焦平面上,所以十字线上发出的光经物镜后成为平行光束,再经平面反射镜反射回来。如果平面反射镜表面与自准直望远镜的光轴严格垂直,则光线反射回来再经物镜所成在的分划板 1 上的十字线像与原来的十字线相重合。为了观察分划板 1 上的十字线和测量十字线像的偏离,在分光棱镜后采用了一个显微物镜,它把分划板 1 连同反射回来的十字线像一起成像在分划板 2 上。分划板 2 上带有分划刻线,如果平面反射镜表面与自准直望远镜的光轴不垂直,则通过目镜看到在分划板 2 上分划板 1 上的十字线和反射回来的十字线像不重合。图 2-12 中所示视场的虚线表示反射回来的十字线像。利用分划板 2 上的分划刻线可以直接读出由平面反射镜表面与自准直望远镜光轴不垂直所引起的偏离量。

在第一种自准直目镜中,由于分划板 1 上的十字刻线像与其本身相重合,所以保持了高斯式自准直目镜精度较高、不会失调等优点,分划板 1 以后的光学元件的位置误差不会影响测量结果,但是显微物镜的轴向位置应调整到分划板 2 上分划刻度值所要求的放大倍率上。另外,由于目镜位于分划板 2 之后,所以可以使用短焦距目镜以组成较高倍率的自准直望远镜。

图 2-13 所示为第二种自准直望远镜的工作原理。灯泡发出的光经过滤光片、聚光镜,并通过直角棱镜全反射照亮小分划板。小分划板实际上是一块表面镀有铝的反射镜,在这个反射镜上刻有一透明的十字线。光源照亮了该透明十字线后,由于小分划板位于物镜的焦平面上,所以透明十字线上每一点发出的光经过物镜后成为平行光束。如果平面反射镜表面与自准直望远镜的光轴严格垂直,则光经反射回来后在小分划板上形成透明十字线的像,并且与原来的十字线相重合。如果平面反射镜的表面与自准直望远镜的光轴不垂直,则从小分划板上反射回来的透明十字线像将与原来的透明十字线偏离。由于小分划板的透明十字线表面相对于物镜光轴稍稍倾斜,所以从平面反射镜反射回来的光和原来透明十字线的光将进入显微物镜。显微物镜将小分划板上的透明十字线和由平面反射镜反射回来的像一起成像到目镜前的分划板上。通过目镜就可以同时看到透明十字线、透明十字线反射回来的像和分划板上的分划刻线。利用分划板上的分划刻线就可以测量出小分划板上透明十字线和它反射回来的像之间的偏离量。

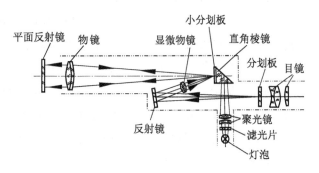

图 2-13　第二种自准直望远镜原理示意图

在第二种自准直目镜中,由于小分划板上的透明十字线像与其本身相重合,所以具有高斯式自准直目镜精度较高和不失调的优点。另外,在视场中看到的是在暗背景下的两组亮的透明十字线,因而其同时具有阿贝式自准直目镜反射像亮度大、衬度好的优点。

图 2-14 所示为第三种自准直望远镜的工作原理。这种自准直目镜采用的是由一块五角棱镜和一块直角棱镜相胶合的棱镜,与高斯式自准直目镜类似,棱镜在胶合面上镀有半透明半反射膜层。灯泡发出的光经过滤光片,透过棱镜把分划板照亮,分划板上刻有十字线并位于物镜的焦平面上。与前面一样,当平面反射镜表面与自准直望远镜光轴(即物镜光轴)严格垂直时,反射回来的十字线像与分划板上原来的十字线相重合;如果不垂直,则反射回来的十字线像就与原来分划板上的十字线偏离。为了观察分划板上的像,在光学系统中加了一个"导像系统",导像系统靠近分划板的一块透镜且兼作光源照亮分划板时的聚光镜。整个导像系统把分划板上的十字线和反射回来的十字线像一起成像在目镜的前焦面上,以供观察。

第三种自准直目镜也是反射回来的十字线像与其本身相重合,所以具有高斯式自准直目镜精度高、不失调的优点。另外,由于采用了导像系统,所以可以使用前截距较短的短焦距目镜。因此,其组成仪器时,可以有较高的放大倍率。

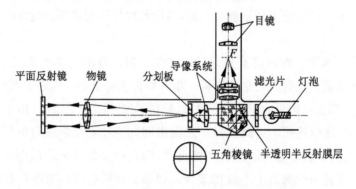

图 2-14 第三种自准直望远镜工作原理示意图

2. 自准直显微镜

自准直显微镜在光学测量中也是很有用的,它可以用来确定球面的球心位置和球面的顶点位置。图 2-15 所示为用来确定球面反射镜球心位置的自准直显微镜的工作原理。自准直目镜的分划板位于与显微物镜工作距离对应的像方共轭面上。灯泡发出的光照亮了辅助分划板上的透明十字线,该十字线中心发出的光经过显微物镜后,会聚在自准直显微镜的工作距离点 O 处。如果显微物镜前的球面反射镜的球心 C 正好与点 O 相重合,那么由显微镜出射的光束在球面反射镜上按原路反射回去再经过显微物镜后,将在分划板上形成辅助分划板上透明十字线的清晰的像,并且与分划板上的十字刻线相重合。如果球面反射镜的球心 C 与自准直显微镜出射光束的会聚点 O 在轴向不重合,则反射回去的光并不成像在分划板上,也就是分划板上得不到清晰的反射回来的像。如果球心 C 与会聚

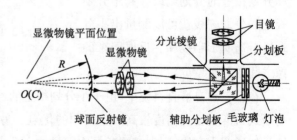

图 2-15 自准直显微镜工作原理示意图

点 O 横向不重合,则反射回来的透明十字线像将不再与分划板上的十字分划刻线相重合。由此可见,根据自准直显微镜的位置可以确定球面反射镜的球心位置。同样,不同的自准直目镜可以组成不同类型的自准直显微镜。

2.2.6　光电自准直望远镜

由前面的叙述可知,自准直望远镜利用本身分划板上的刻线与反射回来的刻线像对准,可以把自准直望远镜的光轴调节到与反射平面严格垂直。光学测量中有不少测量方法是建立在这个原理基础上的。很明显,对准误差会直接影响测量精度。普通的自准直望远镜都是通过目视对准的,而人眼的对准精度是有一定限制,不同的对准形式有不同的对准误差。虽然人眼通过自准直望远镜后对准精度可以提高,但对准精度总是有限的。为了进一步提高对准精度,可以采用光电转换方法,用光电接收器代替人眼组成光电自准直望远镜。应用光电自准直望远镜进行对准,不仅可以提高对准精度,而且可以减轻操作人员的疲劳和紧张。因为用目视方法对准时,需要操作人员注意力高度集中,反复多次地进行观察对准。而采用光电自准直望远镜,有利于实现测量过程的自动化。

2.3　测微目镜

在光学测量中,有时待观察和测量的目标是一组直的刻线。例如,测量分划板上的一组刻线的间隔;用显微镜对准一标准刻线分度尺以确定显微镜光轴和标准分度尺的相对位置等。图 2-16(a)表示的是用显微镜观察目标物体上的两条刻线,并测量刻线间隔时所看到的视场。图中,两条长直线是被测量的刻线像,其余的短刻线和数字是显微镜分划板上的。很显然,利用分划板上的刻线和数字就可以度量出长刻线像的间隔,但是只能估计待测刻线间隔长度,精度是很低的。为了能利用分划板精确地测量出长刻线像的间隔,可以设法在分划板上配置测量装置。

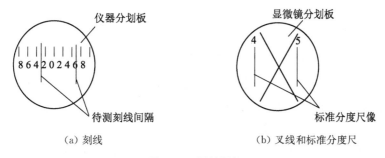

图 2-16　目镜视场

图 2-16(b)表示的是用显微镜观察一标准分度尺时所看到的视场。其中,带有数字的长刻线是标准分度尺在显微镜分划板上的像,叉线是显微镜分划板上的,叉线的交点表

示显微镜的光轴(或作为显微镜位置的标志)。叉线和标准分度尺像之间的相对位置就表示显微镜和标准分度尺的相对位置,这个位置可直接在视场内读出,图 2-16(b)中的读数约为 4.5(小数点后的十分位是估计的)。为了能准确地读出相对位置,也可以设法在显微镜的分划板上配置测量装置。

通常把分划板上带有测量装置的部分和目镜一起组成一个部件,称为测微目镜,或称为目镜测微器。

根据分划板上所采用的测量装置形式的不同,可将测微目镜分为很多类型,常见的类型包括螺旋丝杠式测微目镜、平板玻璃摆动式测微目镜和楔块移动式测微目镜。下面选择最常用的螺旋丝杠式测微目镜介绍其原理。

1. 螺旋丝杠式测微目镜的工作原理

这里以待测工件上的两条刻线之间的间隔测量为例来说明螺旋丝杠式测微目镜的工作原理,如图 2-17 所示。

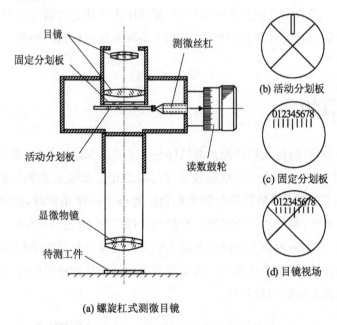

(a) 螺旋杠式测微目镜

图 2-17　螺旋丝杠式测微目镜工作原理图

显微物镜将要测量的待测工件上的刻线间隔成像在目镜的焦平面上。如图 2-17(a)所示,目镜焦平面上安装了两块分划板,一块是固定分划板,另一块是由螺旋丝杠带动的活动分划板。在固定分划板的下表面和活动分划板的上表面都有刻线。为了减小因两组刻线不在同一平面上所引起的视差而影响测量精度,两块分划板之间的间隙只允许为0.1 mm 左右。另外,活动分划板应能平滑移动,不能与固定分划板相碰。

活动分划板的刻线如图 2-17(b)所示,上面刻有一对叉线和两条间隔很小的平行双线,这些都是用来对准待测刻线像的。固定分划板的刻线如图 2-17(c)所示,上面刻有长度分划尺(例如间隔为 1 mm)。活动分划板由一精密的测微丝杠带动移动,测微丝杠的螺距正好等于固定分划板上长度分划尺的一个间隔。测微丝杠上连接着一个读数鼓轮,当读数鼓轮转动一周时,测微丝杠带动活动分划板的移动量正好等于固定分划板上长度分划尺的一格。读数鼓轮上有分成 100 等分的刻线,因此从读数鼓轮上能够读出活动分划板上叉线移动量为固定分划板上长度分划尺格值的 $\frac{1}{100}$。在目镜视场中看到的分划板情况如图 2-17(d)所示。

　　图 2-18 所示为利用螺旋丝杠式测微目镜测量两条刻线间隔时的情况。其中,刻线 A 和 B 是两条刻线经过显微物镜后在测微目镜分划板上所成的像。转动读数鼓轮,使活动分划板上的叉线对准左边的刻线像 A,此时利用活动分划板上的平行双线可以读得整数值,然后在读数鼓轮上读得尾数为 0.01 的小数值。再转动测微鼓轮,使活动分划板上的叉线对准右边的刻线 B,用同样的方法又可以得到另一组读数。两组读数之差与固定分划板上长度分划尺上格值的乘积就是两刻线像的间隔。如果固定分划板上长度分划尺的格值是 1 mm,则两组读数之差就是以毫米为单位的两刻线像的间隔大小。

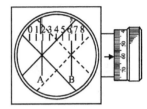

图 2-18　两条刻线间隔的
测量情况

　　但是,现在测得的是两条刻线经物镜所成像的间隔,要测量的是待测刻线的实际间隔。因此,只要知道显微物镜的横向放大率,就可以知道刻线的实际间隔。

　　显微物镜的横向放大率通常是事先知道的,其数值直接刻在物镜的镜框上。为了精确地知道物镜的横向放大率,常常用实验方法直接测得。其方法是,将一根精度较高(高于测微目镜读数鼓轮上的最小格值)的标准分划刻度尺放在显微镜下,使尺子在显微镜分划板上成像清晰。然后用测微目镜去测量该尺子上一段已知长度的像的长度。如果这段已知长度为 R_0,用测微目镜测出的像的长度为 R,则显微物镜的横向放大率为 $\beta = R/R_0$。知道了横向放大率 β 以后,在实际使用显微物镜时,如果测得两条刻线像的间隔为 M,则在目标工件上这两条刻线的实际间隔为

$$D = M/\beta \tag{2-6}$$

2. 螺旋丝杠式测微目镜在读数显微镜上的应用

　　前面已经提到,测量显微镜除了能直接用来测量目标的大小外,还可以用来对准一标准刻线分度尺,以确定显微镜的光轴和标准刻线分度尺之间的相对位置。这样的显微镜通常称为读数显微镜。测微目镜在读数显微镜上的作用是可以对准刻线分度尺并进行进一步的细分读数。

　　在图 2-17 中把所观察的待测工件换成一根标准刻线分度尺,该图就可以用来说明螺旋丝杠式测微目镜在读数显微镜上的应用原理。

　　固定分划板上刻有 10 个等分间隔的刻线,并且标有数字 0～10,如图 2-19 所示。图中,长刻线是标准分度尺经显微物镜后在分划板上所成的像。要求显微物镜的横向放大

率,须满足如下要求:使标准分度尺上的一格经物镜放大以后的像严格地和固定分划板上 10 个等分间隔的总长度相等。由测微丝杠带动的活动分划板上有一对双线,它用于对准标准分度尺上的长刻线像。测微丝杠上连接了一个读数鼓轮,上面一圈刻有 100 等分的刻线。测微丝杠的螺距保证使读数鼓轮转一周时,活动分划板上的双线移动距离等于固定分划板上刻线的一格。由于固定分划板上刻线一格的距离等于标准分度尺上长刻线像一格距离的 $\frac{1}{10}$,所以读数鼓轮上的一格等于标准分度尺上长刻线像一格距离的 $\frac{1}{100}$。

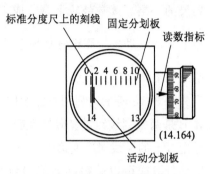

图 2-19　分划板读数示意图

读数时,如果标准分度尺上有一条长刻线像位于固定分划板上 0～10 刻线之间(见图 2-19 中刻线 14),则转动读数鼓轮使双线向该长刻线像移动,直到人眼判断双线已经与长刻线像对准。此时,十分位的数字可以直接在固定分划板上读出,如图中长刻线 14 位于固定分划板上刻线 1 和 2 之间,应读为 1;百分位和千分位的数字可以在读数鼓轮上读出,如图中读数指标对准的数值是 64,因此完整的读数值为 14.164。该数值就表示了读数显微镜和标准分度尺之间的相对位置。由此可见,使用测微目镜后,这个相对位置的确定准确度可以达到标准分度尺格值的 1/1 000。

3. 螺旋丝杠式测微目镜的误差

这种测微目镜的测量和读数误差,除了来自使用时人眼的对准误差、显微镜的调焦误差以及显微物镜放大倍率的调节误差外,还来自测微目镜本身的误差。测微目镜本身的误差主要有:①固定分划板上刻线间隔不均匀误差;②测微螺旋丝杠的螺距误差和制造周期误差;③读数鼓轮的分划分度不均匀误差;④读数鼓轮的空回误差。其中,固定分划板上刻线间隔不均匀误差和读数鼓轮的分划分度不均匀误差只能在制造过程中加以控制,在测量过程中是无法消除和减少的。读数鼓轮的空回误差除了在机械上可以利用弹簧保证丝杠和螺母单面接触外,在测量时,还可以利用单向转动读数鼓轮对准读数的办法来消除。

螺旋丝杠式测微目镜中的测微螺旋丝杠是一个重要的精密零件,其加工精度要求很高,螺距的不均匀误差将直接影响测量和读数精度。另外,如果所使用的丝杠越短,则螺距的不均匀误差和周期误差的影响就越小。为使丝杠的有效利用范围缩短,就需要使活动分划板的移动距离减小。这可以利用在活动分划板上增加一系列双线来实现,如图 2-20 所示。活动分划板上刻有 10 组用来瞄准的双线,相邻双线之间的中心距

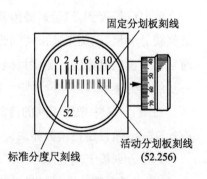

图 2-20　分划板读数示意图

正好等于固定分划板上刻线一格的间隔。这样,无论标准分度尺上的长刻线像位于何处,读数鼓轮只要转动不到一周,就可以使其中一组双线与它对准。因此,测微螺旋丝杠实际上只利用了一个螺距的长度。只要在这一个螺距范围内保证螺距的误差和不均匀误差很小,就可以达到较高的测量和读数精度。图 2-20 中活动分划板的读数值为 52.256。

2.4　单色仪

在测量光学系统或者光学玻璃对不同波长的透过率(即光谱透过率),以及测量薄膜的光学特性和各种光接收器的光谱灵敏度时,经常要使用单色仪。单色仪是一种能够从连续光谱辐射中分离出波长范围很窄的单色辐射(即单色光)的仪器。与普通的滤光片、干涉滤光片不同的是,单色仪能够给出连续改变的各种波长的单色光,而一种滤光片只能给出一种波长的单色光。因此,在测量光学性能对各种不同波长光的变化时,使用单色仪是十分方便的。本节简述单色仪的主要组成部分和棱镜式单色仪的主要光学性能原理。

2.4.1　单色仪的主要组成部分

图 2-21 所示为单色仪的工作原理。光源经聚光镜将入射狭缝均匀照亮。入射狭缝位于物镜 1 的焦平面上,所以狭缝上每一点发出的光经过物镜后变成平行光束。平行光束射向色散元件。色散元件可以是色散棱镜(见图 2-21),也可以是光栅(常用的是反射光栅)。平行光束经过色散元件后,不同波长的光出射

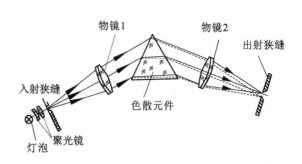

图 2-21　单色仪工作原理示意图

的平行光束的方向不一样。这些不同方向、不同波长的平行光束经过物镜 2 后,在物镜 2 的焦平面上形成一系列不同波长光的入射狭缝像。当光源发出的是连续光谱辐射时,则在物镜 2 的焦平面上形成波长由短到长的连续排列的入射狭缝像,即所看到的是各种颜色的连续分布,这就是所谓的连续光谱。若在物镜 2 的焦平面上设置一个出射狭缝,当入射狭缝和出射狭缝开启得足够窄时,透过出射狭缝出射的就是一束波长范围(通常称为谱带宽度)很窄的单色光。

使色散元件绕垂直于纸面的轴旋转,则相当于入射在色散元件上的平行光束的入射角改变。因此,从色散元件出射的各种波长平行光束的方向也发生变化,这些光束经过物镜后所成的各种光波的像也发生位移。所以随着色散元件的旋转,从出射狭缝出射的单色光的波长也发生改变,而且某一色散元件的位置有与之对应的单色光从出射狭缝出射。

因此,利用单色仪可以从连续光谱辐射(白光)中分离出各种不同波长的单色光。

由图 2-21 可以看出,单色仪主要由狭缝、物镜和色散元件三大部分组成。

1. 狭缝

单色仪对入射狭缝和出射狭缝的要求很高,狭缝的宽度应能调节,并且要求在调节时能沿狭缝中心线对称地开启或者关闭。在狭缝调节手轮上应有指示狭缝宽度的读数,以便在使用时能控制狭缝宽度。入射狭缝越宽,则进入单色仪的光能量越多,最后由出射狭缝(一般调节得比入射狭缝像稍宽一些)出射的单色光能量也越多。但是入射狭缝越宽,单色仪出射光中的波长范围越大(即单色光纯度不好)。因此,在使用时,应对出射狭缝和入射狭缝的宽度进行适当的选择和调节。另外,要求狭缝两边的刀口应严格平行,刀口边缘不应有任何缺口,入射狭缝和出射狭缝的方向应一致,并且与图中所示从色散元件出射光束的偏折方向严格垂直。

2. 物镜

在图 2-21 所示的光路中,入射狭缝一侧的物镜 1 相当于平行光管物镜,它出射的是平行光束。而出射狭缝一侧的物镜 2 相当于望远物镜,它接收的是平行光束,并在它的焦平面(即出射狭缝处)上成像。这两个物镜可以是完全相同的。

单色仪的物镜通常可采用消色差双胶物镜。由于两个物镜都是在连续光谱辐射(即白光)中工作,所以要求色差应尽可能小。而一般的双胶物镜在整个可见光谱区域内残留的色差可能是比较大的。另外,用光学玻璃制成的透镜,对红外光和紫外光都有很大的吸收,因此这种透射式的消色差物镜只能在可见光谱范围内使用。

除了透射式消色差物镜外,单色仪中常常采用球面反射镜作为物镜。反射镜是没有任何色差的,而且反射镜的反射膜层可以在很大的光谱区域(包括红外光和紫外光)有较高的反射率。虽然球面反射镜有一定的像差,但是可以使球面反射镜的焦距加长而使物镜的相对孔径较小,以控制像差不至于太大。

3. 色散元件

色散元件是单色仪的核心部分。它的光学性能基本上决定了整个单色仪的光学性能。单色仪的色散元件有光栅和色散棱镜两种。通常在可见光范围内使用的单色仪大多是以色散棱镜为色散元件的。

2.4.2 棱镜式单色仪的主要光学性能

利用色散棱镜作为色散元件的棱镜式单色仪,其光学性能主要取决于色散棱镜的性能。棱镜式单色仪的主要光学性能指标有工作光谱区、色散率和分辨本领。

1. 工作光谱区

单色仪的工作光谱区是指在出射狭缝后由光接收器所能接收到的单色仪输出单色光的总的波长范围。它主要取决于单色仪内光学元件的光谱透过率和光谱反射率。由于光束在色散棱镜内的光路很长,所以棱镜对某些波长范围内光的吸收率成为单色仪工作光谱区的主要限制。吸收率越大,则该光波透过率越低,在出射狭缝处形成像的亮度就越弱,以致完全不能被光接收器探测到。普通光学玻璃对红外区和紫外区的光吸收率都很大,例如用光学玻璃 ZF1 制成的色散棱镜可以使单色仪的工作光谱区范围扩展为 $0.37\sim2.8\ \mu m$。如果用氯化钠晶体作为色散棱镜的材料,则可使单色仪的工作光谱区范围扩展为 $0.21\sim15.0\ \mu m$。有时为了使一台单色仪适合在各种光谱区范围内工作,常常同时配备几块不同材料和不同角度、形状的色散棱镜,在使用时可以很方便地替换。

2. 色散率

单色仪的色散率是指在出射狭缝处光谱的分离程度,即两种波长的光在出射狭缝处分离得越开,则表示色散率越大。如果有两种波长分别为 λ 和 $\lambda+\Delta\lambda$ 的光,在出射狭缝处分开的距离为 Δl,则用 $\dfrac{\Delta l}{\Delta\lambda}$ 来表示色散率的大小。由于 Δl 表示的是在出射狭缝处两种光波所成的像分开的线距离,所以通常把 $\dfrac{\Delta l}{\Delta\lambda}$ 称为线色散率,以毫米/埃(mm/Å)为单位。它的意义是,在出射狭缝处波长相差 $1\ \text{Å}$ 的两种光的像所分开的距离。

单色仪还常用线色散率的倒数 $\dfrac{\Delta\lambda}{\Delta l}$ 来表示光谱的分离程度。它表示的是,在出射狭缝宽度 $1\ \text{mm}$ 范围内的成像光波的波长范围,也就是指,当出射狭缝开启到宽度为 $1\ \text{mm}$ 时,从出射狭缝出射的单色光的波长范围,以 Å/mm 为单位。$\dfrac{\Delta\lambda}{\Delta l}$ 通常还称为单色仪的光谱纯度,或者称为单色化程度。用光谱纯度来表示单色仪的色散率指标是很直观的,它可以根据所开启的狭缝的宽度,方便地估计出所出射单色光的波长范围,或者根据所要求单色光的波长范围,求出所应该开启的出射狭缝的宽度。例如,当单色仪光谱纯度为 $350\ \text{Å/mm}$ 时,若出射狭缝宽度为 $0.1\ \text{mm}$,则出射单色光的波长范围为 $35\ \text{Å}$。

棱镜式单色仪的色散率主要取决于色散棱镜的色散程度,如图 2-22 所示。入射光中有两种波长分别为 λ 和 $\lambda+\Delta\lambda$ 的光,经过色散棱镜后成为两束夹角为 $\Delta\theta$ 的平行光,再经过物镜在焦平面(即出射狭缝处)上形成分离距离为 Δl 的两个像。由图 2-22 可见,$\Delta l=\Delta\theta\cdot f'$,其中 f' 是物镜的焦距。

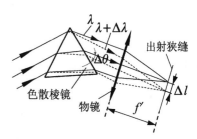

图 2-22　棱镜式单色仪色散原理示意图

通常把 $\dfrac{\Delta\theta}{\Delta\lambda}$ 称为色散棱镜的色散率。它决定了单色仪的线色散率 $\dfrac{\Delta l}{\Delta\lambda}$ 或者光谱纯度 $\dfrac{\Delta\lambda}{\Delta l}$,所以 $\dfrac{\Delta\theta}{\Delta\lambda}$ 有时还被称为单色仪的角色散率。它们之间的关系为

$$\frac{\Delta l}{\Delta \lambda} = \frac{\Delta \theta}{\Delta \lambda} \cdot f' \quad \text{或} \quad \frac{\Delta \lambda}{\Delta l} = \frac{1}{f'} \frac{\Delta \lambda}{\Delta \theta} \tag{2-7}$$

对于色散棱镜,其色散率 $\dfrac{\Delta \theta}{\Delta \lambda}$ 可以根据棱镜的几何形状和材料性质计算出来。

对于色散棱镜,对应于波长为 λ 的材料的折射率为 $n(\lambda)$,通常把入射光线和出射光线之间的夹角称为偏向角。可以证明,当入射光线在入射面上的入射角 i_1 和出射光线在出射面上的折射角 i'_2 相等时(见图2-23),其偏向角为最小值。通常称这个位置上的偏向角为最小偏向角 θ,其他位置上的偏向角都比最小偏向角大。最小偏向角的大小与棱镜材料的折射率、色散棱镜的顶角 A 有关,其关系为

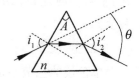

图 2-23 最小偏向角

$$n = \frac{\sin \dfrac{A+\theta}{2}}{\sin \dfrac{A}{2}} \tag{2-8}$$

在单色仪中,入射狭缝和出射狭缝的位置应使得从出射狭缝出射的单色光正好处于该波长光的最小偏向角位置。因此,最小偏向角 θ 随光波波长的变化就表示了棱镜的色散率 $\dfrac{\mathrm{d}\theta}{\mathrm{d}\lambda}$,并且可以写成

$$\frac{\mathrm{d}\theta}{\mathrm{d}\lambda} = \frac{\mathrm{d}\theta}{\mathrm{d}n} \cdot \frac{\mathrm{d}n}{\mathrm{d}\lambda} \tag{2-9}$$

对式(2-8)求微分,可得

$$\frac{\mathrm{d}n}{\mathrm{d}\theta} = \frac{\cos \dfrac{A+\theta}{2}}{2\sin \dfrac{A}{2}} = \frac{1}{2\sin \dfrac{A}{2}} \sqrt{1 - \sin^2 \frac{A+\theta}{2}} = \frac{1}{2\sin \dfrac{A}{2}} \sqrt{1 - n^2 \sin^2 \frac{A}{2}}$$

则有

$$\frac{\mathrm{d}\theta}{\mathrm{d}n} = 2\sin \frac{A}{2} \bigg/ \sqrt{1 - n^2 \sin^2 \frac{A}{2}} \tag{2-10}$$

对于一般的光学材料,在正常色散情况下,折射率和波长之间的关系可以由科希折射率经验公式决定,即

$$n = a + \frac{b}{\lambda^2} + \frac{c}{\lambda^4} \tag{2-11}$$

正常色散是指随着光波波长的增加,折射率单调下降的情形。实践证明,折射率的计

算值与实验测量值符合得很好。只需要先知道(或者实际测量出)对应三个波长的折射率,并将其代入式(2-11)得到三个方程,求解这三个方程联立的方程组,就可得到 a, b, c 三个常数值。

又因为 $\dfrac{\mathrm{d}n}{\mathrm{d}\lambda}$ 表示折射率随光波波长的变化率,所以由式(2-11)可以得出

$$\frac{\mathrm{d}n}{\mathrm{d}\lambda} = -\frac{2}{\lambda^3}\left(b + \frac{2c}{\lambda^2}\right) \tag{2-12}$$

将式(2-10)和式(2-12)代入式(2-9),则有

$$\frac{\mathrm{d}\theta}{\mathrm{d}\lambda} = \frac{2\sin\dfrac{A}{2}}{\sqrt{1 - n^2\sin^2\dfrac{A}{2}}}\left[-\frac{2}{\lambda^3}\left(b + \frac{2c}{\lambda^2}\right)\right]$$

或者

$$\frac{\mathrm{d}\theta}{\mathrm{d}\lambda} = -\frac{4\sin\dfrac{A}{2}}{\lambda^3\sqrt{1 - n^2\sin^2\dfrac{A}{2}}}\left(b + \frac{2c}{\lambda^2}\right) \tag{2-13}$$

如果单色仪物镜的焦距为 f',则单色仪的线色散率倒数(即光谱纯度) $\dfrac{\mathrm{d}\lambda}{\mathrm{d}l}$ 根据式(2-7)可以写出,即

$$\frac{\mathrm{d}\lambda}{\mathrm{d}l} = -\frac{\lambda^3\sqrt{1 - n^2\sin^2\dfrac{A}{2}}}{f' \cdot 4\sin\dfrac{A}{2} \cdot \left(b + \dfrac{2c}{\lambda^2}\right)} \tag{2-14}$$

式(2-14)就是棱镜色散率的计算公式。其中,A 是色散棱镜的顶角,λ 是光波波长,b 和 c 是色散经验公式(2-12)中的两个常数。

3. 分辨本领

单色仪的分辨本领是指当刚好能将两种波长十分接近的单色光分开时,该两种单色光的波长之差 $\Delta\lambda$ 和平均波长 λ 之比,用 $\dfrac{\lambda}{\Delta\lambda}$ 表示。

单色仪将两种波长非常接近的单色光分开的能力是受单色仪光学系统的衍射性能所限制的。在单色仪中,通常限制光束直径的是色散棱镜的通光孔径。如果通过色散棱镜的光束宽度为 D,则光束经过色散棱镜后相当于受到了宽度为 D 的单缝衍射,如

图 2-24 所示。由单缝衍射理论可知,中央极大值到第一极小值(暗纹)之间的衍射角 $\Delta\theta$ 为

$$\Delta\theta = \frac{\lambda}{D} \qquad (2-15)$$

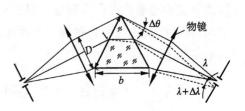

图 2-24　棱镜式单色仪原理图

现有两种波长(分别为 λ 和 $\lambda + \Delta\lambda$)很接近的单色光,它们经过色散棱镜色散后,由于衍射分别在出射狭缝处形成两个互相分开的衍射像。两者波长越接近,则两个衍射像越靠近,直到最后不能再分辨出是由两种单色光形成的分离的两个像。

根据瑞利准则,可以认为:若单色光的单缝衍射的中央极大值位置正好和另一单色光的单缝衍射像的第一极小值位置相重合,则该两种单色光刚好可以被分辨开。

由此可见,如果有两种单色光,其波长分别为 λ 和 $\lambda + \Delta\lambda$,由于色散棱镜的色散作用,由棱镜出射的两束平行光的夹角为 $\Delta\theta$(见图 2-24),若 $\Delta\theta$ 正好等于单缝衍射第一极小值位置所对应的衍射角,则单色仪刚好能将该两种单色光分辨开。因此,其分辨本领为 $\dfrac{\lambda}{\Delta\lambda}$,考虑到式(2-15),则有

$$\frac{\lambda}{\Delta\lambda} = \frac{\lambda}{\Delta\theta} \cdot \frac{\Delta\theta}{\Delta\lambda} = D \cdot \frac{\Delta\theta}{\Delta\lambda} \qquad (2-16)$$

式(2-16)就是单色仪在只考虑衍射时所存在的分辨本领,通常称它为理论分辨本领。由此可见,单色仪的理论分辨本领只与色散棱镜上光束的宽度 D 和角色散率 $\dfrac{\Delta\theta}{\Delta\lambda}$ 有关。

另外,用光栅作为色散元件的光栅式单色仪也是常见的。有时为了提高单色仪的色散率和分辨本领,常把两台单色仪组合在一起,组成所谓的双单色仪。它们的基本原理都是相同的,因此不再一一讲述。

第 3 章

光学玻璃的光学性能测量

光学仪器的性能和质量在很大程度上取决于所使用的光学元件,这些光学元件由各种光学材料制成。了解光学材料的光学性能指标及其常用的检验方法对在光学系统设计时选择光学材料以及在制造光学仪器时寻找影响仪器性能和质量的因素至关重要。

可用作光学元件的光学材料有多种,包括光学玻璃、各种晶体、塑料和有机玻璃等。目前,大多数光学元件都是由光学玻璃制成的,因为光学玻璃具有优良的光学性能和透光性能,易熔,便于加工,价格相对较低,并且能基本满足光学系统的各种要求。

光学玻璃主要分为无色光学玻璃和有色光学玻璃两大类,光学仪器中大多数使用的是无色光学玻璃。光学玻璃的性能包括物理性能、化学性能和机械性能,其中物理性能主要涵盖各种光学性能。光学玻璃的性能测量涉及多个学科领域的知识,在光学仪器设计中,最关注的是光学玻璃的光学性能,光学性能的测量原理和方法建立在物理光学和几何光学的理论基础上。

无色光学玻璃的光学性能质量指标主要包括光学参数(如折射率、色散等)、光吸收系数以及影响光学性能的缺陷(如折射率均匀性、双折射、条纹和气泡等)。本章重点讨论光学玻璃的折射率测量和光学玻璃的折射率均匀性测量。

3.1 光学玻璃的折射率测量

3.1.1 光学玻璃的折射率和色散概述

1. 折射率和色散

光学玻璃的折射率和色散是光学元件的重要特征参数。

众所周知,光学介质的折射率 n 与光在此介质内的传播速度有关,其关系式如下:

$$n = \frac{c}{v} \tag{3-1}$$

式中,c 是光在真空中传播的速度;v 是光在介质中传播的速度。

一般情况下,把光在空气中的传播速度看成和在真空中的传播速度一样,因此认为空气的折射率是 1.0。只有在某些特殊的精密测量中才精确地考虑空气的实际折射率。

光学玻璃是由很多种化学成分不同的原料（如SiO_2，BO_2，PbO，ZnO，…）按照一定的比例混合后，放在由耐火材料制成的坩埚或者铂金坩埚中，根据一定的程序加热到高温（1 400 ~ 1 500 ℃），并保持相当长的一段时间，然后慢慢地冷却而熔炼成的。各种牌号的光学玻璃，由于其原料的配方比例不同，所以对光的作用也不一样，即各种牌号的光学玻璃具有各不相同的折射率。根据确定的原料配方比例，可以熔炼出折射率一定的玻璃。如果在配料时配方比例有误差，那么熔炼出的光学玻璃的折射率就和规定的标准值之间有误差。

光学玻璃的折射率除了与原料的配方比例有关外，还与它在整个生产过程中的受热过程有关。例如，升温和降温速度的快慢、保温时间的长短、退火温度的高低以及退火时间的长短等都会影响折射率值的大小。因此，在光学玻璃的生产过程中，不仅要对最后的玻璃产品仔细地测量折射率，而且在熔炼中也要经常测量折射率，以便在生产过程中把折射率校正到所规定的大小。

同一块光学玻璃，对于不同波长的光的折射率也是不一样的。光学玻璃的折射率是光的波长 λ 的函数，即 $n = f(\lambda)$。通常把光学介质（其中包括光学玻璃）对波长不同的光具有不同折射率的这种特性，称为色散。色散和折射率一样，都是光学玻璃的重要特性参数。

因为光学介质的折射率与光波波长有关，所以在表示某一光学介质的折射率时，应该同时指出它是相对哪一种光波波长而言的。通常为了方便起见，当笼统地讲某一光学介质的折射率时，总是指它对波长为 $\lambda = 589.3\ nm$ 的钠黄光（D 谱线）的折射率，并可以表示为 n_D。经常采用的光学玻璃的折射率 $n_D = 1.50 ~ 1.75$。

2. 光学玻璃色散的表示方法

图 3-1 所示为几种常用牌号的光学玻璃的色散曲线。从图中可以看出，在一般情况下，折射率随着光波波长的增加而减小。

在折射率和光波波长的关系式 $n = f(\lambda)$ 中，找出函数 $f(\lambda)$ 的具体表达式是很有实际意义的，这种具体表达式称为色散公式。色散公式是由长期实践经验归纳和总结出来的经验公式。有了色散经验公式，就可以准确地计算出任意所要求的波长的折射率。由于在光学系统设计中，对玻璃折射率数值准确度的要求很高（一般要求不低于 0.5×10^{-5}），所以描述光学玻璃色散的经验公式必须具有相应的计算准确度。

1836 年，柯西（Cauchy）给出了色散经验公式，即

$$n(\lambda) = A + \frac{B}{\lambda^2} + \frac{C}{\lambda^4} \tag{3-2}$$

式中，A，B，C 是常数；λ 是光在真空中的波长。该色散经验公式在波长范围不太大的情况下使用时，具有一定的准确度。在光学系统设计中应用的计算任意波长的折射率的公式常常是式(3-2)所表示的色散经验公式的修正形式。例如，德国肖特（Schott）公司即

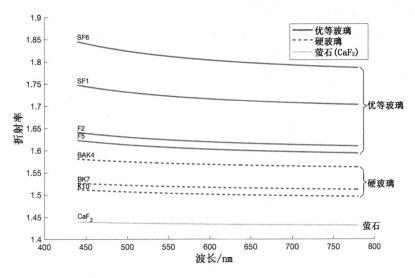

图 3-1　几种常用牌号的光学玻璃的色散曲线

使用其修正形式来计算色散。而中国成都光明公司建议使用色迈耶尔(Sellmeier)公式计算光学玻璃的色散,该公式是柯西色散公式的拓展形式,即

$$n^2(\lambda) - 1 = \frac{K_1\lambda^2}{\lambda^2 - L_1} + \frac{K_2\lambda^2}{\lambda^2 - L_2} + \frac{K_3\lambda^2}{\lambda^2 - L_3} \tag{3-3}$$

式中,K_1,K_2,K_3,L_1,L_2,L_3是常数。对于不同牌号的光学玻璃,它们的色散不同,则式(3-3)中的 6 个常数值各不相同。6 个常数确定后,光学玻璃的色散曲线(见图 3-1)也就确定了。在各公司的玻璃目录中,每一种玻璃都给定了一组常数,以确定不同波长下的折射率数值。例如,成都光明公司牌号为 H-K9L 的光学玻璃对应德国肖特公司牌号为 N-BK7 的光学玻璃,有

$$K_1 = 6.145\,552\,51 \times 10^{-1}, \quad L_1 = 1.459\,878\,84 \times 10^{-2}$$
$$K_2 = 6.567\,750\,17 \times 10^{-1}, \quad L_2 = 2.877\,695\,88 \times 10^{-3}$$
$$K_3 = 1.026\,993\,46 \times 10^{0}, \quad L_3 = 1.076\,530\,51 \times 10^{2}$$

　　每种玻璃的 6 个常数是通过测量出多于 6 个已知波长下玻璃的折射率并代入式(3-3)中,得到多于 6 个方程的联立方程组,然后利用最小二乘法解出的。当光波波长在 302.15 ~ 2 325.42 nm 范围内,计算任意波长下玻璃的折射率时,该公式的准确度与测量精度相当。

　　光波波长是连续变化的,只要知道了上述色散经验公式中的全部常数值,就可以计算出任意一种所需波长下玻璃的折射率。不过,该计算工作是比较烦琐的。另外,在光学系统设计时并不需要知道任意一种波长的折射率,通常只要知道其中某几种波长的折射率就足够了。因此,在光学玻璃目录中,除了给出色散经验公式的常数值外,也常常给出指

定的几种波长下玻璃的折射率数值。

光学玻璃目录中给出折射率的几种指定波长是这样选定的：要求在所需要的光谱区域（302.15～2 325.42 nm）内每隔适当的间隔选择一种波长，并且要求给出的波长是平常容易获得的单色光波长。因为在测量光学玻璃的折射率时，单色光是从光源辐射的线状单色光谱获得的，但并不是任意波长的单色光都能容易获得。另外，在光学玻璃目录中，给出折射率的光波波长种类越多，对光学设计工作者就越有利，其所能选用的余地也越大。但是给出的波长种类越多，光学玻璃的产品检验工作量就越大，而且对辐射出相应波长单色光的光源质量要求也越高。

德国肖特公司的光学玻璃目录中共给出了 13 种谱线的光所对应的折射率。表 3-1 中列出了这 13 种谱线的波长和产生这些谱线的元素。

表 3-1　13 种谱线的波长和产生这些谱线的元素

谱线符号	波长/nm	元素	谱线符号	波长/nm	元素
i	365.01	汞(Hg)	*D	589.28	钠(Na)
*h	404.66	汞(Hg)	C′	643.85	镉(Cd)
*g	435.84	汞(Hg)	*C	656.27	氢(H)
F′	479.99	镉(Cd)	r	706.52	氦(He)
*F	486.13	氢(H)	*A′	766.50	钾(K)
*e	546.07	汞(Hg)	S	852.11	铯(Cs)
d	587.56	氦(He)	t	1 013.98	汞(Hg)

注：带有"*"号的谱线是我国光学玻璃标准中也规定了的谱线。

在表示光学玻璃的折射率时，应标注相应的谱线符号。例如，n_g，n_e，n_d，n_D，n_F 等。

在光学玻璃目录中，为了方便光学系统设计时选用玻璃，除了给出各种规定谱线的折射率外，还给出了如下几个特殊的量。

① 中部色散（$n_F - n_C$），即 F 谱线光的折射率和 C 谱线光的折射率之差。这是一个很重要的量，光学玻璃关于色散的质量指标中规定了中部色散的允许误差范围。

② 色散系数 $\left(\dfrac{n_D - 1}{n_F - n_C}\right)$，通常用符号 v 表示。在光学系统消色差计算中就经常用到这个量，并把它称为"阿贝数"。

③ 相对色散系数 $\left(\dfrac{n_F - n_D}{n_F - n_C}, \dfrac{n_F - n_e}{n_F - n_C}, \dfrac{n_g - n_F}{n_F - n_C} \text{等}\right)$，在光学系统中进行二级光谱计算时，就需要利用相对色散系数。关于我国无色光学玻璃折射率和色散的具体质量指标，可查阅国家标准《无色光学玻璃》(GB/T 903—2019)。

测量折射率的方法有很多种，下面主要介绍几种目前最常用的方法。

3.1.2　V 棱镜法测量光学玻璃的折射率

1. 测量原理

图 3-2 是用 V 棱镜法测量光学玻璃折射率的原理示意图。V 棱镜是指由两块材料完全相同并且已知折射率为 n_0 的直角棱镜胶合而成的带有 V 形缺口的长方棱镜。V 形缺口的张角为 $\angle AED = 90°$，两个尖棱的角度为 $\angle BAE = \angle CDE = 45°$。

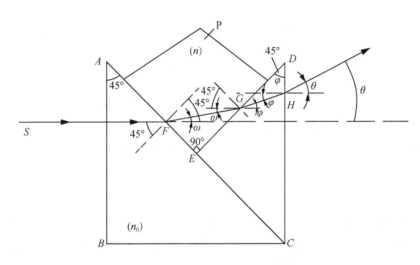

图 3-2　用 V 棱镜法测量光学玻璃折射率的原理示意图

待测玻璃样品 P 被磨出两个互成 90° 的平面，把它放在 V 棱镜的缺口内。由于加工的误差，V 形缺口的张角和样品两个面的角度都不可能是准确的 90°，所以样品的两个面和 V 形缺口的两个面不能正好贴合，需要在中间加上一些折射率与待测玻璃样品折射率相接近的液体，以使两者很好地接触。这种具有一定折射率的液体称为折射液，也称为浸液。

一束平行光沿着 S 方向垂直地入射在 V 棱镜的 AB 面上。现在来看这束平行光（用其中的一条光线 S 来代表）通过 V 棱镜和待测玻璃样品 P 的情况。如果待测玻璃样品的折射率 n 和已知的 V 棱镜材料的折射率 n_0 完全相等，则整个 V 棱镜加上待测玻璃样品 P 就像一块平行平板玻璃一样，光线在待测玻璃样品 P 和 V 棱镜缺口相接触的两个面上不发生偏折。由于光线在 AB 面上是垂直入射，所以最后的出射光线也不发生任何偏折。如果待测玻璃样品 P 的折射率 n 和 V 棱镜材料的折射率 n_0 不相同，则光线在两者相接触的面上发生偏折，最后出射光线相对于入射光线会产生一个偏折角，用 θ 表示这个偏折角，如图 3-2 所示。很明显，θ 角的大小与待测玻璃样品的折射率 n 及已知的 V 棱镜材料的折射率 n_0 有关。使用 V 棱镜法测量光学玻璃的折射率就是利用了这个原理，通过测量出偏折角 θ，然后根据确定的关系式计算出待测玻璃样品的折射率 n。

下面利用图 3-2 推导偏折角 θ 和待测玻璃样品折射率 n 之间的关系式。图 3-2 中，对应的待测玻璃样品的折射率 n 大于 V 棱镜材料的折射率 n_0，即 $n > n_0$。

对光线经过的 4 个折射面依次应用折射定律：

在 AB 面上有
$$\sin 0° = n_0 \sin 0° \tag{3-4}$$

在 AE 面上有
$$n_0 \sin \frac{\pi}{4} = n \sin\left(\frac{\pi}{4} - \omega\right) \tag{3-5}$$

在 ED 面上有
$$n \sin\left(\frac{\pi}{4} + \omega\right) = n_0 \sin\left(\frac{\pi}{4} + \varphi\right) \tag{3-6}$$

在 DC 面上有
$$n_0 \sin \varphi = \sin \theta \tag{3-7}$$

式中，ω 是光线在 AE 面上的折射方向与最初入射光线方向的夹角；φ 是光线在 ED 面上的折射方向与最初入射光线方向的夹角。

从上面 4 个方程中消去 ω 和 φ，找出 θ 与 n 的关系式，即

$$n = \left[n_0^2 + \sin\theta (n_0^2 - \sin^2\theta)^{\frac{1}{2}} \right]^{\frac{1}{2}} \tag{3-8}$$

式(3-8)就是采用 V 棱镜法测量光学玻璃折射率时所使用的公式。其中，θ 角是出射光线相对于入射光线方向的偏折角。测量出 θ 角后，根据已知的 V 棱镜材料的折射率 n_0，就可以计算出待测玻璃样品的折射率 n。

式(3-8)是在 $n > n_0$ 的情况下推导出来的。当 $n < n_0$ 时，光路情况如图 3-3 所示。此时，在光线经过的 4 个折射面上利用折射定律可以得到

$$n = \left[n_0^2 - \sin\theta (n_0^2 - \sin^2\theta)^{\frac{1}{2}} \right]^{\frac{1}{2}} \tag{3-9}$$

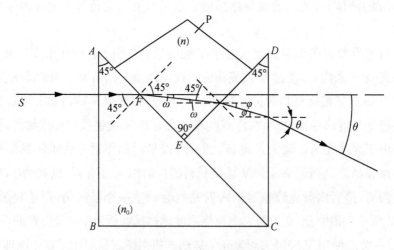

图 3-3　当 $n < n_0$ 时的光路

将式(3-8)和式(3-9)合并写成一个式子，即

$$n = \left[n_0^2 \pm \sin\theta (n_0^2 - \sin^2\theta)^{\frac{1}{2}} \right]^{\frac{1}{2}} \qquad (3\text{-}10)$$

式(3-10)是采用 V 棱镜法测量光学玻璃折射率时所使用的一般关系式。其中,当待测玻璃样品的折射率 n 大于 V 棱镜材料的折射率 n_0 时,取正号;反之,当 $n < n_0$ 时,取负号。但是,由于在测量前并不知道待测玻璃样品的折射率是比 V 棱镜材料的折射率大还是小,所以式(3-10)中的正负号只能根据测量时 θ 角的方向来决定。当人眼迎向入射光线的方向时,如果出射光线相对于入射光线方向逆时针转动测量出偏折角 θ,则取正号;如果出射光线相对于入射光线方向顺时针转动测量出偏折角 θ,则取负号。对于应用这种方法的专用测量仪器——V 棱镜折射仪,则是利用它的度盘上的分度来区分正负号的。对应 $n > n_0$ 的情况,θ 角的刻度范围是 $0° \sim 30°$;对应 $n < n_0$ 的情况,θ 角的刻度范围为 $330° \sim 360°$。

2. V 棱镜折射仪的构造原理

由上面所述的测量原理可知,折射率是通过测量光线的偏折角 θ 得到的,所以在带有测角度盘的测量仪器上就可以实现折射率的测量。为了使用和操作方便,根据这种测量原理专门设计了 V 棱镜折射仪,这种仪器目前正广泛地使用在各工厂和实验室。下面介绍这种仪器的构造原理。

图 3-4 所示为 V 棱镜折射仪的构造原理图。它实质上是一台垂直式的测角仪,它的度盘旋转主轴呈水平状态。V 棱镜相当于一台精密测角仪的工作台,并且要求度盘的旋转主轴和 V 棱镜的 V 形缺口底棱相平行。V 棱镜折射仪主要由平行光管、对准望远镜、度盘、读数显微镜和 V 棱镜组成。

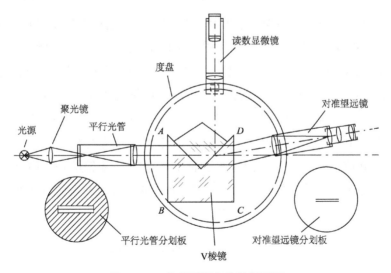

图 3-4　V 棱镜折射仪构造原理图

平行光管给出一组平行光线。平行光管的光轴应与 V 棱镜的入射面 AB 相垂直。平行光管分划板上刻有一条与棱镜的 V 形缺口底棱相平行的细线(用作瞄准线)。为了减少测量中杂散光的影响,平行光管分划板上只有中间的一条窄缝是透光的,其余部分不透光(见图 3-4 中的左下图)。窄缝由光谱单色光源通过聚光镜来照亮。

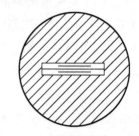

对准望远镜是用来观察平行光管的瞄准线经过 V 棱镜和待测玻璃样品后的像的。对准望远镜和度盘连接在一起并能绕度盘的水平主轴旋转,使对准望远镜旋转到能找到从 V 棱镜出射的光线的方向。对准望远镜的分划板上刻有一对短双线(见图 3-4 中的右下图),用这对短双线去对准平行光管分划板上瞄准线的像,对准后在对准望远镜视场中的情况如图 3-5 所示。

图 3-5 短双线与瞄准线的像对准后在对准望远镜视场中的情况

读数显微镜是用来读出度盘所在的位置的。因为望远镜是与度盘一起转动的,所以当用对准望远镜对准平行光管分划板上瞄准线的像后,用读数显微镜就可以直接从度盘上读出偏折角 θ 的大小。读数显微镜是带有测微目镜的,以便使测量偏折角 θ 的读数精度达到 $0.05' \sim 0.06'$。

3. 测量方法

测量的目的是测出光线经过 V 棱镜和待测玻璃样品后的偏折角 θ。测量时首先要找出零位,并对其进行检查和校正。零位是指当对准望远镜直接瞄准从平行光管发出的不经过偏折的光线时,读数显微镜中得到的读数应该是 $0°0'$。检查和校正零位的方法通常有两种,其中一种方法是在 V 棱镜座下垫一块平行平板的使 V 棱镜向上抬高,使平行光线从 V 棱镜的 V 形缺口下部通过。由于平行光管的光轴和 V 棱镜的入射面相垂直,所以光线通过 V 棱镜时不发生偏折。此时用对准望远镜分划板上的双线对准平行光管分划板上的瞄准线的像,如图 3-5 所示的那样,像的位置就是零位。在读数显微镜中应读得 $0°0'$。如果有误差,则应校正好,或者记下这个零位读数值,在以后测得的偏折角 θ 值中减去这个零位读数值。零位校正好后再把 V 棱镜放到原来的位置上。这种方法比较麻烦,所以现在国产的 V 棱镜折射仪(见图 3-6)都采用另外一种方法检查和校正零位。这种方法采用了一块标准块,标准块在制造时一般选用与 V 棱镜完全相同的材料,并且在仪器中与 V 棱镜一起成对提供。校正零位时,把标准块放在 V 棱镜的缺口内,中间加上少许折射率与标准块折射率相同的折射液。由于标准块和 V 棱镜两者的折射率完全相同,所

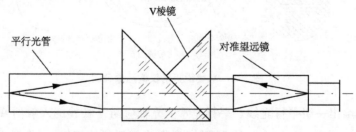

图 3-6 国产 V 棱镜折射仪

以平行光管发出的光线经过 V 棱镜时方向不发生偏折。同样,用对准望远镜找到平行光管分划板上的瞄准线的像,并且用双线对准瞄准线后,像的位置就是零位。同前面所述的一样,如果零位读数有误差,则应校正,或者记下这个零位读数值以便在以后测量偏折角 θ 时进行修正。

在零位检查和校正后,就可以把待测玻璃样品放入 V 棱镜的缺口内了。首先在待测玻璃样品的两个直角面上涂以少许事先配制好的折射液,再将样品放入缺口内,并排除其中的气体使两者贴在一起。然后转动对准望远镜再次找到平行光管分划板上瞄准线的像,同样用双线对准瞄准线之后,从读数显微镜中可以读到一个数值,这个读数值用零位读数值修正后,就是所要测量的光线偏折角 θ。

测量出偏折角 θ 后,将已知 V 棱镜材料的折射率 n_0 代入式(3-10),并且根据测量偏折角 θ 时对准望远镜转动的方向确定式(3-10)中的正负号,就能计算出待测玻璃样品的折射率 n。 式(3-10)较为复杂,可通过编制计算机程序实现快速自动计算。

3.1.3　最小偏向角法测量光学玻璃的折射率

1. 测量原理

将待测玻璃样品制成如图 3-7 所示的三角形状。其中,入射面 AB 和出射面 AC 经过仔细抛光,顶角 φ 可测量得到。顶角 φ 和折射率都是在精密测角仪上进行测量的。偏向角是光线经过棱镜之后,出射光线和入射光线之间的夹角,在图 3-7 中用 θ 表示。从图中可以看出:

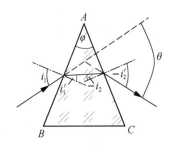

图 3-7　最小偏向角法测量光学玻璃折射率的光路

$$\theta = (i_1 - i_1') + (i_2 - i_2') = i_1 - i_2' - (i_1' - i_2)$$

又有
$$\varphi = i_1' - i_2$$

则
$$\theta = i_1 - i_2' - \varphi \tag{3-11}$$

由式(3-11)可看出,偏向角 θ 是随光线入射角 i_1 的改变而改变的。由几何光学可以证明,当 $i_1 = -i_2'$(或者 $i_1' = -i_2$)时,也就是光线相对入射面和出射面法线的夹角相等时,偏向角具有最小值。把此时的偏向角叫作最小偏向角,并用符号 θ_0 表示。最小偏向角条件下的光线位置 $(i_1 = -i_2')$ 是一个特定位置,最小偏向角 θ_0 的大小是随待测玻璃样品折射率的变化而变化的。因此,只要找出这个特定位置,测量出最小偏向角的大小,就可以得出待测玻璃样品的折射率。下面来导出 θ_0 和 n 的关系式。

当光线位于最小偏向角位置时,有
$$i_1 = -i_2', \quad i_1' = -i_2$$

则有
$$\varphi = i_1' - i_2 = 2i_1'$$

即
$$i_1' = \frac{\varphi}{2} \tag{3-12}$$

由式(3-11)可以写出

$$\theta_0 = 2i_1 - \varphi$$

即
$$i_1 = \frac{\theta_0 + \varphi}{2} \tag{3-13}$$

根据折射定律，$\sin i_1 = n \sin i_1'$，将式(3-12)和式(3-13)代入其中，则得到

$$\sin \frac{\theta_0 + \varphi}{2} = n \sin \frac{\varphi}{2}$$

即
$$n = \frac{\sin \dfrac{\theta_0 + \varphi}{2}}{\sin \dfrac{\varphi}{2}} \tag{3-14}$$

式(3-14)就是利用最小偏向角法测量折射率所依据的关系式。其中，样品棱镜的顶角 φ 可以在精密测角仪上准确地测量出来，所以只要测量出最小偏向角的大小就可以计算出待测玻璃样品的折射率 n。

2. 测量方法

用最小偏向角法测量折射率是在精密测角仪上进行的。这里主要介绍最小偏向角 θ_0 的测量方法。

测量时，将待测玻璃样品放置在工作台上。调节工作台，使待测玻璃样品的光轴截面与平行光管狭缝的方向相垂直，也就是待测玻璃样品顶角 φ 的棱线与平行光管狭缝相平行。调节时，通过主望远镜观察平行光管狭缝经过待测玻璃样品的像，调节工作台的调平螺钉，使望远镜分划线竖线和平行光管狭缝线平行。

图 3-8 所示为测量最小偏向角的光学平台。平行光管狭缝由所要求的单色光源照亮。由平行光管发出的单色平行光经过待测玻璃样品后发生偏折。转动主望远镜，在视场里可以找到平行光管狭缝的像。为了找到最小偏向角位置，转动工作台(度盘和工作台一起转动)，此时光线入射角 i_1 随之改变，因此出射光线方向也随之改变。这时在主望远镜视场中能观察到平行光管狭缝的像将随之向一个方向移动。当工作台转动到某一个位置时，将能观察到如下现象：继续转动工作台，会出现平行光管狭缝的像将不再以原来的方向移动，而是以与原来方向相反的方向移动。因此，在平行光管狭缝的像刚刚要向相反方向移动时的待测玻璃样品的位置就是最小偏向角的位置。此时，保持工作台不动，用主望远镜分划板刻线对准平行光管狭缝的像，从度盘上得到一个读数 β_1（见图 3-8 中位置 Ⅰ）。接着把待测玻璃样品拿走，工作台和度盘保持不动，旋转主望远镜使它直接对向平行光管。同样，用主望远镜分划线对准平行光管狭缝的像后，又可以从度盘上得到一个读

数 β_{II}（见图 3-8 中位置 II）。两次读数之差就是最小偏向角 θ_0 的大小,即

$$\theta_0 = \beta_{\mathrm{I}} - \beta_{\mathrm{II}} \tag{3-15}$$

当测量出最小偏向角 θ_0 后,将已经测量出来的顶角 φ 代入式(3-14)就可以计算出待测玻璃样品的折射率 n。

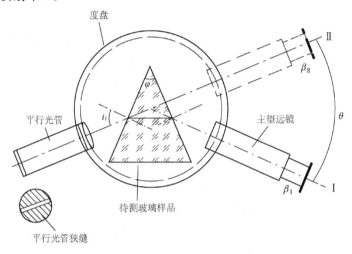

图 3-8　测量最小偏向角的光学平台

从上面所述的测量方法中可以看出,测量最小偏向角 θ_0 的关键在于准确地判断最小偏向角的位置,也就是要准确地判断出平行光管狭缝的像刚刚要向相反方向移动的位置。这种判断需要一定的经验和技巧。另外,在测量中,还常常采取下面几种办法来提高最小偏向角 θ_0 的测量精度。

（1）第 1 种方法

如上所述,找到最小偏向角的位置 I 并得到读数 β_{I} 后,不移动待测玻璃样品,此时,使度盘的位置固定不动,工作台和度盘分开转动,使待测玻璃样品原来的出射面向着平行光管,并转动主望远镜,通过主望远镜再次找到平行光管狭缝的像。转动工作台,即使待测玻璃样品相对于平行光管出射的平行光束转动,同样可以看到主望远镜中平行光管狭缝的像在移动。再次找到平行光管狭缝的像刚刚要向相反方向移动时的位置,此时待测玻璃样品就处在最小偏向角的位置上(见图 3-9 中位置 III)。再次用主望远镜分划线对

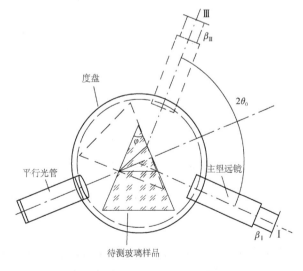

图 3-9　第 1 种提高最小偏向角测量精度的方法

准平行光管狭缝的像，从度盘上得到最小偏向角位置Ⅲ的读数 $\beta_{\text{Ⅲ}}$。

从图 3-9 中可以看出，$\beta_{\text{Ⅲ}}$ 和 $\beta_{\text{Ⅰ}}$ 的差值为最小偏向角 θ_0 的两倍，所以有

$$\theta_0 = \frac{\beta_{\text{Ⅰ}} - \beta_{\text{Ⅲ}}}{2} \tag{3-16}$$

（2）第 2 种方法

如图 3-10 所示，位置Ⅰ是最小偏向角位置，位置Ⅳ是入射光线经待测玻璃样品入射面直接反射的光线位置，这两个位置之间的夹角为 Φ。

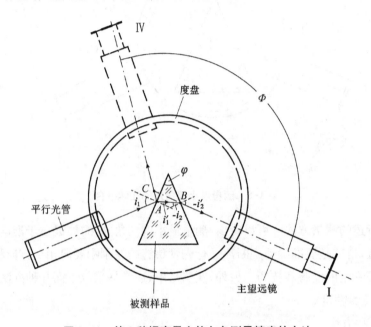

图 3-10　第 2 种提高最小偏向角测量精度的方法

从图 3-10 中可以看出，在 $\triangle ABC$ 中，有

$$\Phi = \angle CAB + \angle ABC$$

又有

$$\angle ABC = -i_2' - (-i_2) = i_2 - i_2'$$

$$\angle CAB = (90° - i_1) + (90° - i_1') = 180° - i_1 - i_1'$$

$$\Phi = 180° - i_1 - i_1' + i_2 - i_2' \tag{3-17}$$

当在最小偏向角位置时，有

$$i_1 = -i_2', \quad i_1' = -i_2, \quad \varphi = i_1' - i_2$$

$$\Phi = 180° - (i_1' - i_2) = 180° - \varphi \tag{3-18}$$

式(3-18)表示，当待测玻璃样品准确处于最小偏向角位置时，出射光线与直接由入射面反射的反射光线之间的夹角 Φ 为常量（$180° - \varphi$）。根据这个条件可以验证图 3-10 中位置

Ⅰ是否准确位于最小偏向角位置上。

测量时,首先根据前面叙述的方法使待测玻璃样品处于最小偏向角位置,并用主望远镜对准平行光管狭缝的像,由度盘得到读数 β_{I}。然后旋转主望远镜使之对准直接从入射面反射的反射光束,并使主望远镜旋转的角度为 $180° - \varphi$,也就是使度盘的读数对准在 $\beta_{\mathrm{I}} - (180° - \varphi)$ 读数上。此时检查主望远镜中分划线与从入射面反射来的平行光管狭缝的像是否对准。如果已对准,则表示 β_{I} 是准确的最小偏向角位置上的读数;如果没有对准,则表示 β_{I} 不是在准确的最小偏向角位置上的读数。此时转动工作台使分划线与平行光管狭缝的像对准,再使主望远镜往回转 $(180° - \varphi)$,重新找到最小偏向角位置。这样反复进行几次,直到待测玻璃样品准确地位于最小偏向角位置上。经过这样的检查后,测出的最小偏向角 θ_0 的测量精度可以提高好几倍。

3.1.4　全反射法测量折射率

1. 测量原理

由几何光学原理可知,当光线从折射率大的介质进入折射率相对较小的介质时,随着入射角的增加会发生全反射现象。如图 3-11 所示,光线从折射率为 n_0 的介质进入折射率为 n 的介质,并且有 $n_0 > n$。

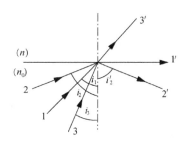

图 3-11　全反射光路

在界面上,根据折射定律有 $n_0 \sin i = n \sin i'$,因为 $n_0 > n$,所以折射角 i' 总是大于入射角 i,即 $i' > i$。随着入射角 i 的增加,总会有一个入射角 i 使折射角 $i' = 90°$,即此时折射光线沿着界面方向出射,如图 3-11 中的光线 1 和 1' 所示。把折射角为 $90°$ 的对应入射光线的入射角称为全反射临界角,用符号 i_0 表示。此时有

$$n_0 \sin i_0 = n \sin 90° = n$$

则

$$i_0 = \arcsin\left(\frac{n}{n_0}\right) \tag{3-19}$$

当光线的入射角大于 i_0 时,如图 3-11 中的光线 2,因为折射角不可能比 $90°$ 大,所以只有反射光线 2' 存在,光能量全部反射,这种现象就称为全反射。当光线的入射角小于 i_0 时,如图 3-11 中的光线 3,就有折射光线 3' 存在,而且该方向的大部分光能都从折射率为 n_0 的介质进入折射率为 n 的介质。

用全反射法测量折射率的原理就是设法找到全反射临界角 i_0 这个特定位置来计算出折射率。图 3-12 是用全反射法测量折射率的原理示意图。图中,$\triangle ABC$ 是一块已知折射率为 n_0 的标准棱

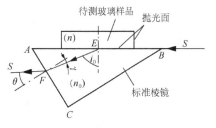

图 3-12　用全反射法测量折射率的原理示意图

镜,其中 $\angle A$ 是事先已经测量出来的。标准棱镜的 AC 面经过抛光,AB 面经过仔细细磨。待测玻璃样品为一块长方体,其表面经过抛光。待测玻璃样品的折射率 n 必须小于标准棱镜的折射率 n_0,即 $n < n_0$。把待测玻璃样品放在标准棱镜 AB 面上,为了使待测玻璃样品和标准棱镜表面很好地接触,并且使光线能够通过,中间可以稍微加一些折射率和待测玻璃样品折射率相接近的折射液。

首先假定光线沿着如图 3-12 所示的相反方向通过标准棱镜。此时光线沿图中 S 的反方向入射在 AC 面上,折射光线 FE 沿着全反射临界角 i_0 的方向入射在 AB 面上,因此折射光线将沿着待测玻璃样品和标准棱镜的界面掠射而过。按照光线可逆性原理,当光线按图中箭头方向进行时,则在 AB 界面上光线是掠射进入待测玻璃样品的,此时,光线将以全反射临界角 i_0 的方向折射进入标准棱镜,然后光线在 AC 面上沿着 S 方向出射。令出射角为 θ,由图中可以看出,出射角 θ 和全反射临界角 i_0 的大小有关。用全反射法测量折射率的原理是通过测量出在全反射临界角这个特殊情况下的出射角 θ,然后根据 θ 角与待测玻璃样品折射率之间的关系式计算出折射率 n。下面来导出这个关系式。

在 AB 面上有

$$n \sin 90° = n_0 \sin i_0 \tag{3-20}$$

在 $\triangle AEF$ 中有

$$\angle A + (90° + \gamma) + (90° - i_0) = 180°$$

则

$$i_0 = \angle A + \gamma \tag{3-21}$$

在 AC 面上有

$$n_0 \sin \gamma = \sin \theta \tag{3-22}$$

将式(3-21)代入式(3-20),有

$$n = n_0 \sin(\angle A + \gamma) = n_0(\sin \angle A \cos \gamma + \cos \angle A \sin \gamma) \tag{3-23}$$

由式(3-22)得

$$\sin \gamma = \frac{1}{n_0} \sin \theta$$

$$\cos \gamma = \sqrt{1 - \sin^2 \gamma} = \frac{1}{n_0} \sqrt{n_0^2 - \sin^2 \theta}$$

将以上两式代入式(3-23)得

$$n = n_0 \left(\sin \angle A \cdot \frac{1}{n_0} \sqrt{n_0^2 - \sin^2 \theta} + \cos \angle A \cdot \frac{1}{n_0} \sin \theta \right)$$

即

$$n = \sin \angle A \sqrt{n_0^2 - \sin^2 \theta} + \cos \angle A \sin \theta \tag{3-24}$$

另外，从式(3-19)中可以看出，全反射临界角 i_0 的大小是随着待测玻璃样品折射率 n 的改变而改变的。所以当 i_0 较小(即待测玻璃样品的折射率较小)时，光线就会按如图 3-13 所示的光路进行。它与图 3-12 中所示的光路的差别在于出射光线的方向。图 3-12 中的出射光线在 AC 面法线的顺时针方向上构成 θ 角，图 3-13 中的出射光线在 AC 面法线的逆时针方向上构成 θ 角。

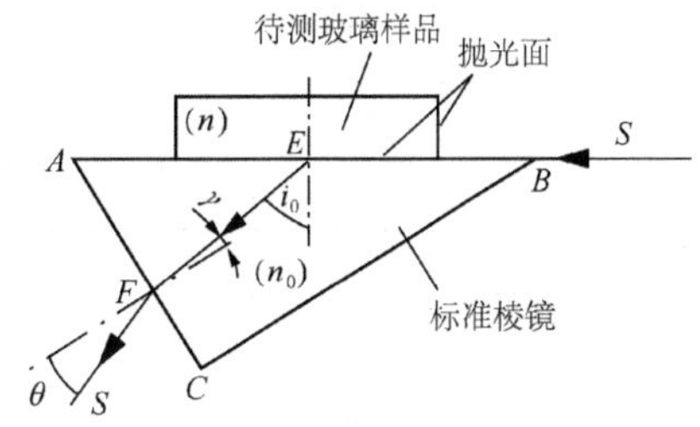

图 3-13　待测玻璃样品折射率较小的光路

在 $\triangle AEF$ 中有

$$\angle A + (90° - \gamma) + (90° - i_0) = 180°$$

则

$$i_0 = \angle A - \gamma \tag{3-25}$$

将式(3-25)代入式(3-20)，有

$$n = n_0 \sin(\angle A - \gamma) = n_0(\sin \angle A \cos \gamma - \cos \angle A \sin \gamma) \tag{3-26}$$

同样将 $\sin \gamma = \dfrac{1}{n_0} \sin \theta$ 和 $\cos \gamma = \dfrac{1}{n_0} \sqrt{n_0^2 - \sin^2 \theta}$ 代入式(3-26)，可得到

$$n = \sin \angle A \sqrt{n_0^2 - \sin^2 \theta} - \cos \angle A \sin \theta \tag{3-27}$$

将式(3-24)和式(3-25)合并写成一个式子，即

$$n = \sin \angle A \sqrt{n_0^2 - \sin^2 \theta} \pm \cos \angle A \sin \theta \tag{3-28}$$

式(3-28)就是用全反射法测量折射率的基本公式。其中，$\angle A$ 是标准棱镜的一个角度，是可以事先测量出来的。因此，只要能测量出在全反射临界角情况下的出射角 θ，将其代入公式(3-28)就能计算出折射率 n。在计算折射率 n 时，要注意公式中的正负符号的取值，当 θ 角是在 AC 面法线的顺时针方向上测得时，取正号；当 θ 角是在 AC 面法线的逆时针方向上测得时，则取负号。

2. 测量方法

上面的测量原理已经指出：用全反射法测量折射率的问题可以归结为测量在全反射临界角情况下出射角 θ 的大小。测量方法根据待测玻璃样品和光源位置的不同可以分成两种：一种是光线透过待测玻璃样品的方法，如图 3-14(a)所示；另一种是光线不透过待测玻璃样品的方法，如图 3-14(b)所示。下面分别介绍这两种方法。

(1) 光线透过待测玻璃样品的方法

如图 3-14(a)所示，有一束包含不同方向光线的光(通常可以用漫反射光)投射在待测玻璃样品上，其中光线 1 是在待测玻璃样品和标准棱镜之间界面上掠射的光线，即入射角为 90°，此光线将沿着全反射临界角 i_0 的方向折射进入标准棱镜，然后在标准棱镜的

AC 面上沿光线 $1'$ 的方向出射，出射角为 θ。

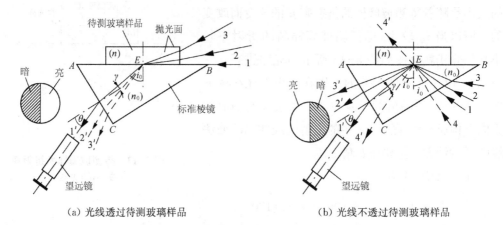

(a) 光线透过待测玻璃样品　　　　　　　　(b) 光线不透过待测玻璃样品

图 3-14　全反射法测量折射率的方法

由于待测玻璃样品的折射率 n 必须小于标准棱镜的折射率 n_0，由待测玻璃样品进入标准棱镜的光线的折射角肯定比全反射临界角小，所以除光线 1 以外的其他光线（如图 3-14 中的光线 2 和 3）经过标准棱镜后的出射光线（如图 3-14 中的光线 $2'$ 和 $3'$）一定都在出射光线 $1'$ 的同一侧，在出射光线 $1'$ 的另一侧不可能有光线。当用一个与度盘连接以便测量角度的望远镜迎着出射光线的方向观察时，视场中可以看到具有明显分界线的亮和暗的两部分。当用望远镜分划板上的交叉刻线对准这个亮暗分界线时，该望远镜的位置就表示在全反射临界角情况下的出射光线 $1'$ 的位置，通过度盘就能测量出 θ 角的值。

光线透过待测玻璃样品的方法有以下 4 个要求：

① 待测玻璃样品的折射率 n 一定要小于标准棱镜的折射率 n_0。

② 待测玻璃样品的两个面必须抛光。

③ 待测玻璃样品的两个抛光面应该互相垂直。

④ 为了使光线能从待测玻璃样品和标准棱镜之间通过，它们中间应加少许折射液。

（2）光线不透过待测样品的方法

由物理光学理论可以知道，当光线由折射率大的介质进入折射率较小的介质时，如果光线的入射角大于全反射临界角，则光能全部反射；如果光线的入射角小于全反射临界角，则大部分光能被折射进入折射率较小的介质，而反射光只占入射光的很少一部分。

如图 3-14(b) 所示，一束含有不同方向的光线进入标准棱镜入射在一待测玻璃样品和标准棱镜的界面上。其中，光线 1 的入射角为全反射临界角 i_0，因而光线 1 方向的光发生全反射，所有光能全部沿光线 $1'$ 的方向反射，其他的光线如光线 2 和光线 3 的入射角都大于全反射临界角，所以都要发生全反射，全部光能都沿着光线 $1'$ 的同一侧如光线 $2'$ 和 $3'$ 的方向出射。

现在来看位于光线 1 另一侧的光线 4，它的入射角小于全反射临界角，因而折射和反射现象同时存在,而且大部分的光能都沿着折射光线 4′的方向进入待测玻璃样品,只有少部分光能被反射沿光线 4′的方向从标准棱镜出射。

同时可以看到,位于光线 1′两侧的两部分光能量有着很大的差别。其中一侧的光能是由入射光能全部反射而来的,而另一侧的光能只占入射光能的很少一部分。因此,当用一个与度盘相连接的望远镜迎着出射光线的方向观察时,同样可以观察到具有明显分界线的亮和暗的两部分,如图 3-14 所示。当用望远镜分划板上的交叉刻线对准这个亮暗分界线时,该望远镜的位置就表示在全反射临界角情况下的出射光线 1′的位置,从度盘上就可以得到出射角 θ 的测量值。

光线不透过待测玻璃样品的方法有以下两个要求:

① 待测玻璃样品的折射率 n 一定要小于标准棱镜材料的折射率 n_0。

② 待测玻璃样品与标准棱镜相接触的表面必须经过抛光。

测量得到对应全反射临界角方向的出射角 θ 后,利用事先已知的标准棱镜的角度 $\angle A$ 和折射率 n_0,将其代入式(3-28)就可以计算出待测玻璃样品的折射率 n。

3.1.5 阿贝折射仪

阿贝折射仪是根据全反射法测量折射率的原理设计制成的专用测量仪器,这种仪器不仅在光学测量中经常使用,而且在其他工业部门也得到了广泛应用。

1. 阿贝折射仪的构造

图 3-15 所示为阿贝折射仪的光学系统示意图。阿贝折射仪主要由测量对准系统和读数系统两部分组成。测量对准系统包括望远镜、色散棱镜和标准棱镜。读数系统包括读数显微镜和度盘。其中,望远镜和读数显微镜是连接在一起的,度盘和标准棱镜是连

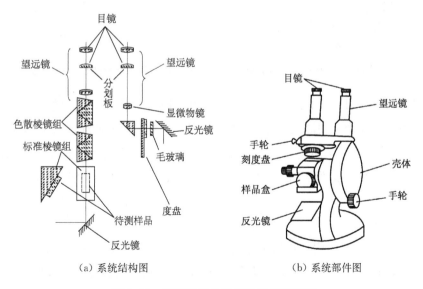

(a) 系统结构图　　　　　　(b) 系统部件图

图 3-15　阿贝折射仪的光学系统示意图

在一起围绕同一轴线旋转的。当标准棱镜转动时,经过全反射的光线从标准棱镜出射,光线的方向相对于望远镜变化,所以在望远镜中可以看到明暗两视场的分界线在移动。由读数显微镜读出的度盘位置即表示标准棱镜的位置。图 3-15(b)是国产某品牌的阿贝折射仪的外观图,这种阿贝折射仪不仅可以通过目视进行读数,还包括了数字显示接口。

测量时,把待测玻璃样品放在标准棱镜上,调节反光镜使光线从下部进入。此时转动手轮使标准棱镜和度盘转动,直到在望远镜内观察到明暗两部分(见图 3-16)。当用望远镜分划板上的交叉刻线对准这个亮暗分界线时,在读数显微镜视场中就可以直接从度盘上读出待测样品的折射率,因为度盘上的刻线是根据标准棱镜的折射率 n_0 和标准棱镜位置所对应的出射角 θ,由式(3-28)计算出折射率后刻制的。图 3-17 所示为在读数显微镜视场中所见到的情况,从视场中右边的刻线可以直接读得待测玻璃样品对于光谱线 D($\lambda = 589.3\,\text{nm}$)的折射率 n_D。视场中左边的刻线用于阿贝折射仪测量溶液中糖的质量分数,上面标注的是在温度为 20 ℃时水中糖的质量分数。因为一定质量分数的糖溶液对应于一定的折射率,所以只要测量出溶液的折射率,实际上就知道了溶液中糖的质量分数。左边刻度表示水中糖的质量分数范围为 0～95%,相当于折射率为 1.333～1.531。右边刻度表示阿贝折射仪测量折射率的范围是 1.30～1.70,读数格值为 1×10^{-3},可以估计到 2×10^{-4}。

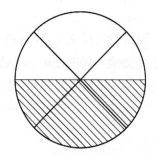

图 3-16　望远镜内观察到明暗两部分

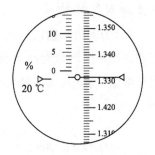

图 3-17　读数显微镜视场中所见到的情况

阿贝折射仪通常是用白光照明的。由于标准棱镜是由折射率较高的光学玻璃材料制成的,所以对于白光中不同波长的光,其折射率是不一样的,分别为 n_{0D},n_{0C},n_{0F} 等。待测玻璃样品对于白光中不同波长的光的折射率也是不一样的,分别为 n_D,n_C,n_F 等。这样,对于同一块待测玻璃样品,测量时对于不同光线的全反射临界角也是不一样的,分别为 $i_{0D} = \arcsin\left(\dfrac{n_D}{n_{0D}}\right)$,$i_{0C} = \arcsin\left(\dfrac{n_C}{n_{0C}}\right)$,$i_{0F} = \arcsin\left(\dfrac{n_F}{n_{0F}}\right)$ 等。在全反射临界角情况下,出射光的出射角对于不同波长的光也是不一样的。因此,如果用望远镜直接迎着出射光线方向观察,则看到的是一条宽的彩色带区,而看不到有明显界线的亮暗两部分,这样就无法进行对准测量。为此,可在望远镜和标准棱镜之间加装一个色散棱镜组,如

图 3-15(a)所示。这个色散棱镜组的作用有两个,其中一个作用是通过色散棱镜组产生一个色散值 φ_{F-C}(即白光中 F 谱线光和 C 谱线光经过色散棱镜组后的夹角),并与由标准棱镜出射的 F 光和 C 光的夹角相补偿,最后 C 谱线光、F 谱线光都和 D 谱线光平行出射。这样,当望远镜在色散棱镜组后迎着光线观察时,就可以看到有明显界线的亮暗两部分。另一个作用是通过色散棱镜组的补偿有可能知道从标准棱镜出射的光线中 C 谱线光和 F 谱线光的夹角 φ_{F-C},此值与标准棱镜材料的中部色散值 $n_{0F}-n_{0C}$ 和待测玻璃样品的中部色散值 n_F-n_C 有关。因为标准棱镜材料的中部色散值是已知的,所以通过色散棱镜组的补偿就有可能测量出待测玻璃样品的中部色散值 n_F-n_C。

2. 色散棱镜组和待测样品中部色散的测量

如图 3-18 所示,色散棱镜是由 3 块三角棱镜胶合而成的。其中,两边的两块棱镜由折射率较小的冕牌玻璃制成,中间的一块棱镜由折射率较大的火石玻璃制成。这种棱镜的最大特点是能使 D 谱线光经过时的方向保持不变,即出射

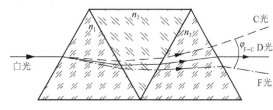

图 3-18　色散棱镜

的色散光中 D 光和入射的白光方向一致。C 谱线光和 F 谱线光由于棱镜的色散作用分离在 D 光的两边,其夹角为 φ_{F-C},φ_{F-C} 被称为这种色散棱镜的色散角。这种色散棱镜由于 D 光出射方向不变,所以通常称为直视色散棱镜,或者称为双阿米西棱镜。

阿贝折射仪的色散棱镜组是由两块完全相同且按相反方向旋转的双阿米西棱镜组成的。当其中一块棱镜转动到如图 3-19(a)所示的位置时,两块棱镜方向相同(称其夹角为 $0°$),当白光通过色散棱镜组后,D 光始终以原来的方向出射,而所出射的 C 光和 F 光的夹角为单组双阿米西棱镜色散角值 φ_{F-C} 的两倍,即 $2\varphi_{F-C}$。当其中一块棱镜转动到如图 3-19(b)所示的位置时,两块棱镜的方向相反,其夹角为 $180°$,此时相当于两块棱镜各

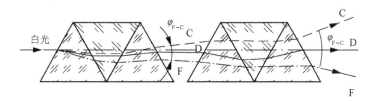

(a) 色散棱镜方向相同

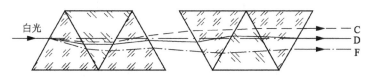

(b) 色散棱镜方向相差 $180°$

图 3-19　色散棱镜组

自按相反方向旋转了 90°。这时 D 光还是以原来的方向出射，两块棱镜的色散角值正好互相补偿，最后 C 光和 F 光的出射方向与 D 光的相同。这样，当两组双阿米西棱镜以相反方向旋转时，最后经过色散棱镜组的合成色散角值将在 $0 \sim 2\varphi_{F-C}$ 范围内变化。当其中一块棱镜以相反方向旋转角度为 α 时，则合成的色散角值为 $2\varphi_{F-C}\cos\alpha$，如图 3-20 所示。这个色散角值可以用来补偿标准棱镜出射的 F 光和 C 光之间的夹角，使最后在望远镜中看到明显的亮暗分界线。

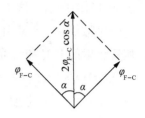

图 3-20　合成色散角

测量时，先在望远镜视场内看到彩色的带区，此时转动色散棱镜组手轮，使镜筒内两组双阿米西棱镜以相反方向转动，直到在望远镜中观察到明显的亮暗分界线。由于 D 谱线光经过色散棱镜组的方向不改变，所以当望远镜分划板上的交叉刻线对准亮暗分界线时，在读数显微镜中由度盘上读到的是待测玻璃样品对 D 光的折射率 n_D。另外，两组双阿米西棱镜以相反方向转过的角度可以在色散值刻度盘上读得与它有关的量 Z。Z 与直视棱镜所补偿的色散角值 φ'_{F-C} 有关，也就是与待测玻璃样品的中部色散值 $n_F - n_C$ 有关。当测量出 n_D 和得到读数 Z 以后，可以在每台折射仪所附有的色散表中查到对应的 A，B 和 σ 三个值，然后代入式(3-29)就可以求出待测玻璃样品的中部色散值，即

$$n_F - n_C = A + B\sigma \tag{3-29}$$

例如，在一台阿贝折射仪上测量一块光学玻璃的折射率和中部色散。调节色散棱镜组手轮，直到在望远镜视场中看到明显的亮暗分界线。当望远镜分划板上的交叉刻线与分界线对准时，通过读数系统在度盘上得到 $n_D = 1.573\,6$，在色散值刻度盘上得到的读数为 $Z = 42.5$。

根据测得的 n_D 值，在色散表中找到与其最接近的数值 $n_D = 1.570$ 所对应的 A 值和 B 值。用余数内插法可以得到

$$A = 0.023\,47 + 3 \times 3.6 \times 10^{-6} = 0.023\,481$$
$$B = 0.018\,83 - 53 \times 3.6 \times 10^{-6} = 0.018\,639$$

根据读得的 Z 值，在色散表中查得 $Z = 42$ 所对应的 σ 值，因为此时 $Z > 30$，所以 σ 值为负。用余数内插法可以得到

$$\sigma = -0.588 - 41 \times 5 \times 10^{-4} = 0.608\,5$$

将上面各值代入式(3-29)就可计算出待测玻璃样品的中部色散值 $n_F - n_C$，即

$$n_F - n_C = A + B\sigma = 0.023\,481 - 0.018\,639 \times 0.608\,5 = 0.012\,1$$

3.2　光学玻璃的折射率均匀性测量

3.2.1　折射率均匀性对光学玻璃使用的影响

从应用光学的成像理论来考虑,通常把制作光学元件(除某些偏振元件外)的材料看成各向同性的,也就是说,光无论从什么位置通过,其折射率都是相同的。这样根据成像的等光程原理可以得出,一束平行光经过一块平板玻璃后出射的还是平行光,如图 3-21(a) 中的 Σ 和 Σ'_0。如果光学玻璃的折射率均匀性不好,折射率就会随位置变化,如图 3-21(b) 所示,最大的折射率误差为 Δn_0。同样以平行平板玻璃为例,平行光通过它后就不再是平行光,因为在折射率较大位置上光通过玻璃时的光程比在折射率较小位置上通过的光程长,平面波经过玻璃后波面就发生了变化,不再是平面波了,如图 3-21(c) 中 Σ' 所示。变形的波面和理想的平面波面之间的差异就是所谓的波差 W。如果光学玻璃平板的厚度为 d,则从图 3-21(c) 中可以看出,由光学玻璃折射率均匀性误差 Δn_0 产生的波差为 $W = \Delta n_0 \cdot d$。

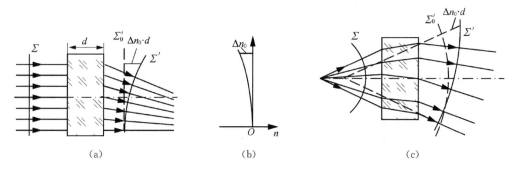

图 3-21　折射率均匀性对光线的影响

上面叙述的是平板玻璃的情况,对于透镜或者棱镜,折射率均匀性误差同样会使成像光束经过这些元件后产生原来像差之外附加的误差,波面发生附加的变形。也就是说,光学玻璃的折射率均匀性会直接影响光学系统的成像质量。

如果一块普通光学玻璃折射率的不均匀误差为 $\Delta n_0 = 2 \times 10^{-5}$,制成光学元件的厚度为 10 mm,则光波经过这样的元件后,由折射率均匀性误差产生的波差为 $W = \Delta n_0 \cdot d = 2 \times 10^{-5} \times 10 \times 10^3 = 0.2\ \mu m$。设光波的平均波长为 $\lambda = 0.5\ \mu m$,则所产生的波差为 $W = 0.4\lambda$。可见,由折射率均匀性误差产生的波差值是较大的。但是折射率均匀性误差值 Δn_0 是随玻璃尺寸的减小而减小的,对一般的光学仪器来说,由于光学元件的口径通常都较小,厚度也不大,所以由折射率均匀性误差引起的波差值是较小的,对成像质量的影响不大。但是对于口径较大的精密光学仪器,如检验成像质量用的光具座中的平行光管物镜、棱镜透镜干涉仪中的分光镜等,要求波差不应超过 $\dfrac{1}{20}\lambda$。例如,棱镜透镜干涉仪的分光镜直径为 $\phi = 125$ mm,厚度为 $d = 20$ mm,干涉仪的综合要求精度为 $\dfrac{1}{16}\lambda$,假设由分光镜材料折射率均匀性误差产生的波差允许值为 $\dfrac{1}{20}\lambda$,则所要求的光学玻璃的折射率均匀性为

$$\Delta n_0 = \frac{W}{d} = \frac{1 \times 0.5}{20 \times 20 \times 10^3} = 1.25 \times 10^{-6}$$

这样的光学玻璃必须经过专门的精密退火处理才能达到较高的折射率均匀性的要求。另外,上面的计算数值表明,对于折射率均匀性,测量的精度要求是很高的。

测量光学玻璃折射率均匀性的方法大致有如下途径:

① 由于折射率均匀性直接影响光学仪器的成像质量,因此可以通过比较在光路中加入待测光学玻璃时测量系统的成像质量与不加入待测光学玻璃时的成像质量的方法来测量光学玻璃折射率均匀性。这是普遍使用的平行光管法。

② 由于球面波(或平面波)经过折射率均匀性有误差的玻璃时,波面形状会发生变化,而刀口阴影法是一种能非常灵敏地发现缺陷的方法,因此刀口阴影法也可以检验光学玻璃折射率均匀性。

③ 利用干涉原理可以从干涉条纹的变化反映出光经过光学玻璃后光程差的变化,而光程差的变化正是由折射率变化引起的,所以采用棱镜干涉仪检测光学玻璃折射率均匀性误差的方法是常用的方法。另外,利用棱镜干涉仪,通过对所拍摄的干涉条纹照片进行测量,可以直接测量出待测光学玻璃上各点折射率的相对差值。这是折射率均匀性测量的最精确方法,现在这种测量已经可以由全息照相的方法来实现。

④ 由于光学玻璃内应力的不均匀分布同样会反映出折射率的不均匀分布,所以也可以通过测量光学玻璃应力分布来间接地测量光学玻璃的折射率均匀性。这种方法对大面积光学玻璃,尤其是在使用普通干涉方法测量而仪器通光口径又不够大时很适用。

3.2.2 平行光管法测量光学玻璃的折射率均匀性

1. 测量原理

光学玻璃的折射率均匀性会直接影响光学系统的成像质量。通常用鉴别率作为光学系统成像质量的指标。所谓鉴别率,就是指光学系统能够把物方两个互相靠近的物点分辨开的能力。

物方一个发光物点经过光学系统成像时,如果光学系统的成像质量很好,则一个物点成像质量主要受光学系统孔径光阑衍射的影响。此时一个发光物点所成的像为一衍射图斑。当孔径光阑是圆形时,圆孔衍射所成的像中央是一个亮斑,周围有几个亮度越来越暗

的圆环。这样,如果有两个物点十分靠近,则光学系统会形成两个互相重叠的衍射图案。当两物点靠近到一定程度时,光学系统就不再能够形成两个能被人眼分辨开的像。这时,这两个物点的距离就称为光学系统的鉴别率。对望远系统来说,鉴别率用刚能被分辨开的两个物点对入射光瞳中心的张角来表示。当望远系统成像完全由衍射决定时,鉴别率 α 的大小为

$$\alpha = \frac{120''}{D} \tag{3-30}$$

式中,D 是望远系统的圆形入射光瞳的直径,mm。

如果限制光学系统通光孔径的光阑是方形的(或者是矩形的),则成像受矩孔衍射的影响。此时,对望远系统来说,鉴别率 α 的大小为

$$\alpha = \frac{115''}{a} \tag{3-31}$$

式中,a 是方孔光阑的边长(或矩孔光阑的短边长),mm。

如果在望远系统的物方光路中放入一块折射率均匀性较差的待测玻璃,由于折射率分布不均匀使成像光束发生变化,则必定使望远系统的成像质量降低,也就是鉴别率下降。所以,未加待测玻璃时应有的鉴别率和加入待测玻璃后下降的鉴别率之比 K 的大小,也就反映了待测玻璃折射率均匀性的好坏。

$$K = \frac{\alpha}{\alpha_0} \tag{3-32}$$

式中,α_0 是所使用的望远镜的鉴别率,当进行折射率均匀性测量时,它的实际测量鉴别率应该等于或者接近于由式(3-30)计算出的鉴别率;α 是在望远系统物方成像光路中放入待测玻璃后下降的鉴别率值。

通常利用比值 K,可以把光学玻璃的折射率均匀性分成 5 类,见表 3-2。由此可见,通过测量鉴别率可以间接测量折射率均匀性。

表 3-2　光学玻璃折射率均匀性的类别与 K 值的对应关系

类别	1	2	3	4	5
K	1.0	1.0	1.1	1.2	1.5

另外,上面提到的一个发光物点经过衍射所形成的像是一个周围环绕几圈亮度逐渐变暗圆环的中央亮斑。当光学系统的成像质量良好时,这个亮斑和圆环都是圆整的。如果光学系统的成像质量不好,则很容易在这个衍射图案中发现缺陷。因此,通过观察一个发光物点(尺寸很小,通常称为星点)的衍射图案,可以检验光学系统的成像质量,这种方法称为星点检验。

同样,当一个成像质量很好的望远系统通过一块待测玻璃观察星点时,待测玻璃中折射率很小的不均匀性能灵敏地反映在星点所成衍射图案的变化中。从表3-2中可以看出,当测量光学玻璃的折射率均匀性为1类和2类时,必须通过星点检验。1类和2类的区别是:均匀性为1类的光学玻璃所观察到的星点衍射图案保持圆整,衍射环没有出现断裂、尾刺、畸角,中央亮斑没有出现偏圆等现象;如果能观察到上述现象,且鉴别率比值仍为 $K=1.0$,则折射率均匀性为2类。

2. 测量方法和装置

(1)测量方法

图3-22所示为用平行光管法测量折射率均匀性的装置。该装置主要由平行光管、光阑和望远镜组成。平行光管的分划板上有鉴别率图案,该图案是由25组不同间隔距离的线条组成的,每一组线条的间隔相对平行光管物镜形成一个夹角。人眼通过望远镜观察平行光管分划板上的鉴别率图案,并从间隔大的粗线条到间隔小的细线条一组一组地进行判读,直到某一组线条刚刚能被人眼分辨开而下一组较细的线条分辨不开,该组线条就代表测系统的鉴别率,它的间隔相对平行光管物镜的夹角就是鉴别率值 α。平行光管的分划板还可以换成一个很小的小孔,当用较强的光经过聚光镜把小孔照亮时,该小孔就是一个发光的星点。光阑的大小可根据待测玻璃的大小变换,望远镜的光轴和平行光管的光轴应重合对准。

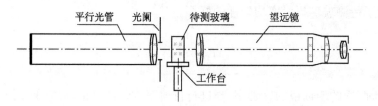

图 3-22 平行光管法测量折射率均匀性的装置

测量时,先不放待测玻璃,根据待测玻璃选择好光阑孔径的大小,然后通过望远镜观察平行光管分划板上的鉴别率图案。按照上面叙述的方法测量得到鉴别率值 α_0,该鉴别率相当于望远镜在通光孔径等于图中光阑直径大小时的鉴别率。测量装置应保证望远镜的成像质量良好,即应使测量得到的鉴别率值 α_0 接近由式(3-30)计算得到的鉴别率值,它们之间的差别应不超过鉴别率图案中相邻的一组。如果测量时所能分辨开的最小图案是鉴别率图案中的某一组,则由式(3-30)计算得到的鉴别率值应不高于与该组相邻的细一些的那组线条所对应的鉴别率值。测得 α_0 后,把待测玻璃放在平行光管与望远镜之间,同样,再通过望远镜观察平行光管分划板上的鉴别率图案,并测量得到鉴别率 α。根据 α 和 α_0 的比值 K 从表3-3中就可以查到待测玻璃的折射率均匀性所对应的类别。

如果测得的比值 K 等于1.0,则需要进一步观察星点的衍射像。此时平行光管分划板换成一个带小孔的分划板,并调节好照明光源把小孔照亮。如果观察到的星点衍射像十分圆整,看不出有缺陷存在,则为 1 类,否则为 2 类。

（2）对测量装置的要求

由于光学玻璃的折射率不均匀性在数值上是很小的,所以为了能灵敏地通过鉴别率测量和星点检验发现折射率的微小变化,对测量装置本身在成像质量方面的要求是很高的。

首先,平行光管的物镜本身应是高质量的,鉴别率应接近理论值;物镜本身用星点检验时,星点衍射像应是圆整的,不能发现有任何缺陷。另外,为了检验较大口径玻璃的折射率均匀性,平行光管物镜的通光孔径应足够大。而在大孔径的情况下,既要保证良好的成像质量,又要使物镜的结构尽量简单以便于制造,所以物镜的焦距通常都比较长,相对孔径应不大于 $\dfrac{1}{10}$。

望远镜物镜应该和平行光管物镜有相同的高质量要求。通常用两个同样的大口径平行光管,在其中一个平行光管分划板后面安装一个高倍率目镜作为望远镜组成折射率均匀性测量装置。

望远镜的放大倍率应足够大,因为人眼本身的鉴别率是有限的。为了保证由望远镜分辨开的两个靠近的物点,人眼也能将它们分辨开,就必须使两物点经望远镜所成的像对人眼的张角能大于人眼的鉴别率。张角越大,人眼观察越轻松。一般认为,这个张角应在 $2'\sim 4'$ 的范围内。

如果待测玻璃的通光孔径为 D,则当待测玻璃的折射率均匀性良好时,用望远镜观察。这时物方能鉴别的物体间隔经过望远镜放大后对人眼的张角应能达到 $2'\sim 4'$ 的要求,这样才能使人眼轻松地观察和判读。假设该张角要达到 $3'$,则有

$$\Gamma \cdot \frac{120}{D} = 3 \times 60''$$

即
$$\Gamma = 1.5D \tag{3-33}$$

式（3-33）是望远镜放大倍率选择的根据。用望远镜观察星点的衍射像时,首先平行光管分划板上作为星点的小孔在保证被光源照明后有足够亮度的情况下,尺寸应尽可能小。另外,为了使人眼能清楚地观察星点衍射像中各衍射环的情况,望远镜后面的目镜可以换成显微镜。

3. 对待测玻璃的要求

待测玻璃应加工成两个通光表面互相平行的平板玻璃形状。由于折射率均匀性是通过它对望远镜成像质量的影响来测量的,所以应尽可能排除待测玻璃的其他缺陷对测量结果的影响。为此,两通光表面必须进行仔细加工和抛光,表面的平面度不应大于 3 光圈,局部误差不应大于 0.3 光圈。因为这种方法通常是在白光照明下进行测量的,所以两

通光表面的平行度不应大于 $2'$，否则两表面不平行会产生色差，使通过望远镜所看到的鉴别率图案的像因出现带颜色的边缘而变模糊，影响鉴别率的测量结果。

为了降低对待测玻璃的加工要求，缩短测量准备时间，可以采用贴置板的方法，如图3-23所示。两块贴置板是事先加工好的平板玻璃，待测玻璃的折射率均匀性是经过严格挑选的，可以认为它们的折射率均匀性误差已小到忽略测量误差的程度。贴置板的两外侧表面已经过仔细加工和抛光，现将待测玻璃夹在两块贴置板的中间，为了避免由于待测玻璃表面和贴置板内侧表面的平面度误差而使两者不能完全贴合在一起，可以在其中间加折射液，折射液的折射率应和待测玻璃的折射率相一致。这样待测玻璃的两表面不一定要抛光，只需精磨就可以夹在贴置板中进行测量。此时，贴置板和待测玻璃已作为一个整体，把它放入图3-22所示的测量光路中，由于贴置板的折射率均匀性良好，若测量所得的鉴别率下降，则一定是由待测玻璃造成的。

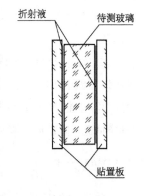

图 3-23 贴置板的方法

贴置板的制作要求是比较高的，首先待测玻璃的折射率均匀性和应力消除能力应优良，并且内部不应该有条纹和较多的气泡。贴置板的外侧面（不与待测玻璃接触的面）的加工平面度应不大于3光圈，局部误差应大于0.3光圈。内侧面（与待测玻璃相接触的面）的加工精度可适当低一些。贴置板的平行度不应超过 $1'$，贴置板的通光口径应稍大于待测玻璃的通光口径。

贴置板作为一种测量工具经常被用到。在使用贴置板时，应注意使用清洁的折射液，而且要仔细排除在待测玻璃与贴置板之间的折射液中的气泡。折射液不可加得太多，否则会漏出。另外，贴置板和待测玻璃贴合在一起后应立即进行测量，测量时尽可能动作迅速。因为时间过长，折射液中有的液体成分会挥发而使其折射率发生改变，从而影响测量结果。

用平行光管法测量折射率均匀性的主要特点是测量简便，能迅速得出折射率均匀性的类别，但是这种方法是根据均匀性误差会影响成像质量的综合效果的原理来测量的，所以测量结果只能给出反映综合成像效果的折射率均匀性分类等级，而不能给出折射率不均匀的具体数值和各个位置上的折射率相对分布情况。另外，待测玻璃的口径大小受测试装置中平行光管和望远镜口径大小的限制，要测量大口径的玻璃必须有相应的高质量大口径平行光管和望远镜，而这些设备是比较难以获得的。

3.2.3 用棱镜干涉仪测量光学玻璃的折射率均匀性

在光学测量中，对于建立在光波干涉原理基础上的测量方法，其测量精度往往是最高的。因为它是用光波的波长作为度量的标准单位，从而与被测量进行比较的方法，而光波的波长比普遍使用的测量工具的分度值（例如米尺等）要小且准确，所以干涉方法广泛应用于长度计量、角度计量等各个测量领域。在光学测量中，利用光波干涉原理进行测量是最基本的手段。棱镜干涉仪是光学测量实验室中最基本的仪器之一。本节主要介绍在棱镜干涉仪上测量光学玻璃折射率均匀性的原理和方法。在棱镜干涉仪上还可以进行许多其他测量,其测量原理和方法将在以后有关章节中叙述,这一节首先介绍棱镜干涉仪的工作原理。

1. 棱镜干涉仪的工作原理

1916 年,泰曼(Twyman)和格林(Green)在迈克耳孙干涉仪(Michelson interferomter)的原理基础上研制了一台用于测量凸透镜和望远物镜的干涉仪。在这台仪器的基础上,人们制造了目前光学测量中广泛使用的专门用来检验棱镜和透镜的干涉仪。这种仪器常称为泰曼-格林干涉仪(Twyman-Green interferometer),或称为泰曼干涉仪,通常也称为棱镜干涉仪。若在棱镜干涉仪上附有一套专供测量透镜的装置,则称为棱镜透镜干涉仪。

棱镜干涉仪的工作原理如图 3-24 所示。

棱镜干涉仪的所有光学元件都放置在一块坚固的花岗岩(或者铸铁)底板 B 上。光学系统由光源系统(或称为准直系统)、测试系统和接收系统三部分组成。下面分别加以说明。

(1) 光源系统

棱镜干涉仪所利用的是两束平行光相干涉,也就是两个波面为平面的光相干涉。光源系统的作用是提供波面为良好平面的光波,或提供一束平行光。

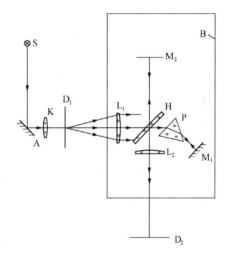

光源系统的工作原理:一个可以调节方向的反射镜 A 将来自单色光源 S 的光反射到聚光镜 K 上,

图 3-24　棱镜干涉仪的工作原理

光束经过聚光镜照亮光阑 D_1 上的小孔。小孔位于准直透镜 L_1 的焦点上,因此由光阑 D_1 上小孔发出的光,经过准直透镜 L_1 以后出射的就是一束平行光。通过准直透镜 L_1,以及光阑 D_1 上的小孔与 L_1 相对位置的调节,以保证所出射的波面是良好的平面。

(2) 测试系统

测试系统的作用是获得两束相干光并且产生干涉现象。测试系统由分光镜 H、参考反射镜 M_2 和测试反射镜 M_1 组成(见图 3-24)。分光镜 H 是一块镀有部分反射、部分透过膜层的平板玻璃,它的镀膜面位于靠近测试反射镜 M_1 的面上。在分光镜 H 和测试反射镜 M_1 之间的光路中放置待测元件 P。

从准直透镜 L_1 出射的平行光经过分光镜 H 后被分成两部分。一部分光被反射后射向参考反射镜 M_2,参考反射镜 M_2 与光束垂直,平行光束被反射回来通过分光镜后出射。这一部分光由于所遇到的分光镜 H 的两个表面和反射镜 M_2 的表面都是高精度的光学平面,所以当光束从参考反射镜反射回来再从分光镜 H 出射时,平行性没有受到破坏,也就是光的波面仍是平面,这部分光被称为参考光束。另一部分光透过分光镜经过待测元件

P 后到达测试反射镜 M_1，且又被测试反射镜 M_1 反射回来经过待测元件 P 后到达分光镜 H，在分光镜 H 上被反射后与由参考反射镜反射回来的参考光束重叠在一起，这部分光被称为测试光束。由于这两部分光来自同一光源，所以它们是相干光。当它们重新相遇重叠时，就会产生干涉现象。如果待测元件有缺陷，则由于测试光束两次经过它，使测试光束的平面波面发生变形，所以最后是一个严格的平面波面光和一个变形的平面波面光相遇重叠产生干涉现象，在干涉条纹的图案中就会反映出因待测元件的缺陷而引起的波面变形情况。

（3）接收系统

接收系统的作用是使观察者能方便地观察到干涉条纹，或者能用照相的方法将干涉条纹图案拍摄下来。

接收系统包括观察透镜 L_2 和光阑 D_2，光阑 D_2 位于观察透镜 L_2 的焦平面上，如图 3-24 所示。参考反射镜和测试反射镜反射回来的参考光束和测试光束经过观察透镜 L_2 以后，在其焦平面上的光阑 D_2 处聚焦。从图 3-24 中很容易看出，在光阑 D_2 处将形成光阑 D_1 的像。如果参考光束和测试光束在方向上完全一致，则在光阑 D_2 上分别形成的光阑 D_1 的小孔像将是完全重合的；如果两者在方向上稍稍偏离，则在光阑 D_2 上可以看到两个分开的小孔像。通常把被照亮的光阑 D_1 上的小孔称为干涉仪的入射光瞳，在光阑 D_2 处所形成的光阑 D_1 上小孔的像称为干涉仪的出射光瞳。调节测试反射镜的位置可以使测试光束和参考光束在分光镜 H 处重新相遇时方向一致，此时光阑 D_2 上两个小孔像（即出射光瞳）相重合。观察者的眼睛位于光阑 D_2 处，光束全部进入眼睛，此时人眼就可以很方便地看到干涉条纹。

和在物理光学中分析迈克耳孙干涉仪的干涉图一样，可以引入一块虚平板 M_1'，如图 3-25 所示，它是测试反射镜 M_1 经过分光镜 H 所成的虚像。这样棱镜干涉仪的作用就相当于构成了由参考反射镜 M_2 和虚像 M_1' 所组成的空气层。平行光束在这个空气层两个界面上反射后，形成干涉条纹，所产生干涉条纹的干涉场 B 就定位在这个空气层上。人眼在光阑 D_2 处通过观察透镜 L_2 将焦面调节到干涉场 B 上，就可以看到干涉条纹。另外，当通过观察透镜 L_2 使干涉场 B 成像在 B′ 处，则把感光底片放在 B′ 处就可以很方便地将干涉条纹图案拍摄下来。又由于作为干涉仪入射光瞳的光阑 D_1 上的小孔（见图 3-24）很小，而且参考光束和测试光束在前后很大的范围内都重叠在一起，所以在干涉场 B′ 前后很大的范围内都可以用屏接收到干涉条纹图案，也就是把感光底片放在图中 B′ 前后较大范围内的

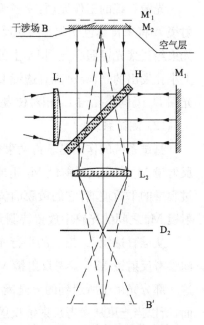

图 3-25　干涉条纹接收系统

任意位置上都可以拍摄到干涉条纹图案。

棱镜干涉仪是由迈克耳孙干涉仪改进而来的,它们之间的区别是:棱镜干涉仪使用的是两个平面波的干涉,也就是它所使用的光是经过准直透镜 L_1 后变成的平行光,而迈克耳孙干涉仪采用的是不需要经过准直的扩展光源。棱镜干涉仪的参考光束和测试光束经过观察透镜聚焦后全部进入观察者的眼睛,即人眼的瞳孔必须位于光阑 D_2 处与棱镜干涉仪的出射光瞳相重合,而使用迈克耳孙干涉仪时观察者的眼睛位置并不需要固定,它并不接收全部的光能量。棱镜干涉仪与迈克耳孙干涉仪都有一个重要的特点,就是其参考光束和测试光束两支光路完全分开,这样可以方便地在测试光路中设置待测元件。

棱镜干涉仪对光学元件的要求是很高的,参考反射镜、测试反射镜和分光镜的平面度都要求为 0.1 光圈,局部不规则误差应小于 0.05 光圈。由于棱镜干涉仪常常是依据干涉条纹的平直度或者数目来检验待测元件的,所以仪器本身应该给出充分平直的干涉条纹。当测试光束中不放置待测元件时(见图 3-25),则所给出的干涉条纹的不平直度不应超过干涉条纹间隔宽度的 $\dfrac{1}{10} \sim \dfrac{1}{8}$,它相当于棱镜干涉仪本身的综合精度应不低于 $\dfrac{\lambda}{20} \sim \dfrac{\lambda}{16}$。

棱镜干涉仪对机械调节部分的要求也很高,当测试反射镜稍稍摆动时,则相当于图 3-25 所示的空气层楔角变化。由干涉理论可知,只要空气层某一位置上的厚度变化为 $\dfrac{\lambda}{2}$ (相当于 0.000 25 mm),则在相应位置上干涉图案将发生一个条纹的变化。因此,随着测试反射镜的摆动,视场内所见到的干涉条纹将迅速在疏密上发生变化。在测量中为了能控制视场内出现的干涉条纹的数目和方向,测试反射镜的调节机构必须非常精细。

由于必须保持参考光束和测试光束两者的光程近似相等,以获得清晰的干涉条纹图案,所以参考反射镜必须进行非常平滑的位移调节。棱镜干涉仪中,参考反射镜支架设置在一高精度的滑动导轨上,滑动导轨的精度应保证当参考反射镜在其上移动时,并不改变图 3-25 中所假设的空气层楔角的大小和方向,也就是在视场中应只能看到干涉条纹向一个方向移动,而不能看到干涉条纹在数目上增加和在方向上发生旋转。

另外,棱镜干涉仪在测量时很容易受测量环境的影响。棱镜干涉仪的所有光学部件都在一块大理石基座上,基座下还设置了防震装置。仪器还应置于温度没有急剧变化最好是恒温的房间内。

2. 棱镜干涉仪折射率均匀性测量

将待测玻璃制成平行板形状的玻璃样品放到棱镜干涉仪的测试光路中,光源出射的光束经过准直后变成平行光束(平面波),再经过分光镜后分成参考光束和测试光束两部分。参考光束的波面称为 Σ_2,测试光束的波面称为 Σ_1。如果待测玻璃样品的折射率均匀性很好,即玻璃的折射率在各个位置都一样,则波面为平面的测试光束 Σ_1 通过待测玻璃样品后,其波面不发生任何变形。这样经过测试反射镜 M_1 反射回来再经过待测玻璃样品的光波波面仍为严格的平面。这时它和参考光束汇合相干涉,即两支严格的平面波面的光相干涉,则在视场里可以观察到如下两种情况。

(1) 参考光束和测试光束的方向一致

当由参考反射镜和测试反射镜反射回来的两束光射向观察系统时方向一致,如图 3-25 所示,这时相当于测试反射镜经分光镜 H 所成的虚像 M_1' 和参考反射镜准确平行,即干涉图案可以看成由所引入的平行的空气层产生的。如果空气层的厚度(即 M_1' 和 M_2 的距离)为 $\overline{AB}$,则从图 3-26 中可以看出相干涉的两束光的光程差处处相等,并且为 $\Delta = 2\overline{AB}$,根据干涉理论可以得出:

① 当光程差 $\Delta = 2\overline{AB} = m\lambda$ 时(其中 m 是任意整数,λ 为所使用单色光的波长),观察到的是最亮的均匀的视场。

② 当光程差 $\Delta = 2\overline{AB} = \left(m + \dfrac{1}{2}\right)\lambda$ 时,观察到的是最暗的均匀的视场。

③ 当光程差 Δ 为其他值时,观察到的视场既不是最亮的也不是最暗的,而是均匀且具有某一亮度的。移动参考反射镜可以改变光程差的数值,此时随着参考反射镜的移动,视场内出现或亮或暗的变化,但是并不会出现干涉条纹。

(2) 测试光束相对于参考光束倾斜

如果测试光束与测试反射镜表面不是严格垂直,则测试光束不是按原光路返回的,当其射向观察系统时,测试光束(图 3-26 中以 1 表示)和参考光束(图 3-26 中以 2 表示)之

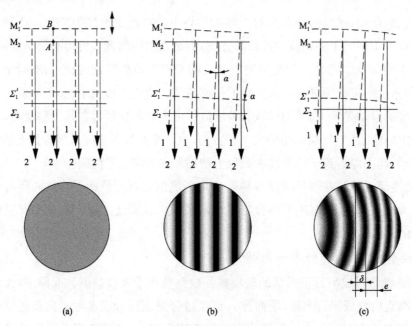

(a)　　　　　　　　(b)　　　　　　　　(c)

图 3-26　棱镜干涉仪的波面及干涉图样

间就有一个夹角 α，如图 3-26(b)所示。由于待测玻璃的折射率均匀性良好，所以测试光的波面 Σ_1' 仍为准确的平面，只不过它与参考光波面 Σ_2 有一个夹角。此时干涉现象相当于在由参考反射镜 M_2 和测试反射镜虚像 M_1' 构成的楔形空气层上产生的。此时光程差 Δ 随波面上位置的不同而变化。由于在两个平面之间，光程差 Δ 随位置的变化是线性的，所以在视场中观察到的是一组互相平行的、亮暗等间隔的直线状的干涉条纹。其中，光程差 $\Delta = m\lambda$ 对应的地方出现的是亮条纹，光程差 $\Delta = \left(m + \dfrac{1}{2}\right)\lambda$ 对应的地方出现的是暗条纹。

干涉条纹的间隔(也就是干涉条纹的疏密程度)和方向与两波面 Σ_1' 和 Σ_2 之间的夹角 α 有关，所以调节测试反射镜可以改变波面 Σ_1' 的方向，从而可以控制所观察到的干涉条纹的数目和方向。

当参考反射镜向观察系统方向(即向缩短光程的方向)移动时，在视场中可以观察到干涉条纹也沿着一个方向移动。如图 3-27 所示，Σ_2' 是原来位置上参考光束的波面，此时参考光束与测试光束的波面 Σ_1' 之间在位置 A 上的光程差是 Δ_A，它对应视场中位置 A 上的一条干涉条纹。当参考反射镜移动后，相当于参考光束的波面从 Σ_2' 移到 Σ_2''。此时位置 B 上与测试光束的波面之间的光程差为 Δ_B，并且 $\Delta_B = \Delta_A$。根据干涉理论，同一光程差的地方将对应同一条干涉条纹，所以当参考反射镜向缩短光程的方向移动时，视场中 A 处的干涉条纹位置将移到 B 处，也就是在图 3-26(b)中所见到的干涉条纹同时向一个方向移动。

以上两种情况是待测玻璃的折射率均匀性良好且测试光束的波面保持准确平面时的情况。如果待测玻璃的折射率均匀性不好，即折射率分布不均匀，此时波面为平面的光束经过待测玻璃后，其波面就不再是严格的平面了，如图 3-28 所示。当待测玻璃中间位置(图 3-28 中位置 A)的折射率大于四周(图 3-28 中位置 B，C)的折射率时，则光在 A 处经过的光程要比四周长，因此平面波 Σ_1 通过以后波面变成曲面 Σ_1'，并且该曲面是凹向测试反射镜 M_1 的。光束经过 M_1 反射以后，变成图中凸向测试反射镜的波面 Σ_{11}，该波面的光再次经过待测玻璃样品时，同样由于光在中间位置经过的光程比四周的长，所以出

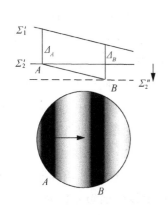

图 3-27　反射镜移动及干涉条纹情况

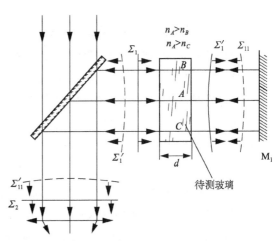

图 3-28　待测玻璃折射率不均匀时的波面

射光的波面加倍弯曲。因此,最后是平面波面 Σ_2' 的
参考光和弯曲波面 Σ_{11}' 的测试光相干涉,由于干涉
场内的光程差不再均匀分布,所以在视场内会看到
亮暗不均匀的干涉条纹图案出现,如图 3-29(a)所
示。干涉条纹数目的多少与待测玻璃的折射率不均
匀程度直接有关。由于每相邻两干涉条纹代表两列
光波相干涉时的光程差相差 1λ,现设待测玻璃中间
和四周折射率的差值为 $\Delta n = n_A - n_B$,在视场中观
察到的干涉条纹数为 N 时,考虑到测试光束两次通
过待测玻璃,则整个范围内光程差的变化量 Δ' 为

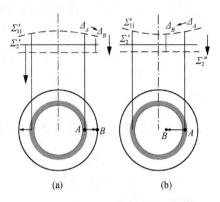

图 3-29 折射率分布不均匀时的
波面及干涉图

$$\Delta' = 2 \cdot \Delta n \cdot d = N\lambda$$

$$\Delta n = \frac{N\lambda}{2d}$$

(3-34)

式中,d 是待测玻璃样品的厚度。式(3-34)就是利用棱镜干涉仪测量光学玻璃折射率均
匀性的计算公式。

当待测玻璃的折射率均匀性比较好时,可能在视场里只能看到亮暗不均匀的干涉图,
而看不到完整的干涉条纹出现。这表示由折射率不均匀产生的干涉条纹数 N 小于 1。此
时,可以稍稍转动测试反射镜 M_1,使测试光束相对于参考光束倾斜,就可以在视场中看
到如图 3-26(c)中所示弯曲的干涉条纹。如果这时干涉条纹之间的间隔距离为 e,弯曲干
涉条纹的两端连线与中间的距离(即弯曲的弧矢高)为 δ,则此时干涉条纹数 N 可用下式
计算,即

$$N = \frac{\delta}{e}$$

(3-35)

将所得的干涉条纹数 N 代入式(3-34)就可以求得待测玻璃的不均匀误差 Δn。

剩下的一个问题是,如何判断待测玻璃样品中间位置的折射率 n_A 是比四周的折射率
(n_B 或 n_C)高还是低。图 3-29 表示当待测玻璃样品中间的折射率 n_A 大于四周的折射率
n_B 时的情况,此时测试光束的波面 Σ_{11}' 是凹向观察透镜 L_2 的。同样可以知,当 $n_A < n_B$
时,测试光束的波面 Σ_{11}' 的弯曲方向正好相反,是凸向观察透镜 L_2 的。现向缩短光程方
向(即向着观察透镜 L_2 的方向)移动参考反射镜 M_2,在未移动参考反射镜时,干涉条纹在
位置 A 处的光程差为 Δ_A,当参考反射镜移动后,相当于波面 Σ_2' 移到了 Σ_2''。此时位置 A
处光程差增加,而位置 B 处的光程差 Δ_B 和原来在 A 处的光程差相同,因此原来的干涉条
纹将位移到 B 处,如图 3-29(a)所示。由此看出,随着反射镜向缩短光程的方向移动,在
视场内将看到干涉条纹向外扩张,在视场中心会出现新的干涉条纹,这种情况是对应
$n_A > n_B$ 的情况。当 $n_A < n_B$ 时,原来在 A 处的干涉条纹的光程差 Δ_A,随着参考反射镜向

缩短光程的方向移动,相当于使波面 Σ_2' 位移到 Σ_2'',此时在位置 B 处的光程差增加到 Δ_B 并和原来 A 处的光程差 Δ_A 相等,因此原来在 A 处的干涉条纹将位移到 B 处,如图 3-29(b) 所示。由此可以看出,随着参考反射镜向缩短光程的方向移动,在视场内将看到干涉条纹向中心收缩,并且在中间条纹一个接着一个地消失。根据这种截然相反的现象就可以判断出折射率随位置变化的情况。

若待测玻璃样品内折射率的分布是很有规律的,则所观察到的干涉条纹是规则的。通常玻璃内折射率的分布是没有规律的,图 3-30 所示的是所观察到的一种典型的玻璃内折射率分布不规律时产生的干涉条纹图案。

干涉条纹图是由波面为准确平面的参考光和由待测玻璃折射率分布不均匀造成的波面变形的测试光束相干涉而形成的。根据干涉理论可知:在干涉图案中,同一干涉条纹位置上所对应的光程差相同,相邻干涉条纹位置上光程差的变化量为 1λ。由此可以根据所得到的干涉条纹图案,用下述方法直接找到变形后测试光束的波面形状。

首先,向缩短光程的方向(即向靠近观察透镜 L_2 的方向)移动参考反射镜,观察视场内的干涉条纹的移动方向。如图 3-31 所示,干涉条纹是向外扩张的,则由上面分析的结论可知,测试光束的波面形状是凹向观察透镜方向的,也就是待测玻璃中间位置的折射率最高。

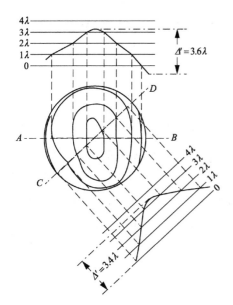

图 3-30　玻璃内折射率分布不规律
时产生的干涉条纹图案

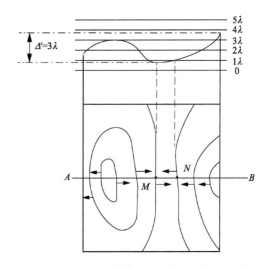

图 3-31　参考反射镜移动时的干涉条纹图案

在干涉条纹图案中取截面 AB,如图 3-31 所示。在平行于截面 AB 的图形上方作若干条等间隔的平行线,并规定相邻两条平行线的间隔代表 1λ。现把截面 AB 与干涉条纹相交的交点分别引到平行线上,同一干涉条纹的交点引到同一条平行直线上,相邻干涉条纹上的交点引到相邻的平行线上。最后把各平行线上的点光滑地连接起来,这条连接曲线就表示测试光束的波面在截面 AB 上的形状。

用同样的方法可以找出其他截面位置上的波面形状,如图 3-30 所示找出截面 CD 上的波面形状。这样把各个截面上的波面形状综合起来,就可以得到完整的测试光束波面在空间的形状。

找出实际的测试光束的波面形状后,利用两条平行于上述平行线组的直线把波面夹在中间,这两条直线之间的距离就表示波面的变形量,也就是测试光束与参考光束相干涉时,光程差的变化量。由图 3-30 可见,在截面 AB 上光程差的变化量为 $\Delta'=3.6\lambda$,在截面 CD 上光程差的变化量为 $\Delta'=3.4\lambda$,同样可以在几个不同方向的截面上找出波面的形状和光程差的变化量。

设待测玻璃的厚度为 d,考虑到测试光束是两次通过待测玻璃的,则折射率分布的不均匀误差 Δn 与光程差的变化量 Δ' 之间的关系为

$$\Delta'=2 \cdot \Delta n \cdot d$$

即

$$\Delta n=\frac{\Delta'}{2d} \tag{3-36}$$

找出在各个截面上所得到的光程差变化量中的最大值,用式(3-36)就可以求出在整个待测玻璃范围内折射率分布的最大差值。例如,光程差变化量最大值为 $\Delta'=3.6\lambda$,待测玻璃的厚度为 $d=20$ mm,所用单色光的波长为 $\lambda=546.1$ nm,则有

$$\Delta n=\frac{\Delta'}{2d}=\frac{3.6 \times 546.1 \times 10^{-6}}{2 \times 20}=4.9 \times 10^{-5}$$

由干涉图案求测试光束的波面时还应注意的是,当待测玻璃的折射率分布很不规则时,有可能在视场中看到如图 3-31 所示的干涉条纹。当参考反射镜向缩短光程方向移动时,有向不同方向移动的几组干涉条纹。这时表明图中位置 A 和 B 处的折射率比周围的高。作图时应注意,向相反方向移动的相邻两条干涉条纹之间,测试光束的波面在此处应有拐点。如图 3-31 所示,两个向相反方向移动的干涉条纹与截面的交点分别为 M 和 N,向上延长将其引到同一条平行线上。

第 4 章

光学元件表面面形误差的测量

光学元件中透射或者反射光的表面大多数是平面和球面,对于特殊的光学系统也会采用非球面。为了保证目标物体经过光学系统后获得良好的成像质量,除了在光学系统设计时选择合适的结构参数外,对系统中的光学元件进行公差分析也很重要。若光学元件的表面形状有误差,则光波经过该元件后波面不再是规则的平面或者球面,如图 4-1 所示。光波入射至存在缺陷误差的棱镜表面的理想波面 Σ 上,其出射波面 Σ' 中会包含局部的变形,如图 4-1(a) 所示。如果将棱镜的反射面加工成有一定曲率半径的球面,则出射波面在两个互相垂直的方向上存在不同的半径,即所谓的像散,如图 4-1(b) 所示。如果透镜的球面存在局部误差(即成像中存在波像差),则出射的球面波也会有局部的变形,影响成像质量,如图 4-1(c) 所示。

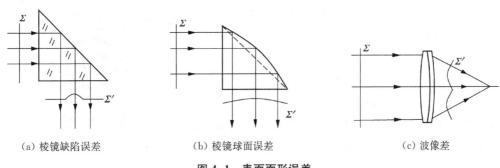

(a) 棱镜缺陷误差　　　　　　(b) 棱镜球面误差　　　　　　(c) 波像差

图 4-1　表面面形误差

目前,各种类型的干涉仪是光学元件表面面形误差测量的基本仪器,这种基于光的干涉原理制作的仪器,其测量精度能达到 $\dfrac{\lambda}{100}$,能够满足高精度光学元件表面面形误差的测量要求。另外,刀口阴影法也是一种非常灵敏的检测波面上局部误差的方法。本章主要介绍光学元件表面面形误差的测量方法。

4.1　平面面形误差的测量

4.1.1　牛顿环和牛顿干涉仪测量平面面形误差

1. 牛顿环在平面面形测量中的应用

在物理光学中,当两个曲率半径相接近但是不相等的光学表面相接触放置时,由于两表面之间存在空气间隙,则当用单色光照射在该两表面上时,从两表面反射回去的两束光将产生干涉,在空气间隙处形成同心圆环状的等厚干涉条纹,称为牛顿环。在物理光学课程中所做的牛顿环实验,通常是将曲率半径很大的球面放置在光学平面上,用单色光照明产生牛顿环,如图 4-2 所示。由于空气间隙比光波波长大得多,圆环干涉条纹比较密集,因此通常需要借助低倍显微镜或者放大镜来观察。

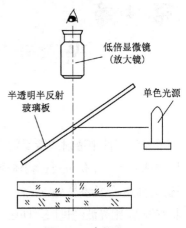

图 4-2　牛顿环

当两个平面放置在一起,由于两表面之间存在微小差异,则它们中间同样存在空气间隙。此时光照射在上面就会形成类似牛顿环的干涉条纹。若将其中一个表面作为标准的理想平面,将另一个表面作为被加工的待测平面,则两者之间不均匀的间隙可以认为是由待测平面存在的面形误差造成的,产生的干涉条纹能够反映被加工表面的形状。因此,通过牛顿环干涉条纹就可以测量出表面面形误差,这种方法就是广泛使用在光学车间里的所谓的样板法。通常把带有标准理想平面的玻璃板称为样板(或者称为平晶),如图 4-3 所示,所形成的干涉条纹被称为光圈(即牛顿环)。从图 4-3 中可以看出,待测平面偏离标准平面越大,则光圈数越多,若存在局部误差,则产生的干涉条纹上会出现局部的弯曲。

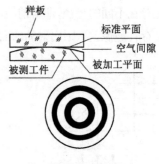

图 4-3　光圈

(1) 样板法测量的光圈数与光源波长的关系

图 4-4 所示为样板和待测工件空气间隙的一个局部位置。由图可见,垂直入射于标准平面和待加工平面上的光,在标准平面的 A 处有一部分光①被反射回去,设该部分光①的光强度为 I_1,而透过标准平面的光在被加工平面的 B 处也有一部分要反射回去,设该部分光②的光强度为 I_2,则这两部分光相干涉时的光程差 Δ 为

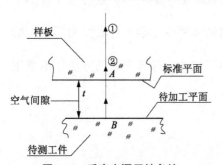

图 4-4　垂直光源干涉条纹

$$\Delta = 2t + \frac{\lambda}{2} \qquad (4-1)$$

式中,t 为空气间隙在 AB 处的厚度;$\dfrac{\lambda}{2}$ 是光在下表面(被加工平面)上反射时存在的半波损失。根据物理光学中两束光相干涉的光强度分布公式,在 AB 位置上两束光①和②相干涉后的光强度为

$$I = I_1 + I_2 + 2\sqrt{I_1 I_2}\cos\left(\frac{2\pi}{\lambda}\Delta\right) \tag{4-2}$$

由于光在玻璃和空气界面上的透过率 τ 很大（约为 0.96），而反射率 ρ 很小（一般为 0.04 左右），因此当入射光强度为 I_0 时，光束①的光强度（$I_1 = \rho I_0$）和光束②的光强度（$I_2 = \tau^2 \rho I_0$）近似相等，即 $I_1 = I_2 = I_0'$，则式（4-2）可写为

$$I = 4I_0'\cos^2\left(\frac{\pi}{\lambda}\Delta\right) = 4I_0'\cos^2\left[\frac{\pi}{\lambda}\left(2t + \frac{\lambda}{2}\right)\right] \tag{4-3}$$

由式（4-3）可以看出，采用样板法测量时，某一位置 AB 处干涉光的强度除了与该处空气间隙的厚度 t 有关，还与所用光源的波长 λ 有关。因此，不同波长的光相干涉后的光强度、条纹数目（即光圈数）和干涉条纹（即亮纹或者暗纹）所在的位置均不相同。为了统一标准，国标规定选用光波波长为 5 461 Å 作为读取光圈数的标准。若采用其他光源作为照射光，则所得到的光圈数 N_λ 应修正为

$$N = N_\lambda \cdot \frac{\lambda}{5\,461} \tag{4-4}$$

式中，λ 为所用光波波长。

（2）用白光作为光源的样板法检验

由于白光中包含波长为 $0.4 \sim 0.7~\mu m$ 的光，当白光入射至如图 4-4 所示的 AB 位置上时，由式（4-3）可知，所有波长的光都会在该处干涉，且干涉的相对光强（I/I_0'）各不相同。其中某个波长的光在该位置上相干涉时可能是强度叠加，而另一种波长的光在该处相干涉时可能是强度抵消，因此白光在 AB 处的干涉结果是由多种光谱强度分布混合而成的，最终样板法观察到的是一组彩色的干涉条纹。根据这组彩色干涉条纹，同样可以方便地判读出被加工表面面形误差的光圈。

（3）样板法与观察位置的关系

图 4-5 所示为样板和待测工件之间空气间隙的一部分，其侧向位置显示倾角为 θ 的入射光在 A 处观察的干涉条纹。

此时两束相干光①和②之间的光程差 $\Delta(\theta)$ 为

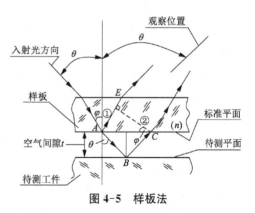

图 4-5　样板法

$$\Delta(\theta) = (AB + BC) - n \cdot AE + \frac{\lambda}{2} \tag{4-5}$$

式中，n 是样板的玻璃折射率；$\dfrac{\lambda}{2}$ 是光从待测平面上反射时的半波损失。

由图 4-5 可知

$$AB = BC = \frac{t}{\cos\theta}, \quad AC = 2t \cdot \tan\theta, \quad AE = AC \cdot \sin\varphi$$

根据折射定律,有

$$n \cdot \sin\varphi = \sin\theta$$

$$\Delta(\theta) = \frac{2t}{\cos\theta} - n \cdot 2t \cdot \tan\theta \cdot \frac{\sin\theta}{n} + \frac{\lambda}{2} = \frac{2t}{\cos\theta} - 2t \cdot \frac{\sin^2\theta}{\cos\theta} + \frac{\lambda}{2}$$

即

$$\Delta(\theta) = 2t \cdot \cos\theta + \frac{\lambda}{2} \tag{4-6}$$

式(4-6)表示在空气间隙的某一位置上(t 为常数)光程差与入射角之间的关系。观察者在该位置观察到的干涉条纹,实质上是不同入射角的光产生的干涉。由角度不同引起光程差变化,该位置上的干涉光强度及干涉条纹也随之改变,判读出的光圈数也不一样。因此,用样板法测量表面面形误差时必须规定以垂直方向读到的光圈数为准。

（4）样板法测量与光源的关系

图 4-6 所示为一定大小的光源在空气间隙上形成干涉条纹的情况。光源上的每一点都可以在空气间隙上形成一组干涉条纹,而光源上各点(见图 4-6 中的点 O 和点 P)所发出的光在空气间隙某一位置[见图 4-6(a) 中的 AB]的入射方向不一样,根据式(4-6)得出它们在空气间隙上产生两束相干光的光程差不一样。因此,光源上不同的点在空气间隙中形成的是一系列互相位错的干涉条纹,如图 4-6(b) 所示,由于干涉条纹互相位错,叠加后所观察到的干涉条纹的对比度大大降低。光源尺寸越大,则干涉条纹的最大位错量也越大。当位错量增大到一定程度后,干涉条纹对比度降为零,这时无法产生干涉条纹。

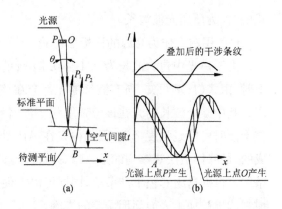

图 4-6 扩展光源干涉条纹

一般认为,采用一定大小的光源作为入射光并能清楚地看到干涉条纹的条件是:光源上间隔最大的两点(见图 4-6 中的点 O 和点 P)在空气间隙上分别产生的干涉条纹组的位错量不超过干涉条纹中亮暗纹周期的 1/4。如图 4-6 所示,设点 O 发出垂直空气间隙的光入射在点 A 上,根据式(4-1)可知,光在空气间隙 A 处形成两束相干光的光程差为 $\Delta_O = 2t + \frac{\lambda}{2}$。点 P 对点 A 发出的光的入射角为 θ,结合式(4-6)可知,在空气间隙 A 处

形成的光程差 Δ_P 为 $\Delta_P = 2t \cdot \cos\theta + \dfrac{\lambda}{2}$，则

$$\left(2t + \frac{\lambda}{2}\right) - \left(2t\cos\theta + \frac{\lambda}{2}\right) \leqslant \frac{\lambda}{4}$$

即

$$2t\,(1 - \cos\theta) \leqslant \frac{\lambda}{4} \tag{4-7}$$

式中，θ 表示光源的线尺寸对空气间隙上某一点的夹角，代表光源的大小。当 θ 不太大时，可以有 $\cos\theta \approx 1 - \dfrac{\theta^2}{2}$，则式 (4-7) 可以写成

$$t\theta^2 \leqslant \frac{\lambda}{4} \tag{4-8}$$

因此，为了能清楚地观察到由空气间隙所形成的干涉条纹，光源尺寸（θ 角）必须满足式 (4-8) 的条件。从式 (4-8) 可看出，空气间隙的厚度 t 与光源尺寸的平方成反比。用样板法测量时，样板和待测工件紧密接触，中间空气间隙的厚度 t 不会超过 6λ，则有

$$\theta \leqslant 0.2\,(\mathrm{rad}) \tag{4-9}$$

因此，光源尺寸（θ 角）的范围是 $0 \sim 0.2\,\mathrm{rad}$ 或 $12°$。

在实际观测中，如图 4-7 所示，由于人眼瞳孔的直径一般为 5 mm，若观察位置与样板的距离为 500 mm，则能够进入眼睛的光线张角为 $\alpha \approx \dfrac{5}{500} = 0.01\ \mathrm{rad}$，此张角小于光源允许值 $12°$。由此可见，采用样板法测量时对光源的大小不做要求。例如，在室内光学车间中，在漫反射光下就可以观察到干涉条纹。

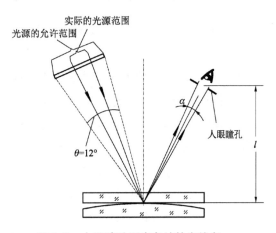

图 4-7　人眼瞳孔观察条纹的光线角

2. 牛顿干涉仪

为了方便用样板法进行测量，通常制作如图 4-8 所示的简单装置，这样的装置称为牛顿干涉仪。图中展示了两种用来观察样板法测量干涉条纹的装置。在图 4-8(a) 所示的装置中，观察位置在侧面，将样板和待测工件擦拭干净后相接触地放置在一起，并且放在木制（或用其他材料制）的箱体内，采用单色光源，光线从毛玻璃和半透半反射镜入射至样板和待测工件。毛玻璃的作用是使光经漫反射后变得均匀，避免看到由样板上表面多处反射的光源的像。在图 4-8(b) 所示的装置中，观察者通过箱体上的观察孔进行观察测量。

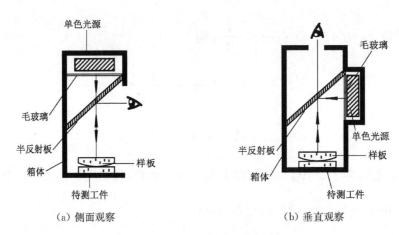

图 4-8　牛顿干涉仪

利用牛顿干涉仪装置测量时,样板和待测工件放置在箱体内,可减少如附近的灯泡、人体的温度等周围环境对测量的影响。

使用样板法进行测量时,光圈数主要根据目视估计来判读。一般有经验的测量人员判读误差可以在0.1光圈左右。

4.1.2　平面干涉仪(菲索干涉仪)测量平面面形误差

使用样板法或者牛顿干涉仪这两种方法测量时都是将样板和待测工件相接触地放置在一起,属于接触式测量。它们很显然存在两个问题:一是样板的标准平面和待测工件表面必须十分清洁,放置前需擦拭干净。同时,擦拭工作较费时间,擦拭过程中人体温度会传给样板和待测工件,导致干涉条纹发生变形而产生测量误差。由于测量过程中还需要加压使它们相对移动,所以容易损伤样板的标准平面和待测工件的表面。二是样板有一定重量,测量时待测工件表面因受力会产生一定的变形,特别在测量大平面元件时,测量误差更大。上述问题都是由"接触"引起的,于是基于非接触式原理的平面干涉仪在平面面型测量中显示出很多优点。目前,平面干涉仪被广泛地应用于光学元件的加工测量中,尤其是对于大口径平面的测量。

平面干涉仪的测量原理由菲索(Fizeau)在1662年首先提出并应用,因此平面干涉仪还被称为菲索干涉仪(Fizeau interferometer),后来人们在平面干涉仪的基础上还发展了许多种用于其他测量的干涉仪。如果样板的标准平面和待测工件的表面分开一段距离,则产生干涉的两平面之间的空气间隙厚度 t 变大,为了能清楚地看到干涉条纹,光源尺寸(即图 4-6 中所示的 θ 角)必须满足式(4-8),即 $t\theta^2 \leqslant \dfrac{\lambda}{4}$。现假定此时空气间隙的厚度增加到 $t=5\ \text{mm}$,并使 $\lambda=0.546\ 1\ \mu m$,则有

$$5\times 1\ 000\cdot\theta^2\leqslant\frac{0.546\ 1}{4},\quad\theta^2\leqslant 0.000\ 027$$

$$\theta \leqslant 0.005 \text{ rad} \quad \text{或者} \quad \theta \leqslant 17'$$

由此可见,当样板的标准平面和待测工件表面分开时,要求光源尺寸迅速变小,当空气间隙厚度 $t = 5$ mm 时,要求光源尺寸 $\theta \leqslant 17'$。这样的要求已不能由观察者眼睛的瞳孔来限制,必须直接对光源的大小加以限制。随着上述两表面分开的距离越大,即空气间隙厚度 t 越大,所允许的光源尺寸就越小。

另外,当人眼在垂直方向上离样板的距离为 L 处观察时,中央和边缘处产生干涉条纹的光程差中增加一个与光入射角 θ' 有关的附加变化量 $t\theta'^2$。由此可见,当样板和待测工件分开,空气间隙厚度 t 增加,则这个附加变化量也随之增加,产生测量误差。若要求该项产生的测量误差不大于 $\dfrac{1}{20}$ 光圈,则有 $\theta'^2 \leqslant \dfrac{0.546\ 1 \times 10^{-3}}{5 \times 20} = 0.5 \times 10^{-5}$,即 $\theta' \leqslant$ 0.002 5 rad 或者 $\theta' \leqslant 8.6'$。如果通过远离样板来观察以保证这样小的角度,则要求观察者离样板的距离 L 为待测工件直径的 200 倍。随着样板和待测工件分开距离的增加,观察位置需要在更远处,这显然是很困难的。

平面干涉仪将被光源照亮的小孔设置在经过球差校正的物镜焦点上解决上述两个问题。

由于产生干涉的空气间隙厚度 t 较大,平面干涉仪只能使用单色光源。单色光源发出的光经过聚光镜后照亮小孔光阑上的小孔,因该小孔位于物镜的焦点上,则由小孔出射的光经过物镜后成为平行光束入射至标准参考平板上。标准参考平板的下表面经过精密加工,可作为测量标准的参考平面,且上、下表面被制成一定的楔角。

由物镜出射的平行光经标准参考平板的上表面垂直地入射在参考平面上,其中一部分光从参考平面反射回去,另一部分光透过参考平面入射至待测平面,并且又有一部分光反射回去。这两部分反射回去的光再经过物镜后,由半透明半反射平板反射,在观察孔处形成两个被照亮的小孔的像。调节待测工件的位置,以使在观察孔处见到的两个小孔的像互相重合,此时表明参考平面和待测平面反射回去的两束光互相重合。只要观察者眼睛位于观察孔处,就可以看到在参考平面和待测平面之间所形成的干涉条纹。

由图 4-9 可见,平行光在标准参考平板的上表面也会反射回去一部分光,由于该平板做成楔形形状,所以由它上、下两表面反射回去的光束分开,这样从标准参考平板上表面反射回去的光再经物镜后不能通过观察孔进入人眼,从而避免扰乱所见到的干涉视场。

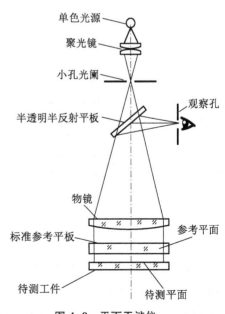

图 4-9　平面干涉仪

在平面干涉仪中,光源的大小由小孔光阑上小孔的直径和物镜的焦距决定。例如,前面所提到的,当空气间隙厚度 $t = 5\ \text{mm}$ 时,要求光源尺寸 $\theta \leqslant 0.005\ \text{rad}$。若选择物镜的焦距为 $f' = 500\ \text{mm}$,小孔的直径为 $\phi = 2.5\ \text{mm}$,则可满足测量要求。如果空气间隙的厚度增大,想要观察对比度更明显的干涉条纹,则需相应地缩小小孔的直径。

4.1.3 无参考面干涉法测量平面面形误差

使用样板法和平面干涉仪进行平面面形误差测量时都必须利用一块参考反射镜作为样板或者参考平面。实际上,这些方法都是通过待测平面与标准参考平面相比较来测得平面面形误差的,则标准参考平面本身的面形误差不可避免地包含在测量结果中。因此,在测量中不需要标准参考平面即可测得待测平面面形误差的方法,称为绝对测量方法。

1. 三平面互检法

三平面互检法是三个待测平面,每两个平面组成一对置于牛顿干涉仪(接触法)或者平面干涉仪(非接触法)中进行测量。通过多次组合,从干涉图中得到一系列由各个平面面形误差造成的空气间隙厚度变化,最后从这一系列数据中可以求得每个平面的平面度偏差。

图 4-10 所示为三平面互检法的原理示意图。其中,待测平面分别为 A,B 和 C 三块平板。首先建立如图 4-10(a)所示的 xOy 坐标系,每个待测平面上任意位置 (x,y) 的面形误差可以用函数 $f_A(x,y)$,$f_B(x,y)$ 和 $f_C(x,y)$ 来表示。

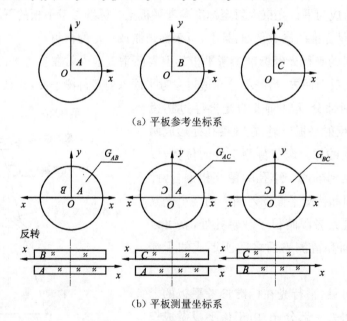

(a) 平板参考坐标系

(b) 平板测量坐标系

图 4-10 三平面互检法原理示意图

先将待测平面 B 反转过来放在待测平面 A 的上方并与其相组合,放在干涉仪中测量(此时在平面干涉仪中把标准参考平板取走),在待测平面 A 和 B 之间的空气间隙中形成干涉条纹,则在干涉条纹图中每个位置上都可以判读出相对于中心 O 处干涉条纹的数目

（即光圈数）。现用 $G(x,y)$ 表示任意位置上的光圈数,并且注意高光圈时取正值,低光圈时取负值。因为该处的干涉条纹是由各自的面形误差相加产生的,所以有

$$f_A(x,y)+f_B(-x,y)=G_{AB}(x,y)$$

这里的 $f_B(-x,y)$ 表示待测平面 B 是反转放置的,并在放置时注意到各自的坐标轴相对准,如图 4-10(b)所示。$G_{AB}(x,y)$ 是当待测平面 A 和 B 相组合时,在位置 (x,y) 上读得的光圈数。按图 4-10(b)所示的三种组合,可得

$$\begin{cases} f_A(x,y)+f_B(-x,y)=G_{AB}(x,y) \\ f_A(x,y)+f_C(-x,y)=G_{AC}(x,y) \\ f_B(x,y)+f_C(-x,y)=G_{BC}(x,y) \end{cases} \tag{4-10}$$

式中,$G_{AB}(x,y)$,$G_{AC}(x,y)$ 和 $G_{BC}(x,y)$ 可以从干涉图中直接判读出。在式(4-10)所表示的方程组中共 $f_A(x,y)$,$f_B(x,y)$,$f_B(-x,y)$ 和 $f_C(-x,y)$ 有 4 个未知量,因此不可能得到唯一的解,但是可以求出 y 轴($x=0$)方向上的面形误差。在 y 轴方向上,式(4-10)可以写成如下形式:

$$\begin{cases} f_A(0,y)+f_B(0,y)=G_{AB}(0,y) \\ f_A(0,y)+f_C(0,y)=G_{AC}(0,y) \\ f_B(0,y)+f_C(0,y)=G_{BC}(0,y) \end{cases} \tag{4-11}$$

由式(4-11)则很容易得到待测平面 A,B 和 C 上分别沿着 y 轴上某一位置的平面面形误差值,即

$$\begin{cases} f_A(0,y)=\dfrac{G_{AB}(0,y)+G_{AC}(0,y)-G_{BC}(0,y)}{2} \\[3mm] f_B(0,y)=\dfrac{G_{AB}(0,y)+G_{BC}(0,y)-G_{AC}(0,y)}{2} \\[3mm] f_C(0,y)=\dfrac{G_{AC}(0,y)+G_{BC}(0,y)-G_{AB}(0,y)}{2} \end{cases} \tag{4-12}$$

一般测量时,在 y 轴上取接近于边缘的位置。另外,为了能反映整个平面范围内的情况,当测量完三个待测平面在某一方向(即选定的 y 轴方向)上的面形误差以后,将三个待测平面上的坐标系转 $60°$,然后以同样的方法测量出在这个垂直方向上的三个待测平面的面形误差,这样就可以较为全面地反映整个面形的情况。很显然,测量的方向越多,面形的反映情况就越全面。

在式(4-12)中,$G_{AB}(0,y)$,$G_{AC}(0,y)$ 和 $G_{BC}(0,y)$ 在测量中可以用与坐标中心位置相比较的光圈数为单位,这时求出的面形误差 $f_A(0,y)$,$f_B(0,y)$ 和 $f_C(0,y)$ 也是以光圈数为单位的。它们也可以空气间隙的厚度差为单位,并对观察到的干涉条纹进行换算,这时求出的面形误差是以长度单位表示的凸起或者凹下的量。

这种无须参考平面的测量方法特别适用于高质量平面(例如平晶)的批量生产,用该

方法进行最后的成品检验,同时可以给出三个平面的面形误差数据。

2.四平面互检法

四平面互检法是在三平面互检法的基础上产生的。图 4-11 所示为四平面互检法的原理示意图。四个平面分成图 4-11 所示的 I,II 和 III 三组,每两个平面相组合。

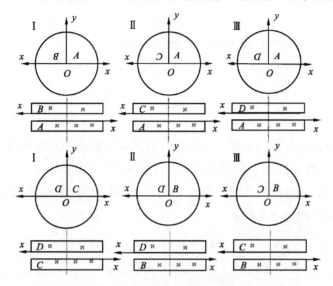

图 4-11 四平面互检法原理示意图

与三平面互检法相类似,考察在 y 轴方向上的面形误差,根据式(4-11)有

$$\text{I组:} \begin{cases} f_A(0, y) + f_B(0, y) = G_{AB}(0, y) \\ f_C(0, y) + f_D(0, y) = G_{CD}(0, y) \end{cases}$$

$$\text{II组:} \begin{cases} f_A(0, y) + f_C(0, y) = G_{AC}(0, y) \\ f_B(0, y) + f_D(0, y) = G_{BD}(0, y) \end{cases} \tag{4-13}$$

$$\text{III组:} \begin{cases} f_A(0, y) + f_D(0, y) = G_{AD}(0, y) \\ f_B(0, y) + f_C(0, y) = G_{BC}(0, y) \end{cases}$$

式(4-13)中的符号意义和三平面互检法中所用的符号意义一样。

由式(4-13)很容易解出

$$\begin{cases} f_A(0, y) = \dfrac{1}{3}[G_{AB}(0, y) + G_{AC}(0, y) + G_{AD}(0, y)] - \dfrac{1}{6}[G_{CD}(0, y) + G_{BD}(0, y) + G_{BC}(0, y)] \\ f_B(0, y) = \dfrac{1}{3}[G_{AB}(0, y) + G_{BD}(0, y) + G_{BC}(0, y)] - \dfrac{1}{6}[G_{CD}(0, y) + G_{AC}(0, y) + G_{AD}(0, y)] \\ f_C(0, y) = \dfrac{1}{3}[G_{CD}(0, y) + G_{AC}(0, y) + G_{BC}(0, y)] - \dfrac{1}{6}[G_{AB}(0, y) + G_{BD}(0, y) + G_{AD}(0, y)] \\ f_D(0, y) = \dfrac{1}{3}[G_{CD}(0, y) + G_{BD}(0, y) + G_{AD}(0, y)] - \dfrac{1}{6}[G_{AB}(0, y) + G_{AC}(0, y) + G_{BC}(0, y)] \end{cases}$$

$$\tag{4-14}$$

四平面互检法和三平面互检法一样,每两个平面组合检验时,必须注意它们的坐标轴要互相对准。四平面互检法比三平面互检法的效率更高。通过比较图 4-10 和图 4-11 可以看出,在三平面互检法中,当其中两个平面在测量时,另一个平面就只能处于等待状态。而四平面互检法中就不会出现这种等待状态,因为平面是两两组合,所以同时处于测量状态。

现用 $\sigma(f_A)$,$\sigma(f_B)$ 等表示待测平面 A,B 等的测量均方误差,用 δG_{AB},δG_{BC} 等表示干涉条纹的判读均方误差,则根据间接测量误差的传递公式(1-13)可以得到:

对于三平面互检法,由式(4-12)有

$$\sigma(f_A) = \pm\sqrt{\left(\frac{1}{2}\right)^2 \sigma^2(G_{AB}) + \left(\frac{1}{2}\right)^2 \sigma^2(G_{AC}) + \left(\frac{1}{2}\right)^2 \sigma^2(G_{BC})}$$

可以认为干涉条纹判读的均方误差是常数,即 $\sigma(G_{AB}) = \sigma(G_{AC}) = \sigma(G_{BC}) = \delta$,则有

$$\sigma(f_A) = \pm\frac{\sqrt{3}}{2}\delta = \pm 0.866\delta$$

对于四平面互检法,由式(4-14)有

$$\sigma(f_A) = \pm\sqrt{\left(\frac{1}{3}\right)^2 [\sigma^2(G_{AB}) + \sigma^2(G_{AC}) + \sigma^2(G_{AD})] + \left(\frac{1}{6}\right)^2 [\sigma^2(G_{CD}) + \sigma^2(G_{BD}) + \sigma^2(G_{BC})]}$$

同样认为,$\sigma(G_{AB}) = \sigma(G_{AC}) = \sigma(G_{AD}) = \sigma(G_{CD}) = \sigma(G_{BD}) = \sigma(G_{BC}) = \delta$,则有

$$\sigma(f_A) = \pm\sqrt{\frac{1}{3} + \frac{1}{12}} \cdot \delta = \pm\sqrt{\frac{5}{12}} \cdot \delta = \pm 0.645\delta$$

由此可见,四平面互检法的精度在理论上比三平面互检法要高。

4.2　球面面形误差的测量

4.2.1　样板法测量球面面形误差

基于牛顿环原理的样板法测量球面面形误差的测量方法与测量平面面形误差一样,是光学车间中用来检验待测球面的最基本方法。样板法检验首先必须制作带有标准球面的样板。标准球面是指其曲率半径应和待测球面所要求的名义曲率半径值准确相等,而且其球面的局部误差应很小。将样板的标准球面放置于工件的待测球面之上,如果待测球面的面形有误差(包括曲率半径误差和局部误差),则两者之间就有空气间隙。光照射在存在面形误差的球面上就会形成类似牛顿环的干涉条纹。根据干涉条纹的数

量(光圈数)和变形情况(局部变形)就可以测量出球面的面形误差。样板法测量球面面形误差和测量平面面形误差的方法完全一样。下面叙述两个与测量球面面形误差有关的问题。

1. 球面样板的形状与面形误差的关系

前面已经提到,在空气间隙处产生干涉条纹的光程差除了与空气间隙的厚度 t 有关外,还与光线的入射角 θ 有关。如果光线入射到球面上的入射角各不相同,则光程差中会引入一项附加的变化量 $t\theta^2$,从而会引起测量误差。为了使光线在空气间隙上每个位置处都能以近似垂直的方向($\theta \approx 0°$)入射和反射,则应使球面样板的上表面(即非工作表面)带有一定的曲率半径 R_0,如图 4-13 所示。这里讨论的球面样板的形状就是指如何根据球面样板的标准球面曲率半径 R 求出上表面的曲率半径 R_0。

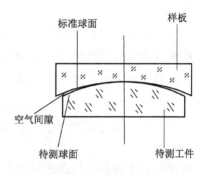

图 4-12 样板法

由图 4-13 可以看出,为了保证进入人眼的光线在空气间隙上垂直地入射和反射,则人眼的观察位置和球面样板的标准球面中心 O 相对于球面样板的上表面必须是物像共轭的。因此,根据物像关系式可得

$$\frac{n}{R+d} - \frac{1}{(-L)} = \frac{n-1}{R_0} \qquad (4-15)$$

式中,R 是球面样板的标准球面曲率半径;L 是人眼观察位置离开球面样板的距离;d 是球面样板的厚度;n 是球面样板玻璃材料的折射率。由式(4-15)可以求得

$$R_0 = \frac{(n-1)(R+d)L}{nL+R+d} \qquad (4-16)$$

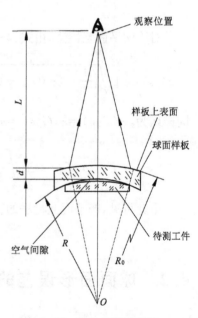

图 4-13 物像共轭观察位

式(4-16)是当样板的标准球面为凹球面(用来测量凸球面工件)时导出的,使用时应注意观察位置 L 的值取负值。对于标准球面是凸球面(用来测量凹球面工件)的,式(4-16)也同样适用,只要使此时标准球面的曲率半径 R 为负值代入式(4-16)即可。如果计算出 R_0 是正值,则表示样板上表面(非工作表面)是凸球面(见图 4-13);如果计算出的 R_0 是负值,则表示样板上表面是凹球面。

例如,球面样板的标准球面曲率半径 $R=100$ mm,厚度取 $d=30$ mm,观察位置 $L=-300$ mm,当 $n=1.5$ 时,有

$$R_0 = \frac{(1.5-1)\times(100+30)\times(-300)}{1.5\times(-300)+100+30} \approx 61 \text{ mm}$$

2. 光圈数和曲率半径误差的关系

由于待测球面的曲率半径和样板的标准球面曲率半径不相同,所以两者之间存在空气间隙。它们的曲率半径相差越大,则空气隙厚度越大,于是光照射时形成的干涉条纹数目越多,即光圈数越多。

如图 4-14 所示,O 是标准球面的球心,O' 是工件上待测球面的球心。AO 是标准球面的曲率半径 R,$OO' = \Delta R$ 是待测球面的曲率半径误差。BO' 是待测球面的曲率半径,则 $BO' = R - \Delta R$。A 处的空气间隙厚度 $AB = \varepsilon$。现设 $BO = P$,则有

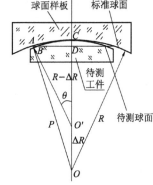

图 4-14　样板法测球面

$$P = BO = AO - AB = R - \varepsilon$$

则
$$\varepsilon = R - P \tag{4-17}$$

在 $\triangle BOO'$ 中,有

$$P^2 = \Delta R^2 + (R-\Delta R)^2 + 2\Delta R(R-\Delta R)\cos\theta$$

$$= [\Delta R + (R-\Delta R)]^2 - 2\Delta R(R-\Delta R)(1-\cos\theta)$$

$$= R^2 - 2\Delta R(R-\Delta R)(1-\cos\theta)$$

即
$$P = R\left[1 - \frac{2\Delta R(R-\Delta R)(1-\cos\theta)}{R^2}\right]^{\frac{1}{2}} \tag{4-18}$$

将式(4-18)代入式(4-19),则有

$$\varepsilon = R - R\left[1 - \frac{2\Delta R(R-\Delta R)(1-\cos\theta)}{R^2}\right]^{\frac{1}{2}} = \frac{\Delta R(R-\Delta R)}{R}(1-\cos\theta)$$

由于待测球面的曲率半径误差 ΔR 是很小的,则有 $\Delta R \ll R$,因此可得到

$$\varepsilon = (1-\cos\theta)\Delta R \tag{4-19}$$

式(4-19)表示曲率半径误差和空气间隙厚度之间的关系。其中,θ 表示空气间隙的位置。由此可见,当 θ 为常数时,空气间隙厚度和曲率半径误差之间呈线性关系。

如图 4-14 所示,点 C 为标准球面和待测球面相接触的点,AB 处空气间隙厚度为 ε。当产生干涉时,AB 处的光程差比 C 处的光程差多 2ε,因此从点 C 到 AB 范围内所包含的光圈数为

$$N = \frac{2\varepsilon}{\lambda} \tag{4-20}$$

将式(4-19)代入式(4-20),得到

$$N = \frac{2}{\lambda}(1 - \cos\theta) \cdot \Delta R \quad \text{或者} \quad \frac{N}{\Delta R} = \frac{2}{\lambda}(1 - \cos\theta) \tag{4-21}$$

式(4-21)表示待测球面的曲率半径误差 ΔR 和所存在的光圈数 N 之间的关系。$\frac{N}{\Delta R}$ 表示曲率半径误差为 1 个单位时所存在的光圈数。

从图 4-14 中还可看出,当待测球面的通光口径为 D、名义曲率半径为 R 时,有

$$\sin\theta = \frac{D}{2(R - \Delta R)} \approx \frac{D}{2R}$$

$$\cos\theta = \sqrt{1 - \frac{1}{4}\left(\frac{D}{R}\right)^2} = \frac{1}{2}\sqrt{4 - \left(\frac{D}{R}\right)^2}$$

$$\frac{N}{\Delta R} = \frac{2}{\lambda}\left[1 - \frac{1}{2}\sqrt{4 - \left(\frac{D}{R}\right)^2}\right] = \frac{1}{\lambda}\left[2 - \sqrt{4 - \left(\frac{D}{R}\right)^2}\right]$$

则有

$$\frac{\Delta R}{N} = \frac{\lambda}{2 - \sqrt{4 - \left(\frac{D}{R}\right)^2}} \tag{4-22}$$

式中,$\frac{\Delta R}{N}$ 表示测量中每增加一个光圈所引起的曲率半径误差量。R/D 与曲率半径误差量的关系如表 4-1 所示。

表 4-1 R/D 与曲率半径误差量的关系($\lambda = 0.546\ 1\ \mu m$)

$\dfrac{R}{D}$	$\dfrac{\Delta R}{N}$/mm	$\dfrac{R}{D}$	$\dfrac{\Delta R}{N}$/mm	$\dfrac{R}{D}$	$\dfrac{\Delta R}{N}$/mm
0.5	0.000 3	7.0	0.106 9	45.0	4.423 3
1.0	0.002 0	7.5	0.122 7	50.0	5.461 0
1.5	0.004 8	8.0	0.139 7	55.0	6.607 7
2.0	0.008 6	8.5	0.157 7	60.0	7.863 7
2.5	0.013 5	9.0	0.176 8	65.0	9.228 9
3.0	0.019 5	9.5	0.197 0	70.0	10.703
3.5	0.026 6	10.0	0.218 3	80.0	13.980
4.0	0.034 8	15.0	0.491 4	90.0	17.693
4.5	0.044 1	20.0	0.873 6	100.0	21.844
5.0	0.054 5	25.0	1.365 1	200.0	87.375
5.5	0.065 9	30.0	1.965 8	300.0	196.59
6.0	0.078 5	35.0	2.675 8	500.0	546.07
6.5	0.092 2	40.0	3.494 9	1 000.0	2 183.0

　　根据待测球面的特定值 (R/D)，从表 4-1 中可查得每增加一个光圈所引起的曲率半径误差量 $(\Delta R/N)$，则将通过样板法测量所得到的光圈数与 $(\Delta R/N)$ 值相乘就表示被测球面实际的曲率半径和样板的标准球面曲率半径之间的差值。

4.2.2　球面干涉仪(球面菲索干涉仪)测量球面面形误差

　　由于样板法测量球面面形误差属于接触式测量，所以存在需要仔细擦拭工件且测量时容易损伤待测表面等缺点。除此之外，对于每一种曲率半径的待测球面，都必须制作相应的曲率半径样板。即使待测球面的曲率半径相差不大，也必须制作对应曲率半径的样板。实际上，一方面光学车间里必须保存大量的各种曲率半径的样板，另一方面又不可能准备各种可能曲率半径的样板，所以常常需要在加工元件之前制作新的样板。样板的制作并不容易，特别是在加工单件的或者试制性质的光学元件时，很需要有一种非接触式测量球面面形误差的通用仪器。球面干涉仪就是这样一种非接触式的测量仪器，由于它是在测量平面的菲索干涉仪的基础上发展起来的，所以还被称为球面菲索干涉仪。

　　球面干涉仪的特点是能使标准参考面与待测表面分开。在使用球面干涉仪测量球面面形误差时，必须用一束波面为准确球面的光束投射到标准参考球面和待测球面之上，使它们按原光路反射回去，会合后产生干涉。

　　图 4-15 所示为球面干涉仪的工作原理示意图。其中，图 4-15(a)所示为待测球面是凹球面的情况。激光器通过小孔 S 发出波面为球面的光，该光束经过标准镜头组会聚。标准镜头组的最后一个表面是作为参考球面用的。标准镜头组的设计要求是由小孔 S 发出的球面波经过它时，光在未出射前应是一束严格的球面波，其波面的球心应与参考球面的球心 O 准确地重合。因此，在参考球面上会有一部分光按原路反射回去，形成自准直光路。这一部分光为参考光束，它的波面 Σ_1' 是严格的球面，如图 4-15(a)中光束 ① 和波面 Σ_1'。从参考球面上透过并出射标准镜头组的光则是其波面为球心在 O 处的准确球面的光束。现将待测球面设置在标准镜头组后，并调节待测球面使它的球心与参考球面的球心准确重合。此时，从标准镜头组出射的球心在 O 处的球面波 Σ' 先入射到待测球面上，再从原光路反射回来，此光束再通过标准镜头组后成为波面为 Σ_2' 的光束②，如图 4-15(a)所示。这两束光重新会合后将产生干涉。通过分光镜反射后，两束光聚焦在观察孔处，人眼位于观察孔处就可以观察到由光束①和光束②所产生的干涉条纹。

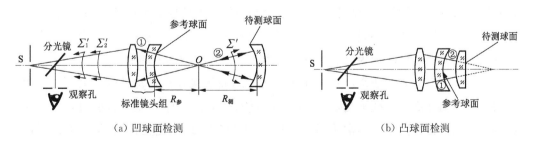

(a) 凹球面检测　　　　　　　　　　　　　　(b) 凸球面检测

图 4-15　球面干涉仪原理示意图

从标准镜头组的参考球面反射回去的光,它的波面 Σ_1' 是准确的球面。如果待测球面的面形良好,则由于光束严格按原光路返回,返回光的波面 Σ_2' 也是准确的球面。此时在整个光束范围内,两束光①和②的光程差 Δ 处处相等。从图 4-15(a)中可以看出,光束①和②的光程差 $\Delta = 2(R_参 + R_测)$。因此,人眼通过观察孔所看到的干涉视场是一片均匀的亮度。如果这时使待测球面做极微量的摆动,即使波面 Σ_2' 相对于波面 Σ_1' 稍稍地倾斜,这样在视场内也将看到数目不多的、平行的、直的干涉条纹。为了判断待测球面是否存在面形误差,则要调节待测球面使视场内出现 $2 \sim 3$ 条直线干涉条纹。如果待测球面存在面形局部误差,则在返回光束②的波面 Σ_2' 上有局部的变形。因此光束②与准确波面 Σ_1' 的光束 ① 相干涉时,在视场中所见到的干涉条纹就不再是直的,而是发生了局部弯曲,所以根据所看到的干涉条纹形状就可以判断出待测球面是否存在面形的局部误差。

图 4-15(b)所示为待测球面是凸球面的情况。与检验凹球面的情况一样,应调节凸球面的球心和标准镜头组的参考球面球心相重合。在测量原理上两者是完全一样的。

综上所述,球面干涉仪具有如下特点:

① 从图 4-15 中可以看出,为了调节待测球面的球心与参考球面的球心准确重合,两者之间必须隔开较大的距离。在球面干涉仪中相干涉的两束光的光程差是很大的,这就要求照亮小孔的单色光具有较长的相干长度。普通的单色光源很难满足这种相干长度的要求,所以必须采用激光光源。氦氖激光器是球面干涉仪的常用光源。

② 由于必须给出准确的球面以使波在参考球面和待测球面上按原光路返回,所以标准球面与参考球面同心,在加工和装调方面都有很严格的要求。通常标准镜头组都有参考球面,也应有较大的曲率半径。所以,为了使仪器的体积不至于太大并能满足待测球面曲率半径长度范围很大的测量要求,通常在球面干涉仪中配备几组不同型式的标准镜头组。

③ 从上述测量原理可以看出,在球面干涉仪上只能测量出待测球面面形上的局部误差,而不能在干涉图案中反映出待测球面在曲率半径上相对于名义值的误差,也就是它并不能像样板法测量那样通过干涉条纹的数目(即光圈数)就可以推算出待测球面的曲率半径误差。因此,球面干涉仪上常常带有专门用来测量待测球面实际曲率半径的附加系统。

④ 由于待测球面通常是不镀膜的,所以标准镜头组中的参考球面也不应镀膜。但是标准镜头组的其他表面必须镀有增透膜,以减少这些表面上的反射光的影响。另外,如果待测球面是镀有全反射膜的反射镜,则标准镜头组的参考球面上也应镀有部分反射膜层。如果适当选择膜层的反射率和透过率,还可以构成多光束干涉,利用多光束干涉的干涉条纹锐度较大的特点,可以较为灵敏地发现待测球面上存在的面形局部误差。

此外,使用刀口阴影法来检测球面光学元件的面形误差也是常见的。采用刀口阴影法检验时,待测球面的口径不受限制,其操作方便,检验灵敏度高,而且检验过程既迅速又直观,因此其在光学测量中经常使用,特别是对大口径凹球面更为适用,但是刀口阴影法不能用于检验凸球面。

4.3　非球面面形误差的测量

图 4-16(a)所示为一种简单目镜,如果不采用非球面,视场只能达到 30°~40°,当第四面采用非球面(回转椭圆面)时,则视场可以达到 70°。图 4-16(b)所示为一种复杂化的三片型照相物镜,由于第一面使用了非球面,这种物镜的相对孔径达到 1/0.519。非球面在天文仪器上得到了广泛应用,例如著名的施密特望远镜中的施密特校正板就是一种典型的非球面板。图 4-16(c)所示为一种由抛物面和双曲面组成的天文望远镜物镜,这种物镜的相对孔径较大。

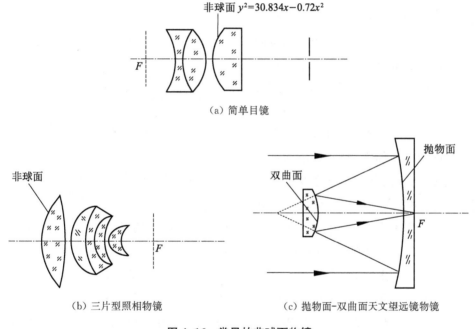

图 4-16　常见的非球面物镜

显然非球面的优越性早就为人们所重视,但是由于非球面在加工,特别是在检验上有相当大的困难,所以大大限制了非球面的应用。随着光学加工工艺水平的提高和设备的改进,尤其是近年来非球面的检验方法(例如应用光学补偿器的刀口阴影法和干涉法)有了很大的进展,所以非球面的应用也正在逐渐增多。

在光学系统中使用的非球面主要有二次回转曲面和为了补偿系统中的某些像差而采用的高次曲面(例如施密特校正板)。至于其他形状的非球面,如柱面、锥面等,只是在某些有特殊需要的场合才使用。

目前,在非球面检验方法中,对二次回转曲面的测量方法最为成熟。本节主要介绍这种非球面的测量原理和测量方法。在各种测量方法中,刀口阴影法的使用最为广泛。利用激光作为光源以后,以干涉仪为基础的各种干涉测量方法也被普遍使用,特别是激光全息干涉技术已被应用到非球面面形的测量中。

4.3.1 样板法测量非球面面形误差

当非球面的面形十分接近球面或者平面时,可以利用良好的球面或者平面作为样板,根据光在待测非球面和标准球面(或平面)之间的空气间隙所形成的干涉条纹(即牛顿环),就可以推算出非球面表面的轮廓。这种方法对于非球面的面形与球面或者平面的偏离量在 $10\lambda \sim 20\lambda$ 范围内时是很适用的。

图 4-17 所示为用样板法测量非球面面形误差的工作原理示意图。用样板法测量时,使用了一台可移动的工作台,以及能准确测量移动距离的测量显微镜。待测非球面放置在工作台上,样板的标准球面放在待测非球面上。低倍显微镜用来观察标准球面与待测非球面之间空气间隙所引起的干涉条纹。单色光源设置在观察显微镜旁,以便在大致垂直方向上观察干涉条纹。由于待测非球面是接近球面的回转曲面,当非球面面形局部误差不大时,所观察到的干涉条纹形状为一组同心圆,每相邻干涉条纹之间两束光相干

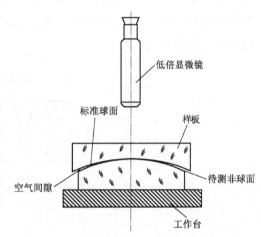

图 4-17 样板法测量非球面面形误差的工作原理示意图

涉的光程差改变量为 1λ。由式(4-1)可以看出,在对应两相邻干涉条纹的位置上空气间隙厚度之差为 0.5λ。测量时首先使观察显微镜对准同心干涉条纹组的中心,此时从工作台测微器上可以读出这个位置上的数值。然后沿直径方向移动工作台,使观察显微镜依次对准每一条干涉条纹,每对准一条干涉条纹就在工作台上记下一个读数。这个读数与对准同心干涉条纹组中心的读数之差就表示干涉条纹所在的位置,该干涉条纹相对于中心的序数就表示这个位置上空气间隙的厚度 t。于是根据一系列的观察和读数值可以得到空气间隙厚度 t 与位置 x 的对应关系。由于空气间隙厚度直接与非球面的面形有关,所以从 t 与 x 的对应关系就可以推断出待测非球面的形状。

由于非球面加工时在不同的位置上可能会存在不同的面形局部误差,所以测量可以分别在几个不同直径方向上进行,从而得到非球面形状的较为全面的情况。

采用样板法测量时,样板的标准球面也可以用其形状与待测非球面的名义形状相同的非球面来代替。这样,待测非球面的形状可以不受必须与球面形状相接近的要求限制。但是测量时必须使样板的标准非球面回旋轴线与待测非球面的回转轴线相重合。这时,在样板和待测工件之间最好能有较为精细的调节机构,以使两者能相对移动对中心进行调节。

4.3.2　刀口阴影法测量非球面面形误差

有些光学元件为了采用最简单的结构形状来消除某种像差,常常将其中一个表面改成非球面的。例如消球差单透镜,这种单透镜是作为平行光管物镜使用的,它要求位于焦点上的点光源发出的光经过物镜后成为波面是准确平面的平行光。消球差单透镜经过研磨加工成大致与所要求形状一致的非球面以后,就可以通过整个物镜检查其出射光的波面是否为准确的平面来判断球面是否符合要求。通常采用图 4-18 所示的刀口阴影法来测量。在待测消球差单透镜前垂直光轴的方向放置一平面度良好的标准平面反射镜。测量时,在消球差单透镜焦点处设置刀口仪,光路为自准直光路。当刀口在焦点处切割光束时,如果待测非球面面形良好,则能观察到在某一瞬间整个视场均匀变暗的情况。如果待测非球面面形有误差,则当刀口在焦点处切割光束时,将在视场中看到亮暗不均匀的阴影,从阴影图中可判断出待测非球面表面对应部位面形误差的大小。在对应的地方

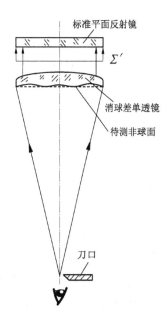

图 4-18　刀口阴影法测量

做上记号,并先用手工修磨的办法将高的或者低的部位修"平",再测量,反复进行测量和修磨,直到在阴影图中看到较为理想的情况,就可以认为待测非球面的面形符合要求。这时,位于焦点处的点光源发出的光经过消球差单透镜后出射光的波面 Σ' 一定是准确的平面。

刀口阴影法实际上是通过光学元件在实际使用状态下的综合效果来测量非球面面形的。测量中,消色差单透镜的球面面形上可能存在局部误差,玻璃材料内部也可能存在局部不均匀导致的误差,但是这些误差都在修磨非球面予以补偿。因此,最后检验合格的待测非球面面形可能与设计的面形有较大的出入。

4.3.3　刀口阴影法测量二次回转曲面面形误差

1. 二次回转曲面
由二次曲线以焦点所在的轴为对称轴旋转而成的曲面称为二次回转曲面。二次回转曲面因为存在一对无像差的共轭点,所以在光学系统中应用较广。

在平面上,由二次方程式所描述的曲线称为二次曲线,或者称为圆锥曲线。当取二次曲线的顶点作为坐标原点时,二次曲线的公共方程式可以写为

$$y^2 = 2R_0 x - (1 - e^2) x^2 \tag{4-23}$$

式中,R_0 是曲线在坐标原点(即曲线顶点)处的曲率半径;e 是二次曲线的离心率。

曲线在任意位置上的曲率半径可以由下式决定：

$$r = \left| \frac{(1+y'^2)^{\frac{3}{2}}}{y''} \right|$$

由式(4-23)可得到

$$y' = \frac{1}{y}[R_0 - (1-e^2)x]$$

$$y'' = -R^2/y^3$$

则

$$r = \left| \frac{\{y^2 + [R_0 - (1-e^2)x]^2\}^{\frac{3}{2}}}{-R_0^2} \right|$$

这就是二次曲线上任意一点 (x, y) 处曲率半径的表示式。在顶点处 $(x=0, y=0)$，则有 $r=R_0$。可见，R_0 为二次曲线顶点处的曲率半径，通常称其为顶点曲率半径。知道顶点曲率半径 R_0 是很有用的，因为当二次非球面的口径不太大时，曲率半径为 R_0 的球面与二次非球面是很接近的。

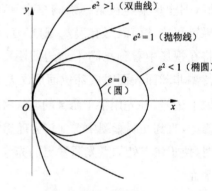

式(4-23)中，e 的取值决定二次曲线的基本形状，如图4-19所示。

① 当 $e=0$ 时，式(4-23)可以写为 $y^2=2R_0x - x^2$，即 $(x-R_0)^2 + y^2 = R_0^2$。

由此可知，当 $e=0$ 时，曲线为圆，其圆心在 $(R_0, 0)$ 处，圆的半径为 R_0。

图4-19　二次曲线

② 当 $0 < e < 1$ 时，式(4-23)可以写为

$$\frac{\left(x - \dfrac{R_0}{1-e^2}\right)^2}{\dfrac{R_0^2}{(1-e^2)^2}} + \frac{y^2}{\dfrac{R_0^2}{1-e^2}} = 1$$

由此可以看出，当 $0 < e < 1$ 时，曲线为椭圆。椭圆对称中心的坐标为 $\left(\dfrac{R_0}{1-e^2}, 0\right)$，椭圆的长半轴为 $a = \dfrac{R_0}{1-e^2}$，椭圆的短半轴为 $b = \dfrac{R_0}{\sqrt{1-e^2}}$。

若从椭圆的两个焦点 F_1 和 F_2 到对称中心的距离为 c（见图4-20），且 $c^2 = a^2 - b^2$，则有

$$c^2 = \frac{R_0^2}{(1-e^2)^2} - \frac{R_0^2}{1-e^2} = \frac{e^2 R_0^2}{(1-e^2)^2}$$

$$c = \frac{eR_0}{1-e^2}$$

由图 4-20 可以看出，位于 x 轴上的椭圆的两个焦点 F_1 和 F_2 到 y 轴的距离分别 l_1 和 l_2，则有

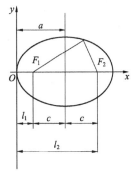

图 4-20　椭圆

$$\begin{cases} l_1 = a - c = \dfrac{R_0}{1-e^2} - \dfrac{eR_0}{1-e^2} = \dfrac{R_0}{1+e} \\[3mm] l_2 = a + c = \dfrac{R_0}{1-e^2} + \dfrac{eR_0}{1-e^2} = \dfrac{R_0}{1-e} \end{cases} \qquad (4\text{-}24)$$

③ 当 $e > 1$ 时，式(4-23)可以写为 $y^2 = 2R_0 x + (e^2 - 1) x^2$，则有

$$\frac{\left(x + \dfrac{R_0}{e^2-1}\right)^2}{\dfrac{R_0^2}{(e^2-1)^2}} - \frac{y^2}{\dfrac{R_0^2}{e^2-1}} = 1$$

由此可以看出，当 $e > 1$ 时，曲线为双曲线。双曲线对称中心的坐标为 $\left(-\dfrac{1}{e^2-1}, 0\right)$，双曲线的实半轴为 $a = \dfrac{R_0}{e^2-1}$，双曲线的虚半轴为 $b = \dfrac{R_0}{\sqrt{e^2-1}}$。

若从双曲线的两个焦点 F_1 和 F_2 到对称中心的距离为 c（见图 4-21），且 $c^2 = a^2 + b^2$，则有

$$c^2 = \frac{R_0^2}{(e^2-1)^2} + \frac{R_0^2}{e^2-1} = \frac{e^2 R_0^2}{(e^2-1)^2}$$

$$c = \frac{eR_0}{e^2-1}$$

从图 4-21 中同样可以看出，位于 x 轴上的双曲线的两个焦点 F_1 和 F_2 到 y 轴的距离分别为 l_1 和 l_2，则有

$$\begin{cases} l_1 = c - a = \dfrac{eR_0}{e^2-1} - \dfrac{R_0}{e^2-1} = \dfrac{R_0}{1+e} \\[3mm] l_2 = -(c+a) = -\left(\dfrac{eR_0}{e^2-1} + \dfrac{R_0}{e^2-1}\right) = \dfrac{R_0}{1-e} \end{cases} \qquad (4\text{-}25)$$

④ 当 $e=1$ 时,式(4-23)可以写为

$$y^2 = 2R_0 x$$

显然,当 $e=1$ 时,曲线为抛物线。抛物线同样可以看成有两个焦点 F_1 和 F_2,不过其中的 F_2 位于无限远处。由图 4-22 可以看出,根据抛物线方程可以得到焦点的位置(注意 $e=1$)为

$$\begin{cases} l_1 = \dfrac{R_0}{1+e} = \dfrac{R_0}{2} \\ l_2 = \dfrac{R_0}{1-e} = \infty \end{cases} \tag{4-26}$$

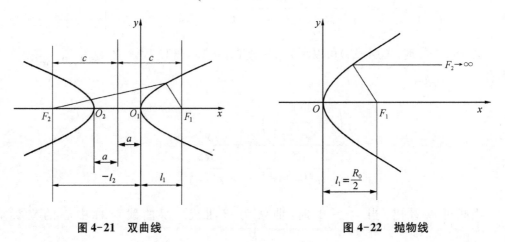

图 4-21　双曲线　　　　　　　　　　图 4-22　抛物线

如果将由方程式(4-23)决定的二次曲线沿焦点所在的轴(即 x 轴)旋转,则得到二次回转曲面,其方程可以表示为

$$y^2 + z^2 = 2R_0 x - (1-e^2) x^2 \tag{4-27}$$

不同的二次曲线旋转以后,可以得到不同的回转曲面。当 $e=0$ 时,曲面由圆旋转得到,显然式(4-27)表示一个球面;当 $0 < e < 1$ 时,曲面由椭圆旋转得到,称为椭球面;当 $e > 1$ 时,曲面由双曲线旋转得到,称为双曲面;当 $e=1$ 时,曲面由抛物线旋转得到,称为抛物面。

根据二次曲线关于焦点的概念,由光学成像的等光程原理很容易证明,这两个焦点对二次回转曲面来说,是一对无像差的共轭点。也就是说,从其中一个焦点发出的光线经过二次回转曲面反射后一定会聚在另一个焦点之上。从式(4-24)、式(4-25)和式(4-26)可以看出,对于二次回转曲面,这一对无像差共轭点的位置可表示为

$$\begin{cases} l_1 = \dfrac{R_0}{1+e} \\ l_2 = \dfrac{R_0}{1-e} \end{cases} \tag{4-28}$$

二次回转曲面的面形检验就是通过这一对无像差共轭点来实现的。

2. 二次回转曲面的刀口阴影法测量

(1) 椭球面测量

对于椭球面，$0 < e < 1$，则由式(4-28)可知，无像差的一对共轭点位置中 l_1 和 l_2 都是正值，这表示它们都位于椭球面的一侧，如图 4-23(a)所示。利用刀口阴影法检验时，可以将小孔光源放置在靠近镜面的点 F_1 上，则由小孔光源 S 发出的同心光束(球面波)经过待测椭球面反射后会聚于共轭点 F_2 处，只要待测椭球面面形良好，反射光束的波面一定是球面。在点 F_2 处放置刀口切割光束，此时根据所观察到的阴影图就可以判断出是否存在由待测椭球面面形误差引起的波面变形。

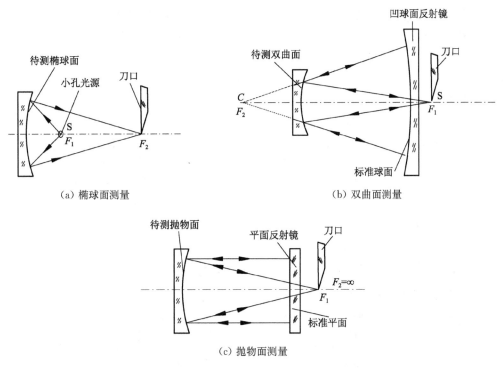

(a) 椭球面测量　　　　　　　　　　(b) 双曲面测量

(c) 抛物面测量

图 4-23　二次回转曲面的刀口阴影法测量

(2) 双曲面测量

对于双曲面，$e > 1$，则由式(4-28)可知，无像差的一对共轭点位置中 l_1 是正值、l_2 是负值，这表明它们分别位于双曲面的两侧。测量时可以采用自准直光路，如图 4-23(b)所示。刀口仪设置在共轭点 F_1 处，则由小孔光源 S 发出的球面波经待测双曲面反射后成为发散的球面波，球面波的中心一定在共轭点 F_2 处。在发散球面波光路中放置凹球面反射镜，并且将凹球面反射镜的标准球面的曲率中心 C 调节到与点 F_2 相重合。这样，在标准球面上光束将按原光路返回，并且再经待测双曲面反射后重新会聚在点 F_1 处，构成自准直光路，刀口在焦点处切割光束。因为标准球面面形良好，所以若从阴影图中发现返回光束的波面偏离球面，则一定是由待测双曲面上存在面形误差引起的。

（3）抛物面测量

对于抛物面，$e=1$，则由式(4-28)可知，无像差的一对共轭点位置中 $l_2=\infty$，即点 F_2 位于无限远。测量时也采用自准直光路，如图 4-23(c)所示。刀口仪设置在焦点 F_1 处，则由小孔光源 S 发出的球面波经待测抛物面反射后成为平面波，即一束平行于光轴的平行光。在光路中设置高质量的标准平面反射镜，这块平面反射镜中央开有一小孔让光束通过，它的标准平面与光轴垂直。由待测抛物面反射的平面波经平面反射镜后按原路返回，再次经待测抛物面反射后又成为会聚于点 F_1 的球面波，刀口在点 F_1 处切割返回的光束。由于平面反射镜是高质量的，所以若在阴影图中看到缺陷，则一定是由待测抛物面的面形误差引起的。

综上所述，用刀口阴影法检验二次回转曲面实际上是利用一对无像差共轭点构成会聚的球面波，然后采用与检验凹球面一样的方法来判断待测二次回转曲面的面形误差。一般情况下，使用刀口阴影法，需要引入高质量的标准球面反射镜或者平面反射镜作为构成会聚球面波的辅助工具。图 4-24 所示为引入标准镜的阴影法检测二次回转曲面的例子。

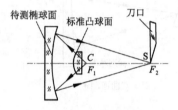

（a）标准凸球面测量椭球面

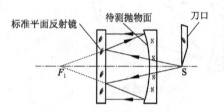

（b）标准平面反射镜水平测量抛物面

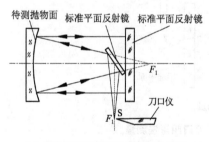

（c）标准平面反射镜垂直测量抛物面

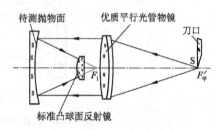

（d）优质平行光管物镜测量抛物面

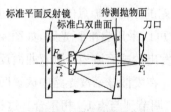

（e）标准凸双曲面测量抛物面

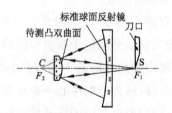

（f）标准球面反射镜测量凸双曲面

图 4-24　引入标准镜测量二次回转曲面

4.3.4 干涉法测量二次回转曲面面形误差

刀口阴影法具有很高的灵敏度,是一种定性的检验方法。虽然刀口阴影法检验可以灵敏地发现待测表面缺陷的存在,但是较难得到误差的大小,并且由这种方法得出的测量结果的准确程度还与测量人员的工作经验有关。由于二次回转曲面存在一对无像差的共轭点,球面波经过二次回转曲面反射后有可能还是球面波,就有可能与标准的参考球面波(或者平面波)相干涉,因此从干涉图案中可以判断待测表面是否存在面形误差。

图 4-25 所示为激光球面波干涉仪测量二次回转曲面的原理示意图。由激光球面波干涉仪出射的球面波,被待测表面(或待测光学系统)按原路反射回来,反射回来的球面波与仪器本身的标准球面波会合后发生干涉。从光路看,它和用自准直光路进行刀口阴影法测量是十分相似的,区别只是在于,对自准直返回的球面波进行测量时,后者用刀口切割光束,而前者是将其与标准球面波相比较。图 4-23 和图 4-24 所示的自准直检验光路一般都能适用于激光球面波干涉仪的测量。用图 4-25 中的例子就可以说明这种测量的原理。图 4-25(a)所示为椭球面干涉仪的测量情况。将激光球面波干涉仪设置在无像差共轭点 F_2 处,使由干涉仪出射的球面波中心与 F_2 重合。该球面波经待测椭球面反射后,成为会聚于 F_1 处的球面波。在光路中设置一个球心与 F_1 重合的标准凸球面反射镜,则球面波就按原光路反射回去,在干涉仪中和由干涉仪的标准球面反射回来的球面波会合后发生干涉。如果待测椭球面面形良好,则应观察到均匀的干涉场,或者观察到有几条直的干涉条纹的干涉场。如果椭球面面形有误差,则视场中的干涉条纹会发生弯曲变形。这样的测量方法和前面叙述的测量凹球面面形的方法是完全一样的。

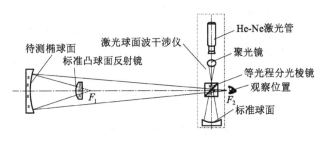

(a) 椭球面干涉仪测量

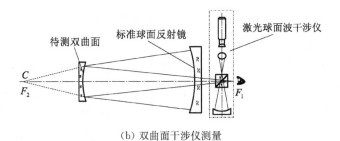

(b) 双曲面干涉仪测量

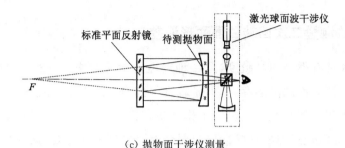

(c) 抛物面干涉仪测量

图 4-25 激光球面波干涉仪测量二次回转曲面

4.3.5 补偿法测量非球面面形误差

在测量二次回转曲面时,通常需要引入一块高质量的标准球面(或者标准平面)反射镜作为辅助工具。这些标准反射镜的通光口径要求与待测二次回转曲面的通光口径一样大,甚至更大,而一块大口径的标准反射镜本身的加工和检验都是较难的。为了简化对二次回转曲面的检验,可以不利用一对无像差的共轭点,但是在其他位置上时物点成像是有像差的。也就是说,不在无像差共轭点位置上的物点,它所发出的球面波经待测曲面反射回来后,波面就会发生变形。为此,研究者们专门设计了一种带有像差的光学系统(称为补偿镜),将它放在光路的确定位置上,使它所产生的像差和待测曲面所产生的像差相补偿。这样,由物点发出的球面波经过补偿镜和待测曲面反射回来后仍为球面波,于是就可以用一般测量球面波波面形状的办法来测量该曲面,这种带有补偿镜的测量方法就称为补偿法,通常也称为零位法,如图 4-26 所示。

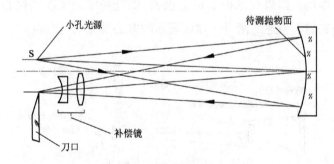

图 4-26 补偿法测量抛物面

在设计补偿镜时应严格控制其像差值与待测曲面相补偿。此外,它对玻璃材料的均匀性、加工的要求都比较严格。在设计补偿镜时应尽量使其结构简单、加工容易,装配误差影响尽可能小,并且应考虑到补偿镜的通光直径尽量小。

历史上对采用补偿法进行检验方面的研究一直是比较重视的,早在 1627 年考德(Couder)就指出,位于抛物面反射镜曲率中心(顶点曲率中心)处一点光源像的像差可以利用在像和反射镜之间加入一块小的补偿镜来消除,并且他成功地利用一个由两块透镜组成的补偿镜测量了一块通光口径为 300 mm、焦距为 1.5 m 的抛物面反射镜。补偿镜是由一块平凹透镜和一块平凸透镜组成的零光焦度系统,它的通光口径只需要 40 mm 左右,如图 4-27 所示。

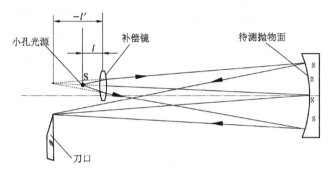

图 4-27　包含补偿镜的测量光路

在这以后,许多人在使用补偿法进行测量方面做了许多实验,提出过引入多种类型补偿镜进行检验的方法,其中较为突出的是由道尔(Dall)在 1647 年和 1653 年所提出的方法。这种方法只采用一块平凸单透镜作为补偿镜。他指出,因为一块平凸单透镜的球差值是其一对共轭点位置的函数,也就是选用不同的共轭点位置可以产生不同的球差值,所以利用一块平凸单透镜的某一对共轭点位置就可以对一块待测抛物面在某一物点位置上所产生的像差进行补偿。关于平凸单透镜补偿镜的共轭位置的选择和补偿镜的焦距,道尔提出了式(4-29)所示的关系式。他指出,当由该关系式决定的待测抛物面焦距 F 与补偿镜焦距 f' 的比值在 5～20 范围内时,在待测抛物面顶点曲率中心处物点反射成像的三级像差可以由补偿镜产生的像差补偿。

$$\frac{F}{f'} = \frac{1}{4}(K-1)^2\left[\frac{n^2(K-1)^2}{(n-1)^2} + \frac{(3n+1)(K-1)}{n-1} + \frac{3n+2}{n}\right]$$
$$= 5 \sim 20 \tag{4-29}$$

式中,F 是待测抛物面的焦距;f' 是平凸单透镜的焦距;K 是平凸单透镜一对共轭点的位置之比,即 $K = l'/l$;n 是平凸单透镜玻璃材料的折射率。

采用平凸单透镜作为补偿镜来检验一块通光口径为 600 mm、焦距为 3 m 的抛物面反射镜时,取 $K = l'/l = 2$,$n = 1.52$,则由式(4-29)可以得到 $F/f' = 5.888\ 1$,可见在所规定的 5～20 范围内,因此可以使像差互相补偿。由此可计算出所选补偿镜的焦距为 $f' = 3\ 000/5.888\ 1 = 509.5$ mm,则根据几何光学成像公式,由 $K = l'/l = 2$ 很容易得到 $l = 254.75$ mm,$l' = 509.5$ mm。用这种平凸单透镜作为补偿镜的检验已经得到较广泛使用。

在图 4-26 和图 4-27 所示的两种测量光路中,由于补偿镜只是放在小孔光源发出的光到待测抛物面的光路中,或者是放在待测抛物面反射回来的光路中,也就是光只经过补偿镜一次。由于小孔光源和刀口必须离开光轴,因此或多或少地会引入一些轴外像差。图 4-28 所示为测量一块通光口径为 450 mm、焦距为 2 m 的抛物面所采用的光路。图中,补偿镜由一块平凸透镜和一块平凹透镜组成。两块透镜用完全相同的玻璃材料制成,并且凸球面和凹球面的曲率半径相同。刀口在待测抛物面的顶点曲率中心处切割光束。此时,抛物面的顶点曲率半径为 4 m,光路是自准直的,光线两次通过补偿镜,这样可以避免产生轴外像差。补偿镜的凹透镜和凸透镜之间的光路是平行光,因此这两个透镜的轴向相对位置不会对测量产生影响,这对补偿镜的装配和调整是很有利的。另外,由于两块透镜的凹球面和凸球面的曲率半径相等,所以在加工时可以不需要样板,两个球面可以互相检验,成对加工。经过这样的补偿镜后,对于理想的抛物面在其顶点曲率中心处的自准直光,通过理论计算可以得到,它的波面的剩余波差值可以小于 $\dfrac{\lambda}{100}$。 因此,如果所加工的抛物面面形误差要求不超过 $\dfrac{\lambda}{20}$(该要求已经是较高的),则利用补偿镜来测量的方法是完全可以满足要求的。对于上面所叙述的通光口径为 450 mm 的抛物面,补偿镜的通光口径只需要 65 mm 左右。

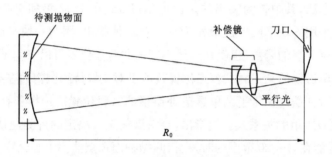

图 4-28 引入补偿镜检验大口径抛物面

不仅在刀口阴影法测量中可以利用补偿镜,而且在干涉法测量中也可利用补偿镜。图 4-29 所示为补偿镜结合干涉仪检测抛物面的情况。图 4-29(a)所示的自准直光路同样可以应用于干涉法检验中。由于补偿镜的像差抵消了待测曲面的像差,所以自准直光路最后出射的是波面为球面的光。图 4-29(b)所示为普通棱镜干涉仪改装后测量抛物面的光路原理图。

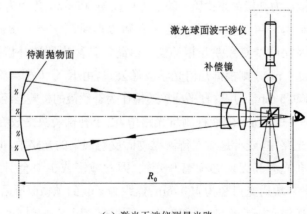

(a) 激光干涉仪测量光路

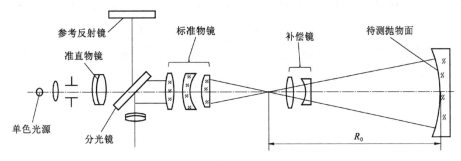

（b）普通棱镜干涉仪测量光路

图 4-29　补偿镜结合干涉仪测量抛物面的光路

补偿法除了用来测量回转抛物面外，也可以用来测量其他的二次回转曲面。原则上对于轴对称的高次回转非球面都可以用补偿法测量，但是要设计合适的补偿镜往往不很容易。但补偿法不能用于不是以光轴为旋转对称轴的非球面（例如圆柱面、圆锥面）测量。

4.4　平行平板玻璃平行性误差的测量

平行平板玻璃是指两个表面是平面且互相平行的玻璃板。由于在加工中不可能把两个表面加工得完全平行，两个表面总是会构成一个很小的角度，这个角度就是平行平板玻璃的平行性误差，用误差角 θ 表示。带有这种平行性误差角的玻璃板，实际上是一块楔形镜，但本节中所讨论的平行性误差角比一般所说的楔形镜的楔角要小。

平行平板玻璃也是常用的光学元件，如分划板、保护玻璃、滤光片、分光镜、补偿镜等。关于平行平板玻璃平行性误差的测量原理，不仅对平板玻璃元件的检验很重要，而且对各种反射棱镜的角度误差检验也很有用，因为反射棱镜在光学系统成像方面的作用相当于一块平行平板玻璃。光学系统设计时就是把反射棱镜展开为一平板玻璃来处理的。因此，可以利用类似于测量平行平板玻璃平行性误差的方法来测量反射棱镜的角度误差，这就是所谓反射棱镜光学平行性误差的概念。目前测量平行平板玻璃平行性误差的方法可以分为双像法和干涉法两大类。

4.4.1　双像法测量平行平板玻璃平行性误差

双像法是指由于平行平板玻璃存在平行性误差角 θ，因此成像光束分别在其上、下两个表面反射时，将形成两个分开的像，利用这两个分开的像之间的角距离就可以测量出平行性误差角 θ。

利用自准直望远镜测量平行平板玻璃的平行性误差是一种最基本的方法，它广泛应用于光学车间中。

图 4-30(a)所示是双像法测量平行平板玻璃平行性误差的原理示意图。图中,自准直望远镜采用高斯式自准直目镜,待测平行平板玻璃放置在自准直望远镜的前面,使它的前表面与自准直望远镜的光轴相垂直(实际上不一定要严格垂直)。由光源照亮自准直望远镜的分划板后,分划板上每一点发出的光经过物镜后均成为平行光束投射在待测平行平板玻璃板上。

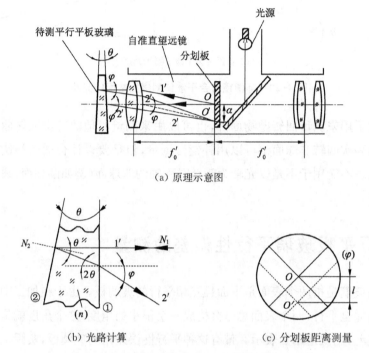

(a) 原理示意图

(b) 光路计算　　　　　　(c) 分划板距离测量

图 4-30　双像法测量平行平板玻璃平行性误差

分划板上的点 O(位于光轴上)发出的光经过物镜后成为轴向平行光,并且垂直于待测平行平板玻璃的前表面入射。根据物理光学中的光在两种介质分界面上传播的费涅耳公式,可以知道此时在玻璃表面大约有 4% 的光能量被原路反射回去,其余光能量进入玻璃。经反射回去的光再次经过物镜,并在分划板上形成一个自准直像 O'。这部分光在图中以 $1'$ 表示,如图 4-30(b)所示;另一部分光进入玻璃板后入射到②表面上,这时在②表面上又会有部分光被反射回来。如果待测平行平板玻璃的平行性误差角 $\theta=0°$,则这部分光 $2'$ 还是按原路返回,经过物镜后形成一个与表面①反射回去的自准直像完全重合的像。如果表面①和②不平行,即存在平行性误差角 θ,则光线在②表面上不再按原光路反射回来。当光线出射到待测平行平板玻璃后,光线 $1'$ 和 $2'$ 之间有夹角 φ,此时经过物镜后将在分划板上形成两个互相分开的像 O 和 O',如图 4-30(c)所示。根据分划板上两个像分开的距离,就可以计算出待测平行平板玻璃的平行性误差角 θ。

从图 4-30(b)中可以看出,光线垂直入射到待测平行平板玻璃表面①上,一部分光线 $1'$ 按原路返回,另一部分进入玻璃后以入射角 θ 入射到表面②上,反射回来以后又以入射角 2θ 入射到表面①上,然后折射出玻璃板成为光线 $2'$。光线 $1'$ 和 $2'$ 的夹角 φ 可以根据折射定律得到：

$$n \cdot \sin(2\theta) = \sin\varphi$$

式中，n 是玻璃板的折射率。由于平行性误差角通常都很小，所以可以认为 $\sin(2\theta) \approx 2\theta$，$\sin\varphi \approx \varphi$，则上式可以写为

$$\theta = \frac{\varphi}{2n} \tag{4-30}$$

此外，从图 4-30(a)中可以看出，如果自准直望远镜的物镜焦距为 f'_0，在分划板上测得两个分开的像之间的距离为 l，则 $l = f'_0 \cdot \varphi$，代入式(4-30)，则有

$$\theta = \frac{l}{2nf'_0} \text{(rad)} \tag{4-31}$$

式(4-31)就是利用自准直望远镜测量平行平板玻璃平行性误差所应用的关系式。只要在分划板上设法(例如采用测微目镜等)测量出两个像之间的距离 l，则利用已知的物镜焦距 f'_0 和待测玻璃板的折射率 n，就可以很容易地计算出平行性误差角 θ。大多数的自准直望远镜分划板上都是直接刻的角度分划，因此，在分划板上可以直接读出两个像分开的角度值 φ，则利用式(4-30)就可以直接计算出平行性误差角 θ。

特别需要注意的是，许多用来测量角度的自准直望远镜，为了方便起见，在它们的分划板上角度分划线处标注的数字是实际角度值的一半，即若在分划板上直接读到的(也就是所标注的)数值为 $10'$，实际上此刻线对应的角度值为 $20'$。因此，如果在分划板上读出两个像之间的夹角为 ϕ，则两个像的实际夹角为 $\varphi = 2\phi$，则式(4-30)可写为

$$\theta = \frac{\phi}{n} \tag{4-32}$$

由此可见，在测量之前首先应该清楚自准直望远镜分划板上角度分划的标注方法。

上述利用自准直望远镜进行平行平板玻璃平行性误差的测量中，假定由自准直望远镜出射的轴向平行光束垂直于待测玻璃板的表面①。若该光束不严格垂直表面①，只要入射角不大，则式(4-31)还是成立的，如图 4-31 所示。光线以入射角 i 投射在待测玻璃板的表面①上，其中一部分光线以反射角 $i' = i$ 的方向被反射回来，这部分光在图中以 $1'$ 表示。另外一部分光被折射进入玻璃，折射角为 γ，并有 $\sin i = n \cdot \sin\gamma$，当光线入射角不大时，此式可以写成 $\gamma = \dfrac{i}{n}$，其中 n 是玻璃的折射率。由图 4-31 中可看出，进入玻璃的

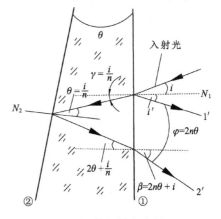

图 4-31 倾斜入射光路原理

光线将以入射角 $\left(\theta+\dfrac{i}{n}\right)$ 投射到表面②。光线经表面②反射后，又以入射角

$\left(2\theta+\dfrac{i}{n}\right)$ 投射到表面①上。最后光线被折射出待测玻璃板，这部分光在图中以 $2'$ 表示，

如果此时折射角为 β，则根据折射定律有 $\beta=2n\theta+i$。由图可知，光线 $1'$ 和 $2'$ 之间的夹角

为 $\varphi=\beta-i=2n\theta+i-i=2n\theta$，所以有

$$\theta=\frac{\varphi}{2n} \tag{4-33}$$

式中，φ 即从表面①和②分别反射回去的光在自准直望远镜分划板上形成的两个分开的像的角距离。比较式(4-30)和式(4-33)可知，两者完全是一样的。因此，在测量时，从自准直望远镜出射的轴向平行光允许与待测玻璃板表面成一小角度。这有利于在测量时放置待测玻璃板的位置，但要注意待测玻璃板与平行光的夹角不能太大。

4.4.2 干涉法测量平行平板玻璃平行性误差

一束单色光入射到平行平板玻璃后，可以从它的上表面和下表面分别反射回去两束光，这两束光是相干光，因而相重叠时会产生干涉现象。这就是物理光学中最基本的薄板干涉。薄板干涉可以分为等厚干涉和等倾干涉两大类。等厚干涉还称为菲索(Fizeau)干涉，等厚干涉条纹也称为菲索干涉条纹；等倾干涉还称为海丁格(Haidinger)干涉，等倾干涉条纹也称为海丁格干涉条纹。

两种类型的薄板干涉都可以用来测量平行平板玻璃的平行性误差。下面介绍几种常用的测量方法。

1. 利用等厚干涉条纹测量

（1）薄板的等厚干涉条纹

物理光学中已经给出，当波长为 λ 的单色光以入射角 i 射到折射率为 n 的玻璃薄板上时，此束光由玻璃薄板的上表面和下表面分别反射，形成两束相干光 ① 和 ②，如图 4-32 所示。两束相干光之间的光程差 Δ 的计算式为

$$\Delta=2h\sqrt{n^2-\sin^2 i}+\frac{\lambda}{2} \tag{4-34}$$

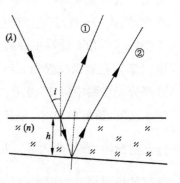

式中，h 是薄板的厚度；$\dfrac{\lambda}{2}$ 是由位相突变所产生的附加光程差。在干涉场中，光程差 $\Delta=m\lambda$（其中 m 是整数）的地方形成亮干涉条纹，$\Delta=\left(m+\dfrac{1}{2}\right)\lambda$ 的地方形成暗干涉条纹。

图 4-32　等厚干涉原理

由式(4-34)可以看出,干涉条纹图案两束相干光的光程差 Δ 与 4 个因素有关：①薄板的厚度 h；②光波的入射角 i；③薄板介质的折射率 n；④光波的波长 λ。

在通常情况下,薄板介质的折射率 n 和光波的波长 λ 都是已知的常量,所以光程差仅仅与薄板的厚度 h 及光波的入射角 i 有关。

(2) 测量原理

图 4-33 所示为用等厚干涉条纹测量平行平板玻璃平行性误差的装置原理图。该测量装置实际上就是一台不带标准平面的平面干涉仪。用单色光源把位于物镜焦平面上的小孔照亮,从物镜出射一束平行光并且垂直地入射在待测玻璃板上,经过上、下两个表面反射后形成两束相干光,干涉场位于待测玻璃板的中间。反射回去的光再经过物镜后会聚在观察孔处,两相干光束在观察孔处形成两个互相稍稍分开的光源小孔的像。人眼位于干涉场处,就可以观察到干涉条纹,也可以在观察孔后设置照相装置把干涉条纹拍摄下来。

由于光束是垂直入射在待测玻璃板上的,即入射角 $i=0$。在这种情况下,所形成的两束相干光的光程差为

$$\Delta = 2nh + \frac{\lambda}{2} \qquad (4-35)$$

如果待测玻璃板两个表面的平面度良好,则当没有平行性误差时,即厚度 h 处处相等,也就是光程差处处相等,此时看到的干涉场的亮度是均匀的。当存在平行性误差时,玻璃板两个表面之间存在一夹角 θ,厚度是变化的,此时光程差也是变化的,所以干涉场内看到的应是互相平行的、亮暗间隔的,并且间隔距离相等的直的干涉条纹,如图 4-33 所示。

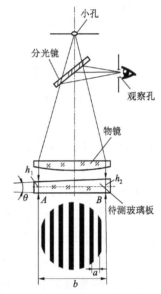

图 4-33　用等厚干涉条纹测量平行平板玻璃平行性误差的原理图

设待测玻璃板的宽度为 b,AB 两端的厚度分别为 h_1 和 h_2(见图 4-33),通过在干涉场中看到 AB 范围内包含的干涉条纹数 N,就可计算出平行性误差 θ。

在 A 处,因为厚度为 h_1,则所形成的干涉条纹的光程差为

$$\Delta_1 = 2nh_1 + \frac{\lambda}{2} = m_1\lambda \qquad (4-36)$$

式中,m_1 是 h_1 处干涉条纹的序号,也称为干涉级。

同样,在 B 处,因为厚度为 h_2,则形成干涉条纹的光程差为

$$\Delta_2 = 2nh_2 + \frac{\lambda}{2} = m_2\lambda \qquad (4-37)$$

式(4-37)与式(4-36)相减,得到

$$2n(h_2 - h_1) = (m_2 - m_1)\lambda$$

这里的 $(m_2 - m_1)$ 是 A 和 B 两处干涉条纹序号之差,实际上是 AB 范围内所包含的干涉条纹数 N,则有

$$h_2 - h_1 = \frac{N\lambda}{2n} \tag{4-38}$$

从图 4-33 可知,$\tan\theta = (h_2 - h_1)/b$,又考虑到平行性误差角 θ 总是很小的,则有 $\tan\theta = \theta$,代入式(4-38)后,则可以得到

$$\theta = \frac{N\lambda}{2nb} \ (\text{rad}) \quad \text{或者} \quad \theta = \frac{N\lambda}{2nb} \cdot 206\,265'' \tag{4-39}$$

式(4-39)是用等厚干涉条纹测量平行平板玻璃平行性误差所用的关系式。其中,λ 是所用单色光源的波长;b 是测量时所取待测玻璃板的长度,可以直接测量得到;n 是待测玻璃板材料对应所使用单色光波长的折射率;N 是干涉场中所对应范围内干涉条纹数,N 通常不会刚好是整数,根据相邻两条干涉条纹的间隔可以估计出小数部分,一般不难估计到 0.2λ。

2. 利用等倾干涉条纹测量

(1)薄板的等倾干涉条纹

图 4-34 所示为用等倾干涉条纹测量平行平板玻璃平行性误差的原理示意图。用单色光源把小孔照亮,该小孔位于离聚光镜大约为 2 倍焦距处。由小孔发出的光经聚光镜会聚在待测玻璃板上,形成小孔的像。待测玻璃板放在可移动工作台上,而且工作台的移动距离可以在其侧面的标尺和游标装置上准确读出。会聚光束在入射点处经上、下表面反射形成两相干光束,人眼通过观察望远镜在物镜的分划板上就可以观察到等倾干涉条纹。如果待测玻璃板平行性误差 $\theta = 0°$,则当移动工作台时,由于厚度 h 不变,光程差不改变,所以光束入射点无论移到哪个位置,从观察望远镜中看到的干涉条纹形状不发生任何变化;如果待测玻璃板平行性误差 $\theta \neq 0°$,则玻璃板厚度发生变化,因此随着工作台的移动,在观察望远镜中可以见到同心圆环状干涉条纹在向外扩张或者向里收缩,在条纹中心处,干涉条纹一个接着一个出现或者一个接着一个消失。

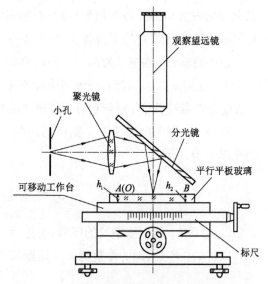

图 4-34 用等倾干涉条纹测量平行平板玻璃平行性误差的原理示意图

假设光束会聚点 O 与点 A 重合,设点 A 处玻璃板的厚度为 h_1,则此时干涉条纹图案中心对应的光程差 Δ_1 为

$$\Delta_1 = 2nh_1 + \frac{\lambda}{2} = m_1\lambda$$

现移动工作台,光束会聚点 O 从点 A 慢慢向点 B 移动,同时在观察望远镜中观察干涉条纹图案的中央,并计数出现的或者消失的干涉条纹数目。当点 O 移动到点 B 时,如计数的条纹数目为 N,而在点 B 处玻璃板的厚度为 h_2,则此时干涉条纹图案中心对应的光程差 Δ_2 为

$$\Delta_2 = 2nh_2 + \frac{\lambda}{2} = \dot{m}_2\lambda$$

式中,m_1 和 m_2 分别为 A、B 两个位置上干涉条纹图案中央条纹的干涉级,$(m_2 - m_1)$ 为光束会聚点 O 由点 A 移动到点 B 时所计数的干涉条纹数目,即 $m_2 - m_1 = N$,则有

$$h_2 - h_1 = \frac{N\lambda}{2n}$$

当工作台由点 A 移动到点 B 时,从标尺上可以读出所移动的距离为 b,则有

$$\tan\theta \approx \theta = \frac{h_2 - h_1}{b}$$

即
$$\theta = \frac{N\lambda}{2nb} \cdot 206\,265'' \qquad (4\text{-}40)$$

式(4-40)是用等倾干涉条纹测量平行性误差的公式。其中,光源的光波波长 λ 和待测玻璃板的折射率 n 是已知的;工作台移动的距离 b 由在标尺和游标装置上读出;干涉条纹图案中央条纹的变化数目 N 是由人眼通过观察望远镜计数得到的。

（2）测量原理

图 4-35 所示为等倾干涉原理示意图。一束会聚光束入射在平行平板玻璃上,并且会聚光束的交点正好在平行平板玻璃的上表面上。在光束中,有光线 1 以入射角 i_1 投射到平行平板玻璃上,经其上、下两个表面分别反射后形成两相干光,如图中实线所示。设入射点处平行

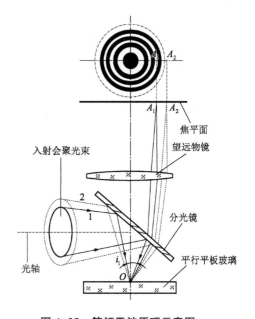

图 4-35　等倾干涉原理示意图

平板玻璃的厚度为 h，则由式（4-34）可得，两相干光的光程差 Δ_1 为

$$\Delta_1 = 2h\sqrt{n^2 - \sin^2 i_1} + \frac{\lambda}{2}$$

经反射回来的两相干光经过望远物镜后，在其焦平面上相交于点 A_1。由此可见，在点 A_1 处两相干光的干涉条纹是亮的还是暗的，基本取决于光程差 Δ_1。

在会聚光中另有光线 2 以入射角 i_2 射到平行平板玻璃上的点 O 处，同样由上、下两个表面反射形成两相干光，如图中虚线所示，两相干光的光程差 Δ_2 为

$$\Delta_2 = 2h\sqrt{n^2 - \sin^2 i_2} + \frac{\lambda}{2}$$

同样，两相干光经望远物镜后在焦平面上相交于点 A_2，干涉条纹的明暗分布由光程差 Δ_2 决定。

由于会聚光束中包含了各种不同入射角的光，并同时在点 O 处（即厚度为 h）反射形成两相干光，所以由各种不同入射角的光所产生的相干光经望远物镜后在焦平面上相干涉的结果完全取决于入射角 i 的大小（因为 h 值是相同的）。又由图 4-35 可以看出，围绕光轴同一圆周上的光在平行平板玻璃表面有相同的入射角，所以在焦平面上得到的干涉条纹也是相同的。因此，在这种情况下，望远物镜焦平面上形成的是一组同心圆环状的干涉条纹，这就是等倾干涉条纹。

由图 4-35 可以看出，干涉条纹图案的中心是由入射会聚光束的中心光线（即图中光轴位置）经平行平板玻璃反射所形成的干涉结果。由于入射角 $i=0°$，所以形成干涉条纹图案中心的光程差为 $\Delta_0 = 2nh + \frac{\lambda}{2}$。由此可见，等倾干涉条纹的中心是亮的还是暗的，完全取决于平行平板玻璃在光束入射点处的厚度。这一点是利用等倾干涉条纹测量平行平板玻璃平行性误差的基础。

第 5 章

球面曲率半径的测量

透镜是成像光学系统的主要元件。透镜的表面主要是球面,显然,球面曲率半径是决定透镜光学性能的主要参数之一。在透镜制造中,保证球面曲率半径数值的大小是保证其质量的关键。

在透镜加工过程中,球形表面的质量检验通常都是利用标准样板与待测表面之间空气层干涉形成的光圈来判断的。当光圈的数量和形状符合规定时,则保证了球面面形误差符合要求,其曲率半径一定和标准样板的曲率半径相一致。因此,准确地测量球面曲率半径是光学车间检验的重要工作。

在实际中,透镜球面曲率半径的取值范围很广,可以大到接近平面,也可以小至仅几毫米;球面可以是凸的,也可以是凹的。现在还没有一种测量球面曲率半径的方法能在这样广的范围内保证测量精度都符合要求,一般都是根据待测球面曲率半径的大小选用适用的测量方法。

环形球径仪是一种常见的测量球面曲率半径的仪器,它能准确测量最常用范围的球面曲率半径。利用自准直显微镜和自准直望远镜测量球面曲率半径也是常用的方法,它们可以分别测量较小的曲率半径和较大的曲率半径。刀口阴影法可以准确地确定球面曲率中心的位置,也可以用来测量球面曲率半径。对于特别大的球面曲率半径(接近平面的类型),则可以在干涉仪上利用牛顿环来测量。

本章主要介绍利用球面基准样板测量球面曲率半径的方法。

5.1 环形球径仪测量球面曲率半径

5.1.1 测量原理

用环形球径仪测量球面的曲率半径时,首先测量球面的一部分所对应的矢高和相应的弦半径,然后通过公式计算曲率半径。

图 5-1 所示是用环形球径仪测量球面曲率半径的原理示意图。其中,CBD 是待测球面的一部分,点 O 是该球面的球心,CD 是测量所取部分的弦,并把 $AC = AD = r$ 称为弦半径,AB 之间的距离为 h。

由直角三角形 $\triangle OAD$ 可得到

$$OA = OB - AB = R - h$$
$$R^2 = r^2 + (R-h)^2$$

最后得到

$$R = \frac{r^2}{2h} + \frac{h}{2} \qquad (5\text{-}1)$$

式(5-1)就是环形球径仪测量球面曲率半径的基本公式。

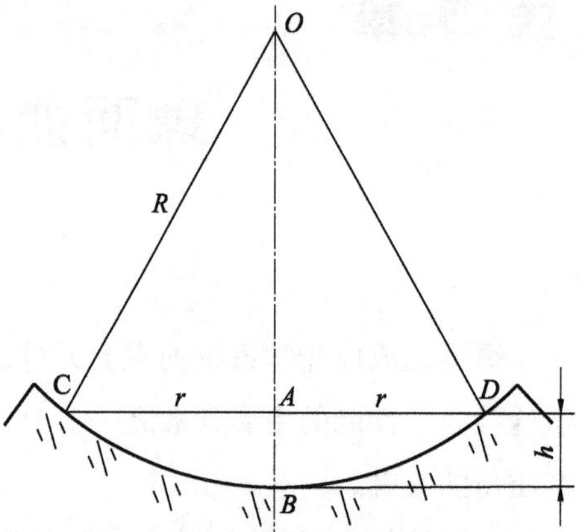

5.1.2 环形球径仪的基本构造

图 5-2 所示是环形球径仪结构示意图。其中,支撑待测球面的是测量环,测量环和待测球面相接触部分的直径 $2r$ 是已知的。测量环放置在与外壳本体相固定的连接盘上,连接盘的中央有一根可以上下移动的钢制测量杆。测量杆上安装有一根精密的玻璃分划尺,玻璃分划尺上有刻线,刻线的格值为 $0.1\,\text{mm}$,每隔 $0.5\,\text{mm}$ 的刻线上标有数字,刻线全长为 $30\,\text{mm}$。测量杆上通过绳索和滑轮挂有一个较重的活塞,依靠活塞的重量使测量杆有一个向上的力,以使测量杆顶端的球形测帽总是顶在

图 5-1　环形球径仪测量球面曲率半径原理示意图

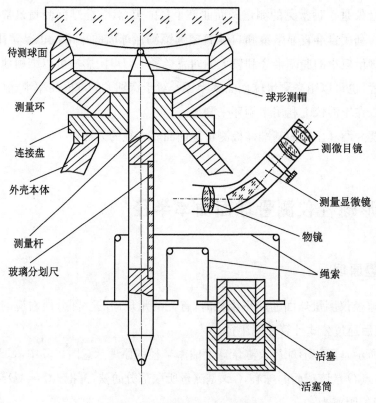

图 5-2　环形球径仪结构示意图

待测球面的表面上。在活塞筒下端有一个小孔,其作用是当活塞筒运动时,依靠空气阻尼的作用使测量杆缓慢地上升,以免在待测球面上引起过大的测量力。测量显微镜直接安装在外壳本体上,用来观察玻璃分划尺的位置。测量显微镜上装有测微目镜,利用测微目镜可以准确地对准并读出玻璃分划尺上的读数,即对应测量杆所在位置的读数。

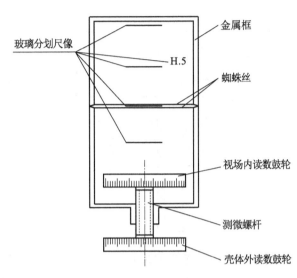

螺旋丝杠式测微目镜的原理示意如图 5-3 所示。环形球径仪中玻璃分划尺的刻线格值是 0.1 mm,经测量显微镜的物镜放大后成像在测微目镜的分划板上。分划板是一个金属框,其上面有两条作为瞄准用的蜘蛛丝(或铂金丝)。如图 5-3 所示,金属框和测微螺杆相连接,测微螺杆上有两个读数鼓轮,一个在目镜视场内,另一个在仪器的壳体外。当测微螺杆转动时,可带动金属框移动。测微螺杆的螺距应保证,当测微螺杆转动一圈时,蜘蛛丝双线移动的距离正好等于玻璃分划

图 5-3　螺旋丝杠式测微目镜原理示意图

尺刻线经测量显微镜物镜放大后所成像的一格。读数鼓轮的圆周上共刻有 100 格等分的刻线,因此可以读出测量杆 0.001 mm 的移动量。

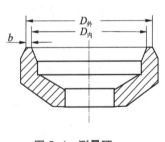

每一台环形球径仪都配有一套直径不同、数量为 8～9 个的测量环,以适应于测量各种直径的待测工件。如图 5-4 所示,测量环的工作面宽度 b 一般为 0.4～0.5 mm,测量环的内、外直径都是经过精密测量的,要求的测量精度为 $\sigma(D)=\pm(3\sim5)\,\mu m$,内、外直径值都附在每一台球径仪的出厂鉴定证书中。当待测的是凸球面时,要用测量环的内径 $D_{内}$ 计算球面曲率半径;当待测的是凹球面时,要用测量环的外径 $D_{外}$ 计算球面曲率半径。

图 5-4　测量环

5.1.3　测量方法

根据测量基本公式(5-1)可知,要确定球面的曲率半径就要测量弦半径 r 和矢高 h。在测量时,根据待测工件的直径选定了一个测量环后,则在仪器所附有的鉴定证书中可以查到此测量环的内、外直径值。图 5-5 中待测的是凸球面,应采用内径 $D_{内}$ 进行计算,$D_{内}/2$ 就是所需要的弦半径 r 值。测量矢高 h 实际上就是要确定图 5-5(b)中点 A 和点 B 的位置。测量时可以分成两步:首先在球径仪测量环上放一块平面平晶,平面平晶是其中有一个面能作为标准平面用的平面玻璃板,如图 5-5(a)所示。这时,测量杆的顶点位置就是点 A,利用

测微目镜可以在玻璃分划尺上得到一个对应于点 A 位置的读数。然后将平面平晶取走，放上待测球面，如图 5-5(b)所示。这时测量杆的顶点向下移动到点 B，用测微目镜可以在玻璃分划尺上得到对应于点 B 位置的读数。两读数之差值就是所要测量的矢高 h 值。获得弦半径 r 值和矢高 h 值后，利用式(5-1)就可以计算出曲率半径 R。

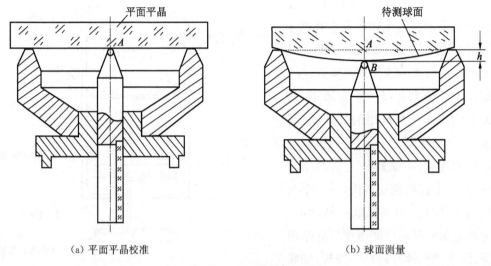

（a）平面平晶校准　　　　　　　　　　　　　　（b）球面测量

图 5-5　环形球径仪测量凸球面

5.2　自准直显微镜测量球面曲率半径

5.2.1　测量原理

图 5-6 是用自准直显微镜测量球面曲率半径的原理示意图。该自准直显微镜带有双分划板式自准直目镜，L 是自准直显微镜的工作距离。待测球面放置在自准直显微镜的前面，首先调节自准直显微镜，使物镜出射的会聚光束的会聚点正好和待测球面的球心 C 相重合，如图 5-6(a)所示。这样，会聚光束正好沿着待测球面的法线方向，因此光线将按原路被反射回来。这时在自准直显微镜中能够观察到被反射回来的辅助分划板上的十字线像。微调自准直显微镜，直至清楚地看到这个像，并且像与分划板刻线之间无视差。从图 5-6 中可以看出，待测球面的球心 C 正好位于自准直显微镜的工作距离 L 上。

移动自准直显微镜，直到待测球面的表面在自准直显微镜工作距离 L 上，如图 5-6(b)所示。这时，从自准直显微镜中能够直接看到待测球面的表面。另外，当待测球面正好位于自准直显微镜工作距离 L 上时，将又一次可以在自准直显微镜中看到由球形表面反射回来的辅助分划板的十字线像。同样，微调自准直显微镜直至清楚地看到这个像并与分划板刻线之间无视差，那么自准直显微镜移动的距离就等于待测球面的曲率半径 R。

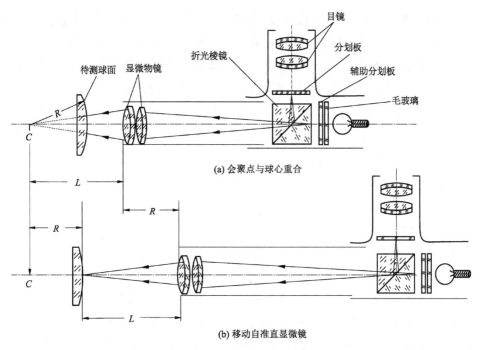

(a) 会聚点与球心重合

(b) 移动自准直显微镜

图 5-6　自准直显微镜测量球面曲率半径原理示意图

5.2.2　自准球径仪的基本构造

　　利用自准直显微镜测量球面曲率半径的原理所组成的仪器称为自准球径仪,也称为非接触式球径仪。这种球径仪有多种形式,基本构造都是相同的,差别只体现在读数方法上。图 5-7 所示为自准球径仪的基本构造示意图。待测球面放置在可以调节的工作台的

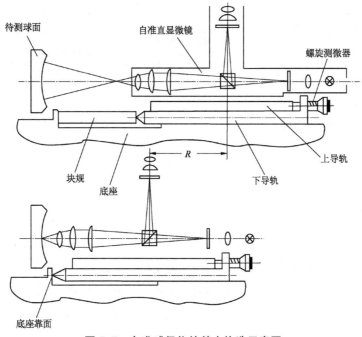

图 5-7　自准球径仪的基本构造示意图

夹持器中(图中未表示出)。自准直显微镜放置在有两层移动导轨的测量座中,其中下导轨装置在仪器底座上,可使测量座做粗略移动。下导轨与仪器底座之间可以放置一定长度的块规,下导轨依靠弹簧的力量而总是顶在块规上。块规的长度保证了测量座和待测球面之间有一定的距离,以使自准直显微镜可以调焦在待测球面的球心上,如图5-7(a)所示。上导轨安装在下导轨上面,它由螺旋测微器带动,以使自准直显微镜可以做微动调节,准确地调焦在待测球面的球心上或者待测球面的表面上。螺旋测微器可以读出自准直显微镜的微量调节移动距离,精度为±0.002 mm。把块规取走,则下导轨在弹簧的作用下使测量座向左移动,直到下导轨顶在底座的靠面上。此时转动螺旋测微器可使自准直显微镜调焦到待测球面的表面上,如图5-7(b)所示。很显然由螺旋测微器得到的读数之差再加上原来块规的长度,就为待测球面的曲率半径。

玻璃分划尺的读数显示在屏幕上,在分划尺上安装螺旋测微器,如图5-8所示。玻璃分划尺的一格正好等于10格读数标记的总长,读数标记的一格等于螺旋测微器的螺距。读数鼓轮上刻有100格,读数时把玻璃分划尺刻线像夹在某一读数标记的中间,则从读数鼓轮上就可以读出精度为0.001 mm的读数值。该仪器每隔200 mm有一定位基准,由于测量座中的玻璃分划尺则只要把工作台移到右边一个定位基准(0)处,这时只要移动测量座,先后使自准直显微镜调焦到待测球面的曲率中心和表面上,利用玻璃分划尺上的两次读数就可以直接测量出在200 mm以内的任意曲率半径值。如果待测球面的曲率半径大于200 mm,则当R在200～400 mm范围内时,可把工作台向左移动200 mm定位在标有200的定位基准上;如果R在400～600 mm范围内,则可以把工作台向左移动400 mm定位在标有400的定位基准上,以此类推。这时,如果待测的是凹球面,则可以保证测量座在0～200 mm范围内移动时,能使自准直显微镜调焦在曲率中心上。当需要对待测球面的表面调焦时,可以把工作台向右移到定位基准(0)处,然后移动测量座对表面进行调焦。显然,投影读数系统中得到的两次调焦读数的差值,加上定位基准上的距离标示值,就为待测球面的曲率半径。

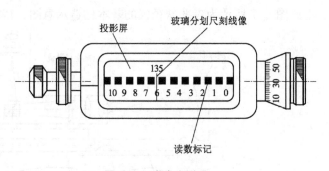

图5-8 玻璃分划尺

5.2.3 测量方法

综上所述可知,自准球径仪测量方法中主要是对球面曲率中心和表面两次调焦。首先根据待测球面的大致曲率半径值把工作台移到相应的定位基准上。为了能快速把自准直显微镜调焦到球心位置,并把球心调节到自准直显微镜的光轴上,可以在自准直显微镜的物镜上套一个接像屏,如图5-9所示。接像屏是中央有一个小孔的白色屏,把它套在显微物镜上时,小孔正好位于工作距离上。调节时移动测量座,当自准直显微镜调焦在待测球面的球心附近,也就是接像屏的小孔位于球心附近时,在接像屏上可以接到一个由待测球面反射回来的自准直显微镜分划板上亮十字线的像。如果待测球面的球心不在自准直显微镜的光轴上,则接像屏上接到的亮十字线的像就不与小孔相重合。此时,调节仪器工

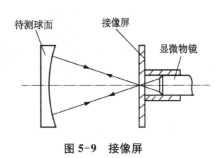

图 5-9　接像屏

作台上的调整螺钉使待测球面偏转,直到接像屏上亮十字线的像与小孔相重合,这时待测球面的球心已位于自准直显微镜的光轴上。取下接像屏,此时在自准直显微镜内就可以见到反射回来的亮十字线的像。微调测量座,使亮十字线的像与分划板上的十字线同时能看清并消除视差,此时利用投影读数系统可以得到一个读数。

接着将工作台移到定位基准(0)处,并移动测量座,对待测球面调焦。此时,在待测球面的表面上可以看到由自准直显微镜出射的亮十字线的像,在自准直显微镜内可以见到待测球面的表面像。微调测量座使成像最清晰,即表明自准直显微镜已准确调焦到球面表面上。此时利用投影读数系统又可以得到一个读数,于是两次读数之差加上定位基准的距离就是待测球面的曲率半径。

5.3　自准直望远镜测量球面曲率半径

当待测球面的曲率半径足够大时,可以用一个带伸缩筒的自准直望远镜来测量。这种带有伸缩筒的自准直望远镜是指自准直目镜相对于望远物镜能沿着光轴移动,并且移动量能从镜管侧面带有的标尺上读出来的一种自准直望远镜。

5.3.1　测量原理

图 5-10 所示为用自准直望远镜测量球面曲率半径的原理示意图。其中,C 是待测球面的球心,f_T 和 f'_T 分别是自准直望远物镜的前、后焦点。如果使自准直望远目镜沿光轴向物镜方向移动,那么从辅助分划板的中心发出的光线经过自准直望远镜的物镜后出射的是发散光束,如图 5-10 所示。若假定自准直目镜移动至使分划板处在这样一个位置上,即从辅助分划板中心发出的经过物镜出射的发散光束沿着待测球面的法线方向传播,也就是此发散光束延长线的交点正好与待测球面的球心 C 相重合。这样,光线将在待测球面上按原路反射回来,并且在分划板上形成辅助分划板十字线的像。反过来,当从自准直望远镜中观察到被反射回来的辅助分划板上亮十字线的像并且判断出在分划板上成像清晰时,测量出分划板离开望远物镜后焦点 f'_T 的距离 x' 就可以计算出待测球面的曲率半径。

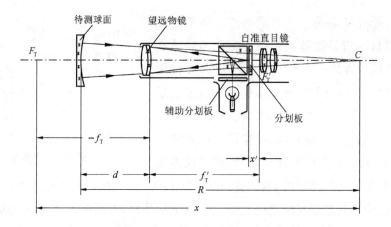

图 5-10   自准直望远镜测量球面曲率半径原理示意图

从图 5-10 中可以看出,当光束从待测球面按原路反射回来并在分划板上成像时,待测球面的球心 C 和分划板所在位置对于自准直望远镜的物镜应该具有物像共轭关系。

$$x = R + (-f_T) - d$$
$$-f_T = f'_T$$
$$x = R + f'_T - d$$

根据牛顿公式有

$$x \cdot x' = -f'^2_T$$

则有

$$x \cdot x' = (R + f'_T - d) \cdot x' = -f^2_T$$

由此可得

$$R = d - \frac{f'_T(f'_T + x')}{x'} \tag{5-2}$$

式(5-2)就是用自准直望远镜测量球面曲率半径的计算公式。其中,f'_T 是自准直望远镜物镜的焦距,是已知的;d 是待测球面到自准直望远镜物镜的距离,可以直接测量出来;x' 是自准直目镜的移动量(即分划板从焦点 f'_T 沿望远镜方向的移动量),此值可以从自准直望远镜镜筒侧面的分划标尺上读出。

式(5-2)对于凸球面和凹球面曲率半径的测量都适用。需要注意的是,测量凹球面的曲率半径时,x' 应该是负值;测量凸球面的曲率半径时,x' 应该是正值。

在测量时,x' 的正负号可以这样来判断:在测量过程中,如果分划板是从焦点 f'_T 起向物镜靠近,即自准直目镜向着望远物镜方向移动,那么测量的 x' 值应是负值;如果分划板是从焦点 f'_T 起远离物镜,即自准直目镜背向望远物镜方向移动,那么测量得到的 x' 值应是正值。

5.3.2　测量方法

用自准直望远镜测量球面曲率半径的方法如下：

第一步：使自准直望远镜的分划板正确地调整至物镜的焦平面处。为此，可以在自准直望远镜前放置一块平面反射镜，如图 5-11(a) 所示。调节自准直目镜，直到在自准直望远镜视场中观察到从平面反射镜反射回来的自准直像，并且使自准直像与分划板上原有刻线之间的视差消除，这时表明分划板已准确地位于物镜的焦平面上，从镜管侧面的刻度尺上可读得这一位置的读数。

第二步：取走平面反射镜，放置待测球面，如图 5-11(b) 所示。移动自准直目镜，直至又一次看到从待测球面反射回来的自准直像。同样，调节自准直目镜使自准直像与分划板上原有刻线之间的视差消除，这时从镜管侧面的刻度尺上又可读得这个位置上的读数。两次读数之差就是所要测量的分划板离望远镜焦平面的距离 x'。

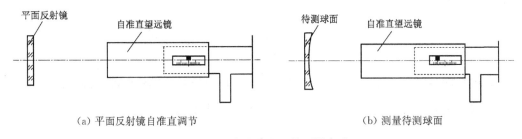

（a）平面反射镜自准直调节　　　　　　　　　　（b）测量待测球面

图 5-11　自准直望远镜测量方法

根据 5.3.1 节所提到的方法判断出 x' 的正负号（即判断待测球面是凹球面还是凸球面），用普通直尺测量待测球面到望远物镜之间的距离 d，望远物镜的焦距 f'_T 是已知的，则利用式(5-2)就可以计算出待测球面的曲率半径 R。

5.3.3　测量误差分析

根据式(5-2)可知，引起曲率半径 R 的测量误差的主要因素有距离 x' 和 d 的测量误差，以及已知的望远物镜焦距 f'_T 的测量误差。当 $\sigma(x')$，$\sigma(d)$，$\sigma(f'_\mathrm{T})$ 分别为 x'，d，f'_T 的测量均方误差时，曲率半径 R 的测量均方误差 $\sigma(R)$ 可以为

$$\sigma(R) = \pm \sqrt{\left(\frac{2f'_\mathrm{T}}{x'}+1\right)^2 \sigma^2(f'_\mathrm{T}) + \left(\frac{f'^2_\mathrm{T}}{x'^2}\right)^2 \sigma^2(x') + \sigma^2(d)} \tag{5-3}$$

利用现有的测量方法，自准直望远镜物镜焦距的测量均方误差的相对值 $\dfrac{\sigma(f'_\mathrm{T})}{f'_\mathrm{T}}$ 可达到 $\pm 0.1\%$。关于待测球面至望远物镜的距离 d 的测量误差，若用普通直尺测量，误差显然是很大的，但是距离 d 的误差对曲率半径 R 的测量误差的影响是很小的，即使认为 $\sigma(d) = \pm 5\,\mathrm{mm}$，它对 $\sigma(R)$ 的影响也是微不足道的。分划板移动距离 x' 的测量误差主要

是由自准直望远镜的调焦误差和平面反射镜的面形误差引起的。

1. 自准直望远镜的调焦误差

自准直望远镜的调焦误差是指人眼通过望远镜能同时看清楚无限远目标和分划板时,分划板实际上离开望远物镜焦平面的距离,通常用分划板在望远物镜的物方成像的距离来表示,单位为屈光度。

人眼的对准和调焦误差公式为

$$\sigma(\Delta_s) = \pm \frac{1}{2\sqrt{3}} \left(\frac{0.29\alpha_e}{\Gamma D} + \frac{1.33\lambda}{D^2} \right) \text{(屈光度)}$$

式中,α_e 是人眼的鉴别率,因为所观察的自准直像不是很亮,所以可取 $\alpha_e = 2'$;Γ 是自准直望远镜的放大率;D 是自准直望远镜的入射光瞳直径。由于 $\sigma(\Delta_s)$ 是指分划板经物镜所成的物方共轭像之间的距离,当把 $\sigma(\Delta_s)$ 换算成分划板离开物镜后焦平面的距离时,其调焦误差可以写成

$$\sigma(\Delta_s) = \pm \frac{f_T^{'2}}{1\,000} \sigma(\Delta_s) \text{(mm)}$$

考虑到在测量时,自准直望远镜要分别对平面反射镜和待测球面进行两次调焦,所以由调焦误差引起的距离 x' 的测量均方误差 $\sigma(x_1')$ 可表示为

$$\sigma(x_1') = \pm \frac{\sqrt{2} f_T^{'2}}{1\,000} \sigma(\Delta_s)$$

当 $\alpha_e = 2'$ 并取 $\lambda = 0.56\,\mu m$ 时,将其代入上式,则得到

$$\sigma(x_1') = \pm \left(\frac{0.23}{\Gamma \cdot D} + \frac{0.3}{D^2} \right) \cdot f_T^{'2} \cdot 10^{-3} \text{(mm)} \tag{5-4}$$

2. 平面反射镜的面形误差

用自准直望远镜测量待测球面的曲率半径时,平面反射镜的作用是使分划板先准确地位于望远物镜的后焦平面上,相当于在测量 x' 时给出一个零位基准。如果平面反射镜存在面形误差,则零位基准也存在误差,它必然包含在 x' 的测量误差中。如果平面反射镜的直径为 $2r$,表面面形误差为 N 个光圈,这相当于在直径 $2r$ 范围内,表面的矢高值 $h = N \cdot \lambda/2$。由于矢高 h 总是比平面反射镜所存在的实际曲率半径 R_0 小得多,则由式(5-1)可以写出

$$R_0 = \frac{r^2}{2h} = \frac{r^2}{N\lambda}$$

平面反射镜实际上是一个曲率半径为 R_0 的球面,从图 5-10 中可以看出,这时如果通过自准直望远镜看清楚了自准直像,则分划板的实际位置并不在焦平面上,而是在离焦平

面距离为 x_0 处,因此由式(5-2)可近似写出

$$x_0' = \frac{-f_T'^2}{R_0} = -\frac{N \cdot \lambda \cdot f_T'^2}{r^2} \tag{5-5}$$

式(5-5)即为当平面反射镜存在面形误差时所引起的零位基准误差。

可以设想,如果平面反射镜的表面光圈数已知且耗时,可以用式(5-5)计算出 x_0' 后,对所测得的 x' 值(见图 5-10)进行修正。实际上,因为在测量时总是选用面形较好的平面反射镜,所以对所测得的 x' 无须修正,而把平面反射镜的残留面形误差归结为 x' 值的测量误差。例如,当认为平面反射镜的残留面形误差为 1 个光圈时,则所引起的 x' 值的测量均方误差用 $\sigma(x_2')$ 表示,根据式(5-5)可以得到

$$\sigma(x_2') = \pm \frac{\lambda \cdot f_T'^2}{r^2} \tag{5-6}$$

式中,r 是所使用平面反射镜的通光口径的一半。

由式(5-4)和式(5-6)可得到测量时分划板移动距离 x' 的测量均方误差为

$$\sigma(x') = \pm \sqrt{\sigma^2(x_1') + \sigma^2(x_2')} \tag{5-7}$$

例 5-1

如测量某一球面的曲率半径,其通光口径为 60 mm。所用自准直望远镜的物镜焦距为 $f_T' = 1\,200$ mm,通光口径为 100 mm,放大率 Γ 为 48 倍。所用平面反射镜通光口径为 $2r = 100$ mm,表面面形误差符合 1 个光圈以内的要求。测量得到分划板的移动量 $x' = -35.5$ mm。待测球面到自准直望远镜物镜的距离为 $d = 40$ mm。根据式(5-2)可计算出待测球面的曲率半径 R 为

$$R = 40 - \frac{1\,200(1\,200 - 35.5)}{-35.5} = 39\,403 \text{ mm（凹球面）}$$

根据式(5-4)计算出自准直望远境调焦误差产生的移动量 x' 的测量均方误差。由于待测球面的通光口径小于自准直望远镜的通光口径,所以取 $D = 60$ mm。

$$\sigma(x_1') = \pm \left(\frac{0.23}{48 \times 60} + \frac{0.3}{60^2} \right) \times 1\,200^2 \times 10^{-3} = \pm 0.235 \text{ mm}$$

由式(5-6)计算平面反射镜面形误差产生的 x' 的测量均方误差。取 $\lambda = 0.5 \ \mu m$,则有

$$\sigma(x_2') = \pm \frac{0.5 \times 10^{-3} \times 1\,200^2}{50^2} = \pm 0.29 \text{ mm}$$

则由式(5-7)可得分划板移动量 x' 的总的测量均方误差 $\sigma(x')$ 为

$$\sigma(x') = \pm\sqrt{0.235^2 + 0.29^2} = \pm 0.80 \text{ mm}$$

由此可知，分划板移动量 x' 的测量误差是较大的，所以自准直望远镜侧面的刻度尺利用普通的游标读数就可以了。

根据前面所述有 $\dfrac{\sigma(f'_T)}{f'_T} = \pm 0.1\%$，则 $\sigma(f'_T) = \pm 1\,200 \times 0.1\% = \pm 1.2$ mm。已知 $\sigma(d) = \pm 5$ mm，则由式(5-3)可计算得曲率半径 R 的测量均方误差 $\sigma(R)$ 为

$$\sigma(R) = \pm\sqrt{\left(\frac{2 \times 1\,200}{-80} + 1\right)^2 \cdot (1.2)^2 + \left(\frac{1\,200^2}{80^2}\right)^2 \cdot (0.80)^2 + 5^2}$$

$$= \pm\sqrt{1\,211 + 32\,400 + 25} = \pm 183.40 \text{ mm}$$

则相对误差为

$$\frac{\sigma(R)}{R} = \frac{\pm 183.40}{39\,403} = \pm 0.47\%$$

5.4 刀口阴影法测量球面曲率半径

5.4.1 测量原理

刀口阴影法测量球面曲率半径的原理很简单，就是用刀口仪切割光束，根据所见到的阴影图判断待测球面的球心位置的一种方法。

图 5-12 所示为刀口阴影法测量球面曲率半径的原理示意图。其中，S 是刀口仪的小孔光源，C 是待测球面的球心。小孔光源 S 和刀口的位置在垂直于待测球面光轴的同一平面内。由几何光学成像理论可知，如果 S 位于过球心 C 的垂直于光轴的平面内，则经过待测球面反射回来的像 S' 也一定在这个平面内，此时移动刀口切割光束，刀口正好切割在由待测球面反射回来的会聚光束交点 S' 上。很显然，此时人眼在刀口后将观察到在一瞬间整个视场均匀变暗的现象。

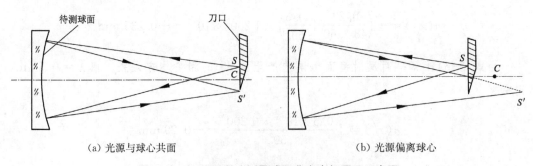

(a) 光源与球心共面   (b) 光源偏离球心

图 5-12　刀口阴影法测量球面曲率半径原理示意图

如果小孔光源 S 和刀口不是位于通过球心 C 的垂直光轴的平面内,则用几何光学成像理论很容易证明,这时小孔光源 S 和经过待测球面反射回来的像 S' 将近似对称地位于球心 C 的两边,如图 5-12(b)所示。此时移动刀口切割光束,相当于刀口位于由待测球面反射回来的会聚光束交点 S' 之前。所观察的视场内将出现阴影,而且阴影移动的方向和刀口移动的方向相同。小孔光源 S 和刀口也可以位于远离待测球面球心 C 的后面,此时,S' 将位于靠近待测球面的位置上,这时刀口相当于在会聚光束交点之后切割光束,因此所见到的阴影图情况也正好与上面所述的相反。

总之,从以上分析可以得出,根据刀口在切割光束时出现整个视场一瞬间均匀变暗的现象,可以准确地判断出通过球心并垂直于光轴的平面所在的位置。这样就可以根据此时刀口的所在位置来计算待测球面的曲率半径 R。

图 5-13 所示的刀口位置正是能观察到一瞬间整个视场均匀变暗的位置。小孔光源至刀口边缘(即 S 的像 S' 的位置)之间的距离为 δ。该距离对于刀口仪是常数,可以在刀口仪说明书中查到,通常 δ 为 3 mm 左右。图 5-13 中 C 是待测球面的球心,因此有 $SC = S'C = \delta/2$。

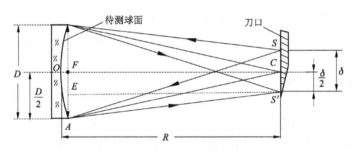

图 5-13　刀口位置

设待测球面的矢高为 $h = OF$,则在 $\triangle AFC$ 中,$AC = OC = R$,$CF = R - h$,$AF = D/2$,则有

$$R^2 = (R - h)^2 + \left(\frac{D}{2}\right)^2$$

即

$$h = R - \sqrt{R^2 - \frac{1}{4}D^2} \tag{5-8}$$

在 $\triangle AS'E$ 中,$AE = AF - EF = \frac{1}{2}(D - \delta)$,$AS' = L$,$ES' = FC = R - h = \sqrt{R^2 - \frac{1}{4}D^2}$,则有

$$L^2 = \frac{1}{4}(D - \delta)^2 + \left(\sqrt{R^2 - \frac{1}{4}D^2}\right)^2 = \frac{1}{4}D^2 - \frac{1}{2}D\delta + \frac{1}{4}\delta^2 + R^2 - \frac{1}{4}D^2$$

$$L^2 - R^2 = (L+R)(L-R) = -\frac{1}{2}D \cdot \delta + \frac{1}{4}\delta^2$$

由于 δ 是刀口仪的常数，通常值很小，因此上式中的 $\frac{1}{4}\delta^2$ 可略去不计。又因为当 δ 很小时，可以有 $L+R \approx 2L$，则有 $2L(L-R) = -\frac{1}{2}D\delta$，故

$$R = L + \frac{D\delta}{4L} \qquad (5-9)$$

式(5-9)为用刀口阴影法测量球面曲率半径的计算公式。其中，L 是刀口仪的刀口边缘到待测球面边缘之间的距离，它可以用质量较好的钢尺或卷尺直接测量出来；D 是待测球面的通光口径，为事先知道的，也可以直接测量出来；δ 是从刀口仪的小孔光源到刀口边缘的距离，此值为刀口仪的常数，可以直接查到。

5.4.2　测量误差分析

从式(5-9)可以看出，球面曲率半径测量误差的产生因素主要有刀口边缘到待测球面边缘的距离 L 的测量误差 $\sigma(L)$、待测球面通光口径 D 的测量误差 $\sigma(D)$ 和刀口仪的小孔光源到刀口边缘距离 δ 的测量误差 $\sigma(\delta)$。根据间接测量均方误差传递公式可写出

$$\sigma(R) = \pm\sqrt{\left(1+\frac{D\delta}{4L^2}\right)^2\sigma^2(L) + \left(\frac{D}{4L}\right)^2\sigma^2(D) + \left(\frac{D}{4L}\right)^2\sigma^2(\delta)} \qquad (5-10)$$

式中，δ 通常是刀口仪的设计数据，也可以直接测量，可认为 $\sigma(\delta) = \pm 0.2\ \text{mm}$；待测球面的通光口径也是直接测量获得的，其测量误差可认为是 $\sigma(D) = \pm 1\ \text{mm}$。

产生 L 值测量误差的原因有两个：一是用钢尺等直接测量时的误差，对于测量几米之内的距离，使用较好的钢尺可以保证误差在 $\pm 0.5\ \text{mm}$ 以内；二是刀口仪确定球心位置的灵敏度误差，由于这种方法是通过刀口切割光束，并观察视场中在一瞬间均匀变暗这种现象来确定球心的位置，然后在这个位置的基础上测量曲率半径的，因此如果用这种方法判断的球心位置有较大的误差，那么测量获得的曲率半径也是不准确的。刀口阴影法确定球心位置的灵敏度是相当高的，它所产生的误差与用钢尺直接测量距离 L 所产生的误差相比可以忽略不计，所以可以有 $\sigma(L) = \pm 0.5\ \text{mm}$。

例 5-2

测量得到球面的通光口径为 $D = 100\ \text{mm}$，$L = 1\,996\ \text{mm}$，所用刀口仪的常数 $\delta = 3\ \text{mm}$。

利用式(5-9)可以计算出球面的曲率半径 R 为

$$R = 1\,996 + \frac{100 \times 3}{4 \times 1\,996} = 1\,996.04\ \text{mm}$$

根据上面的叙述可知，$\sigma(\delta)=\pm0.2\,\mathrm{mm}$，$\sigma(D)=\pm1\,\mathrm{mm}$，$\sigma(L)=\pm0.5\,\mathrm{mm}$。将各项误差代入式(5-10)可得

$$\sigma(R)=\pm\sqrt{\left(1+\frac{100\times3}{4\times1\,996^{2}}\right)^{2}\times(0.5)^{2}+\left(\frac{3}{4\times1\,996}\right)^{2}\times1^{2}+\left(\frac{100}{4\times1\,996}\right)^{2}\times(0.2)^{2}}$$

$$=\pm\sqrt{0.250\,009\,4+0.000\,000\,1+0.000\,006\,2}=\pm0.5\,\mathrm{mm}$$

则相对误差为

$$\frac{\sigma(R)}{R}=\frac{\pm0.5}{1\,996}=\pm0.025\%$$

由上述计算可以看出，决定曲率半径测量精度的主要是距离 L 的测量精度，而且当 $\sigma(L)=\pm0.5\,\mathrm{mm}$ 时，精度要求很容易达到。在这种情况下，若待测球面的曲率半径为 1 米至几米时，用刀口阴影法测量的精度是相当高的。此时，如果用环形球径仪测量，则由于曲率半径 R 值较大，测量矢高值较小，所以测量误差是相当大的。在测量曲率半径为 1 米至几米的球面时，刀口阴影法的精度比环形球径仪法高。除上述介绍的方法外，还可以使用干涉仪对大曲率半径的球面进行测量，其测量精度也较高。

表 5-1 列出了上述几种测量曲率半径的方法的比较。

表 5-1　几种曲率半径测量方法

测量方法	测量范围	测量极限误差 $\dfrac{\Delta R}{R}$	优　点	缺　点
环形球径仪	凸面：5～1 200 mm 凹面：6～1 200 mm	37.5 mm < R < 550 mm 时，为 ±0.03%；R < 37.5 mm 或者 R > 550 mm 时，为 ±0.06%	测量精度高，待测球面不用抛光，操作简便，无须特别的调整	接触法测量，易损伤待测表面，对仪器制造精度的要求比较高
自准直显微镜	凸面：2～25 mm 凹面：2～1 200 mm	ΔR 约为 ±0.002 mm，相对误差为 ±(0.01%～0.1%)	测量精度高，非接触测量，不损伤表面，能测量曲率半径较小的球面	待测球面需要抛光，测量中需仔细调节
自准直望远镜	几米 ～ 几百米	±(0.2%～10%)	非接触测量，能测量大曲率半径，测量设备简单	待测球面需抛光，测量精度较低
刀口阴影法	凹面：1 米～几米	±0.05%	非接触测量，能同时检验面形局部误差，待测球面口径不受限制	待测球面必须抛光，只适用于测量凹球面，要求测量环境稍暗且振动小
干涉法	几十米～几百米	±(0.1%～0.5%)	精度比自准直望远镜法测量高，能同时检验表面面形局部误差	待测球面必须抛光并且面形较好，需要有质量很好的平面样板

第 6 章

焦距和截距的测量

在几何光学中,焦距是光学系统的特征值。只要知道焦距和焦点的位置,就能完全确定任何位置上的物体经过该光学系统所成像的位置、大小、正倒和虚实等全部信息。几何光学中有关焦距的几个定义如下:

主平面——在理想光学系统中,把横向放大率 $\beta=1$ 的一对共轭平面叫作主平面。其中的物平面称为物方主平面,像平面称为像方主平面。

主点——主平面与光轴的交点称为主点,相应的有物方主点和像方主点。

焦点——在理想光学系统中,与轴上无限远物点共轭的像点称为像方焦点,与轴上无限远像点共轭的物点称为物方焦点。

焦距——主点到焦点的距离称为焦距。相应地从物方主点到物方焦点的距离称为物方焦距,用 f 表示。像方主点到像方焦点的距离称为像方焦距,用 f' 表示。

截距——光学系统的最前面(第一个表面)顶点到物方焦点的距离称为前截距,用 l_F 表示。光学系统的最后一个表面顶点到像方焦点的距离称为后截距,用 l'_F 表示。对于一个光学系统,知道了焦距和截距的大小后,则焦点和主点的位置也就确定了。

由于主点和焦点都是空间位置上的点,所以焦距和截距无法用直接测量法精确地度量,通常都是利用几何光学中与焦距有关的物像关系式,通过间接测量其中有关的量然后计算得到的。这些关系式主要包括以下几个。

牛顿公式: $$x \cdot x' = f \cdot f' = -f'^2$$

高斯公式: $$\frac{1}{l'} - \frac{1}{l} = \frac{1}{f'}$$

横向放大率公式: $$\beta = \frac{\eta'}{\eta} = -\frac{f}{x} = -\frac{x'}{f'}$$

焦距公式: $$f' = \frac{y}{\tan \omega} = \frac{y'}{\tan \omega'}$$

式中,x 和 x' 分别为以焦点为原点的物距和像距,称为焦物距和焦像距;l 和 l' 分别为以主点为原点的物距和像距;η 和 η' 分别为理想光学系统的物高和像高;y 为位于物方焦点处的物高;ω 为物高对物方主点的张角;y' 为位于像方焦点处的像高;ω' 为像高对像方主点的张角。

本章将重点介绍几种目前比较常用、精度较高的焦距和截距测量方法。

对于所有的工作面都是平面的光学元件,如棱镜、平板玻璃等,理论上焦距值应是无限大,即使用平行光入射,出射的仍是平行光。但是由于加工误差使工作面成为曲率半径很大的球面,这样的元件将会有很大的焦距值。对于棱镜和平行平板玻璃,这样的平面光学元件实际上存在的焦距值会影响光学系统中物镜的成像质量,所以在要求较高的光学系统中,都对平面光学元件提出了最小焦距的要求。

对于普通的物镜(例如观察用望远系统的物镜),它的焦距允许误差为 $\Delta f/f = \pm 1\%$,所以一般的测量焦距的方法,只要其测量相对误差能达到千分之几以内就足够了。当然也有一些对物镜焦距要求特别严格的元件,如双目体视测量仪、平行光管物镜等,其物镜的焦距测量相对误差要求达到 1‰ 以内。

6.1 放大率法测量焦距和截距

放大率法是目前在生产中最常用的焦距测量方法,它所需要的设备简单,测量操作方便,测量精度高。

6.1.1 测量原理

图 6-1 所示是放大率法测量焦距的原理示意图。其中,O 是平行光管的物镜,L 是待测透镜,y_0 是位于平行光管物镜焦平面上的一对刻线 A 和 B 之间的间隔距离。这一对刻线经过平行光管物镜后成像在无限远处,再经过待测透镜 L 后,在它的焦平面上得到像 A' 和 B',它们之间的间隔距离为 y'。放大率法测量焦距的原理就是通过测量像的间隔距离 y' 的大小,然后计算出待测透镜的焦距。

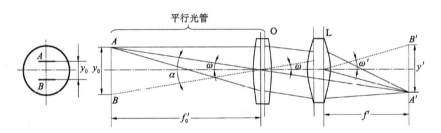

图 6-1 放大率法测量焦距的原理示意图

从图 6-1 中可以得到如下两个关系式:

$$\frac{y_0}{2f_0'} = \tan \omega, \qquad \frac{y'}{2f'} = \tan \omega' \tag{6-1}$$

由几何光学成像原理很容易得出,如果 $\omega = \omega'$,则

$$\frac{y_0}{2f_0'} = \frac{y'}{2f'} \tag{6-2}$$

$$f' = \frac{f'_0}{y_0} \cdot y' \tag{6-3}$$

式(6-3)就是用放大率法测量焦距的公式。其中，f'_0 是平行光管物镜的焦距，它是经过准确测量得到的已知值；y_0 是位于平行光管物镜焦平面分划板上的一对刻线的间隔距离，它的大小也应是已知的；y' 是这对刻线经过待测透镜所成像的间隔距离，只要测量出 y' 的大小，就很容易用式(6-3)计算出待测透镜的焦距 f'。

6.1.2 测量装置和测量方法

1. 测量装置

由上述测量原理可知，放大率法测量焦距和截距需要一个已知物镜焦距的平行光管，并且平行光管分划板上应有已知间隔的刻线。焦距仪可满足这个要求，焦距仪由平行光管、透镜夹持器、带有测微目镜的测量显微镜以及将它们连在一起的一根导轨组成（见图 6-2）。利用测量显微镜可以准确地测量出在待测透镜焦平面上所成的刻线像的间隔。通常在各种光具座上都能搭建这种装置用于测量。

测量焦距时所用的平行光管分划板的刻线形状如图 6-3 所示。该分划板上刻有 4 组间隔不同的平行线，这 4 组平行线的间隔距离分别为 $y_{01} = 3\ \text{mm}$，$y_{02} = 6\ \text{mm}$，$y_{03} = 12\ \text{mm}$，$y_{04} = 30\ \text{mm}$。刻线间隔的精度要求是很高的，相对于实际要求值的偏差应小于 0.001 mm。焦距仪的导轨长度为 2 m，上面附有一根刻度尺，格值为 1 mm，利用它可以指示测量显微镜的所在位置，这对测量截距是有用的。

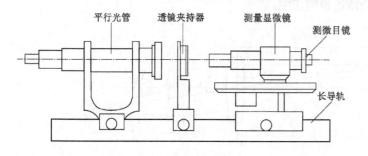

图 6-2 焦距仪结构图

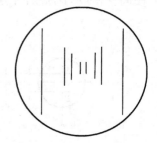

图 6-3 分划板的刻线形状

测量显微镜有多组可以更换的物镜，常见的放大率有 $10^\times$、$5^\times$、$2.5^\times$、$1^\times$、$0.5^\times$ 和 $0.33^\times$。放大率较大的显微物镜适用于焦距较短的待测透镜。$0.5^\times$ 和 $0.33^\times$ 的显微物镜具有很长的工作距离（分别为 597 mm 和 1 356 mm），它们适用于测量焦距较长的负透镜。

测量显微镜上带有螺旋丝杠式测微目镜，测微丝杠的螺距是 0.25 mm，图 6-4 所示是测微目镜的示意图。测微

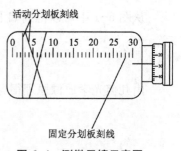

图 6-4 测微目镜示意图

丝杠转一圈,活动分划板上的刻线移动固定分划板上刻线的一格,也就是 0.25 mm。读数鼓轮上有 100 格等分划刻线,所以读数鼓轮上的一格对应于活动分划板刻线移动 0.002 5 mm。测微目镜是用于准确地测量平行光管分划板上的刻线组经过待测透镜所成的像,再经过显微物镜所成中间像的间隔。

2. 测量方法

将待测透镜安装在透镜夹持器上,调节测量显微镜,使它与待测透镜、平行光管的光轴大致一致,此时平行光管分划板在待测透镜焦平面上形成一个像。调节测量显微镜,直到在测微目镜分划板上清楚地看到这个像,最后用测微目镜测量出此像的高度。

下面用一个实际测量的例子来叙述测量和计算的步骤,并且解释每一步所达到的目标。测量显微镜的物镜放大率选用 $5^\times$,平行光管分划板上的刻线对选用 $y_0=12$ mm 这一组。具体测量步骤如下:

① 调节测量显微镜,使在视场中能无视差地看清楚平行光管分划板的像。

② 用测微目镜对所选定的那组刻线进行读数。

首先对准该组刻线左边的一条,可以得到读数 $D_1=7.611$ mm;再对准该组刻线右边的一条,可以得到读数 $D_2=21.633$ mm。两个读数之差即为测微目镜对该组刻线经显微物镜所成中间像的读数值,即

$$D=D_2-D_1=21.633-7.611=14.022 \text{ mm}$$

③ 计算分划板刻线的像经过显微物镜后中间像的大小。

由于测微目镜的测微丝杠螺距为 0.25 mm,所以上面的读数值 D 还不是中间像的大小。平行光管分划板上那组刻线经过待测物镜和显微物镜后的中间像为测微目镜读数值的 0.25 倍,即

$$H'=D\times 0.25=\frac{1}{4}D=14.022\times\frac{1}{4}=3.505\ 5 \text{ mm}$$

④ 计算平行光管分划板刻线间隔经过待测透镜所成的像 y'。

由于所选用的显微物镜的放大率是 $\beta=5$,所以中间像是由平行光管分划板刻线经过待测透镜所成的像 y' 放大 5 倍后得到的,因此有

$$y'=\frac{H'}{\beta}=\frac{3.505\ 5}{5}=0.701\ 1 \text{ mm}$$

⑤ 计算被测透镜的焦距值 f'。

由于平行光管物镜的焦距为 $f_0'=1\ 200$ mm,所选择分划板上的那一组刻线的间隔距离为 $y_0=12$ mm,则根据已计算获得的像 $y'=0.701\ 1$ mm,将这些量代入式(6-3)就可以计算出待测透镜的焦距 f',即

$$f'=\frac{f_0'}{y_0}y'=\frac{1\ 200}{12}\times 0.701\ 1=70.11 \text{ m}$$

从上面的例子中可以看出,如果测微目镜对分划板上一组刻线在测量显微镜中所成中间像间隔的读数是 D,那么此组刻线经待测透镜后的像 y' 与 D 之间有如下关系:

$$y' = \frac{D}{\beta \cdot K} \tag{6-4}$$

式中,β 是所用显微物镜的放大率;K 是测微目镜的测微丝杠螺距的倒数,在上面例子的光具座中,$K = 4$。

将式(6-4)代入式(6-3),则有

$$f' = \frac{f'_0}{y_0 \cdot \beta \cdot K} D = C_0 \cdot D \tag{6-5}$$

式中,$C_0 = f'_0 / y_0 \cdot \beta \cdot K$ 是一个常数,当选定了显微物镜的放大率 β 和平行光管分划板上的刻线组 y_0 后,C_0 值也就确定了。不同显微物镜放大率和分划板上不同的刻线组相组合时,常数 C_0 见表6-1。

表 6-1 显微物镜放大率和分划板刻线组合时的常数 C_0

y_0/mm	β					
	10	5	2.5	1	0.5	0.33
3	10	20	40	100	200	333
6	5	10	20	50	100	151.5
12	2.5	5	10	25	50	75.75
30	1	2	4	10	20	30

只要先根据 β 和 y_0 在表6-1中查得相应的常数 C_0,然后直接乘以从测微目镜读到的数值 D,就可以得到待测透镜的焦距。例如,选用 $\beta = 5$,$y_0 = 12\,\mathrm{mm}$,从表6-1中查得 $C_0 = 5$,从测微目镜读得的数值是 $D = 14.022\,\mathrm{mm}$,则有

$$f' = C_0 \cdot D = 5 \times 14.022 = 70.11\,\mathrm{mm}$$

6.1.3 测量误差分析

由式(6-3)可以看出,产生焦距测量误差的原因主要包括:平行光管物镜焦距 f'_0 的测量均方误差 $\sigma(f'_0)$、平行光管分划板刻线间隔的制造误差 $\sigma(y_0)$ 和分划刻线像间隔 y' 的测量均方误差 $\sigma(y')$。根据间接测量均方误差的传递公式(1-13)可以写出

$$\sigma(f') = \pm\sqrt{\left(\frac{y'}{y_0}\right)^2 \sigma^2(f'_0) + \left(\frac{f'_0 \cdot y'}{y_0}\right)^2 \sigma^2(y_0) + \left(\frac{f'_0}{y_0}\right)^2 \sigma^2(y')} \tag{6-6}$$

写成相对误差形式,即

$$\frac{\sigma(f')}{f'} = \pm \sqrt{\left(\frac{1}{f_0'}\right)^2 \sigma^2(f_0') + \left(\frac{1}{y_0}\right)^2 \sigma^2(y_0) + \left(\frac{1}{y'}\right)^2 \sigma^2(y')} \tag{6-7}$$

1. 平行光管物镜焦距 f_0' 的误差

对于平行光管物镜的焦距,通常应用比较准确的方法进行测定。测量的相对均方误差应达到 $\dfrac{\sigma(f_0')}{f_0'} = \pm 0.1\%$。

2. 平行光管分划板刻线间隔的误差

分划板刻线间隔的均方误差应该达到 $\sigma(y_0) = \pm 0.001 \text{ mm}$。

在光具座的调整中,为了保证测量焦距的精度,常常并不是直接控制平行光管物镜的焦距和分划板刻线间隔,而是控制由分划板上一对刻线发出的经过平行光管物镜所出射的两束平行光的夹角 α,如图 6-1 所示。由于刻线间隔 y_0 比平行光管物镜焦距 f_0' 小得多,则有

$$\alpha = y_0 / f_0'$$

对于分划板上各组刻线 $y_{01} = 3 \text{ mm}$,$y_{02} = 6 \text{ mm}$,$y_{03} = 12 \text{ mm}$ 和 $y_{04} = 30 \text{ mm}$,可以计算获得理想的夹角 α,应有 $\alpha_1 = 8'35.66''$,$\alpha_2 = 17'11.32''$,$\alpha_3 = 34'22.65''$ 和 $\alpha_4 = 1°25'56.62''$。

在调整平行光管时,用高精度的测角仪器来检查 α 角,并使 α 角符合相应的值。平行光管物镜焦距的误差和分划刻线间隔的误差可以归结为夹角 α 的测量误差。而夹角 α 的测量误差很容易达到 $\sigma(\alpha)/\alpha = \pm 0.001$,经调整的平行光管,可以使焦距测量获得较高的精度。

3. 分划刻线像间隔 y' 的测量误差

分划刻线像间隔 y' 是通过测量显微镜上的测微目镜测量得到的,测量误差包括以下几项。

（1）测量显微镜的对准误差

人眼通过测量显微镜的对准误差 ε 为

$$\varepsilon = 0.073 \frac{\delta}{\Gamma} \text{ (mm)} \tag{6-8}$$

式中,δ 是人眼直接观察时的对准误差,根据测微目镜分划板上是用叉线对准分划刻线像这种对准形式,可以取 $\delta = 10'' = 1/6$(分);Γ 是测量显微镜的放大率。对于上面所叙述的光具座,选择测量显微镜物镜放大率为 $\beta = 5$,数值孔径为 $NA = 0.14$,测微目镜的放大率为 $\Gamma_目 = 14.7$,则总放大率为 $\Gamma = 73.5$,对准误差为

$$\varepsilon = 0.073 \times \frac{1}{6} \times \frac{1}{73.5} = 0.000\,17 \text{ mm}$$

这除了考虑测量显微镜的放大率对人眼对准误差的影响外,还要考虑测量显微镜的鉴别率。成像质量较好的显微镜,其对准误差也只能达到其理论鉴别率的 $\frac{1}{10} \sim \frac{1}{6}$。由式(4-26)计算上述测量显微镜的理论鉴别率为

$$\varepsilon' = \frac{0.52\lambda}{NA} = \frac{0.52 \times 0.56}{0.14} = 2.08 \ \mu m$$

取理论鉴别率的 $\frac{1}{10} \sim \frac{1}{6}$,则该测量显微镜的对准误差在 $0.208 \sim 0.35 \ \mu m$ 之间,显然前面计算的 $\varepsilon = 0.000\ 17$ mm 是达不到的。这里取 $\varepsilon = 0.000\ 25$ mm。

由于测量分划刻线像间隔时,测量显微镜要分别对准两条刻线像,所以当由测量显微镜的对准误差引起的分划刻线像间隔 y' 的测量均方误差用 $\sigma(y'_1)$ 表示时,则有

$$\sigma(y_1') = \pm\sqrt{\varepsilon^2 + \varepsilon^2} = \pm\sqrt{2} \times 0.000\ 25 = \pm 0.000\ 35 \ mm$$

(2) 测量显微镜物镜放大率 β 的误差

由式(6-4)可以看出,引起分划刻线像间隔 y' 测量误差的因素,除了对准误差外,还有显微物镜的放大率误差 $\sigma(\beta)$ 和测微目镜的读数误差 $\sigma(D)$。如果用 $\sigma(y'_2)$ 来表示由此引起的测量均方误差,则根据式(6-4)有

$$\sigma(y_2') = \pm\sqrt{\left(\frac{D}{\beta^2 \cdot K}\right)^2 \sigma^2(\beta) + \left(\frac{1}{\beta \cdot K}\right)^2 \sigma^2(D)} \tag{6-9}$$

显微物镜的放大率是通过实际测量进行调整和检定的。其方法是利用一根已知刻线间隔的精密玻璃刻度尺,将它放在测量显微镜的工作距离位置,用测微目镜测量经过显微物镜在分划板上所成像的大小。然后通过调整显微物镜至分划板之间的间隔距离,将放大率 β 调节到所要求的值。经过这样的调整,放大率 β 的均方误差值可以达到 $\frac{\sigma(\beta)}{\beta} = \pm 0.001$。

(3) 测微目镜的读数误差

测微目镜的读数误差主要指测微目镜的测微丝杠螺距误差、读数鼓轮的分划不均匀误差以及由空回等引起的读数鼓轮上的示值误差。通常认为上述读数误差不超过鼓轮上的一格。由于测量 y' 时必须在两个位置进行读数,则测微目镜的读数误差 $\sigma(D)$ 为

$$\sigma(D) = \pm\sqrt{2} \times 0.01 = \pm 0.014 \ mm$$

用前面叙述的测量例子进行误差计算,其中 $D = 14.022$ mm,$\beta = 5$,则

$$\sigma(\beta) = \pm 5 \times 0.001 = \pm 0.005 \ mm$$

由式(6-9)计算得到测量均方误差为

$$\sigma(y_2') = \pm\sqrt{\left(\frac{14.022}{5^2 \times 4}\right)^2 \times (0.005)^2 + \left(\frac{1}{5 \times 4}\right)^2 \times (0.014)^2} = \pm 0.001 \text{ mm}$$

若考虑测量显微镜的调焦误差 $\sigma(y_1)$，则 y' 的测量均方误差为

$$\sigma(y') = \pm\sqrt{\sigma^2(y_1') + \sigma^2(y_2')} = \pm\sqrt{(0.000\ 35)^2 + (0.001)^2} = \pm 0.001\ 1 \text{ mm}$$

根据已知的 $f_0' = 1\ 200$ mm，$y_0 = 12$ mm，因为 $\dfrac{\sigma(f_0')}{f_0'} = \pm 0.1\%$，所以有 $\sigma(f_0') = \pm 1.2$ mm，$\sigma(y_0) = \pm 0.001$ mm，又由前面计算的 $y' = 0.701\ 1$ mm，则利用式(6-7)可以得到 y' 的相对误差为

$$\frac{\sigma(f')}{f'} = \pm\sqrt{\left(\frac{1}{1\ 200}\right)^2 \times (1.2)^2 + \left(\frac{1}{12}\right)^2 \times (0.001)^2 + \left(\frac{1}{0.701\ 1}\right)^2 \times (0.001\ 1)^2}$$
$$= \pm 0.19\%$$

6.1.4　透镜截距的测量

用放大率法测量焦距的同时，可以进行透镜截距 l_F' 的测量。图 6-5 所示为测量透镜截距的原理示意图。其中，y' 是位于被测透镜焦平面上的平行光管分划板刻线像 A' 和 B' 之间的间隔距离。测量焦距时，测量显微镜是调焦在像 $A'B'$ 上的，也就是待测透镜的焦平面在测量显微镜的工作距离 L 处。此时，利用测量显微镜镜座上带有的长度刻尺或导轨上的长刻度尺可以得到测量显微镜位置的一个读数，然后慢慢移动测量显微镜或者测量显微镜镜座，直到待测透镜的后表面在测量显微镜的工作距离上。这时在测量显微镜中能清楚地观察到待测透镜的表面，此时在刻度尺上又可以得到测量显微镜位置的一个读数。两次位置的读数差值即测量显微镜移动的距离，也就是待测透镜的截距 l_F'。

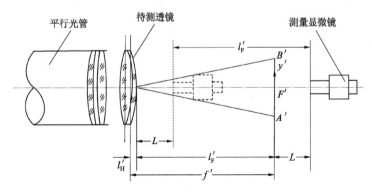

图 6-5　透镜截距测量原理示意图

测量得到截距 l_F' 后，焦点的位置就确定了。当焦距和截距确定后，主点的位置也就确定了。从图 6-5 中可看出，透镜表面到主点的距离用 l_H' 表示，则有

$$l'_{\mathrm{H}} = f' - l'_{\mathrm{F}}$$

截距 l'_{F} 的测量误差主要取决于测量显微镜的位置读数误差。如果使用仪器导轨上的长刻度尺读数,该刻度尺的格值是 1 mm,则读数误差可以认为是 ±0.5 mm。在测量显微镜镜座上附有一根长度为 270 mm 的刻度尺,它可以利用游标读数确定测量显微镜的位置。该刻度尺可以测量截距 l'_{F} 小于 270 mm 的透镜,测量误差为 ±0.1 mm。截距 l'_{F} 的测量误差还受到测量显微镜调焦误差的影响,实际上调焦误差的数值要比用刻度尺得到的显微镜位置读数误差小得多。

6.1.5 透镜焦距测量的注意事项

1. 放大率法测量负透镜焦距的注意事项

用放大率法测量透镜焦距和截距的原理对于负透镜也同样适用。图 6-6 所示为放大率法测量负透镜焦距的原理。图中,A' 和 B' 是平行光管分划板的刻线经过待测负透镜的像,显然它们位于待测负透镜的焦平面上。为了测量刻线像的间隔 y',应将测量显微镜调焦到该焦平面上。从图 6-6 中可以看出,测量显微镜的工作距离 L 必须大于待测负透镜的后表面到焦平面的距离(即后截距 $-l'_{\mathrm{F}}$)。否则,显微镜就要碰到负透镜的表面,根本无法把测量显微镜调焦到负透镜的焦平面上。由此可见,测量负透镜的焦距时,一定要采用工作距离 L 比较长的显微物镜。对于显微物镜,放大率越小,工作距离就越长;放大率越大,工作距离就越短。因此,当测量焦距比较长的负透镜时,往往需要采用放大率小于 1 的显微物镜。

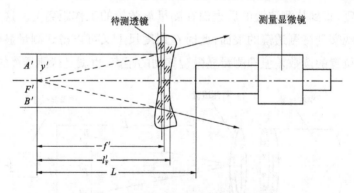

图 6-6 放大率法测量负透镜焦距原理

2. 焦距测量的注意事项

焦距测量的注意事项如下:

① 待测透镜应尽可能地在与使用情况相同的状态下进行测量,因为一个光学系统只是对特定的工作位置校正了像差。例如,测量望远物镜时,应注意对着无限远物体的表面应向着平行光管。如果位置放反了,则会由于像差较大而得不到清晰的像。在测量显微物镜的焦距时,目标物体应尽可能位于工作距离上。

②　测量装置的各部件,如平行光管、待测透镜、测量显微镜及观察望远镜等,所有部件的光轴应调节至基本重合。

③　在测量过程中,观察成像的位置不应只根据所看到的像的清晰程度来判断,应尽量根据像对分划板刻线消视差来判断。

④　测量时,应尽可能利用待测透镜在实际使用中的全部有效孔径。测量显微镜或者观察望远镜等观察读数系统也不应切割成像光束。

⑤　测量所用的目标物体(如平行光管分划板上的刻线对、放置在待测透镜焦平面上的标尺等)应尽量对称于光轴。考虑到待测透镜所允许的成像视场,在保证测量精度的情况下,目标物体的大小应尽量小一些,以减小轴外像差的影响。

⑥　平行光管的物镜焦距应适当长一些,例如比待测透镜焦距长 2～5 倍。

　　3.　放大率法测量焦距的特点

放大率法操作方便,精度较高,在普通的焦距仪上对一般物镜焦距进行测量,相对极限误差能保证在 ±1% 以内,能满足常用光学仪器的生产要求。

放大率法使用平行光管,目标物体在无限远处,因此,这种方法适用于测量望远物镜、照相物镜和目镜的焦距及截距,也可以对生产中的单透镜进行测量。

6.2　精密测角法测量物镜的焦距

6.2.1　测量原理

图 6-7 是精密测角法测量物镜焦距的原理示意图。在待测物镜的焦平面上设置一玻璃刻线尺或者分划板,其中 A 和 B 是玻璃刻线尺或者分划板上已知间隔为 $2y_0$ 的两条刻线。这两条刻线对待测物镜主点的张角为 2ω,在玻璃刻线尺或者分划板后用光源将其照亮,则从刻线 A 和 B 发出的光束经过待测物镜后成为两束互成夹角为 2ω 的平行光。用观察望远镜对准刻线 A,然后转到对准刻线 B 的位置(见图中虚线所示),观察望远镜转过的角度即为 2ω,并可以在度盘上准确地读出来。

从图 6-7 可知:

$$f' = \frac{y_0}{\tan \omega} \tag{6-10}$$

式(6-10)即为精密测角法测量焦距的公式。其中,y_0 是位于待测物镜焦平面上的两条刻线间隔 $2y_0$ 的一半,这个间隔是事先经过精密测量得到的。因此,只要测量出夹角 2ω,就可以计算出待测物镜的焦距 f'。

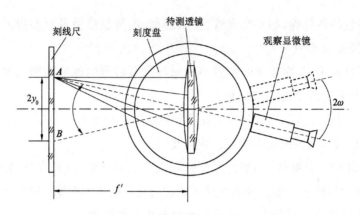

图 6-7　精密测角法测量物镜焦距原理示意图

6.2.2　测量装置和测量方法

由上述测量原理可知,精密测角法首先必须使已知间隔的刻线尺或者分划板正确地设置在待测物镜的焦平面上,然后设法准确地测量两束平行光的夹角 2ω。该测量可以在精密测角仪上进行,也可以在精度较高的经纬仪上进行。

图 6-8 所示为在精密测角仪上测量物镜焦距的原理示意图。待测物镜根据实际使用需求放置在工作台上,使用时将原本对向无限远目标的面对向主望远镜,在焦平面上设置刻度尺。为了使刻线尺能正确调节到待测物镜的焦平面上,可以在刻线尺后使用高斯式自准直目镜,在待测物镜前垂直于光轴放置一块平面反射镜。刻线尺由高斯式自准直目镜(常称为高斯目镜)的光源照亮,人眼通过高斯目镜观察从平面反射镜反射回来的自准直像。利用自准直原理把刻度尺调节到准确位于待测物镜焦平面上,调节好以后取走平面反射镜。然后利用主望远镜,先对准刻线尺上的 A 刻线,通过读数系统在度盘上可得到一个读数。再把主望远镜转到对准刻度尺上对称于光轴的刻线 B,在度盘上又可得到一个读数。两读数之差值就是所要测量的角度 2ω。刻度尺上 A 刻线和 B 刻线的间隔距离 $2y_0$ 是已知的,于是利用式(6-10)即可计算出待测物镜的焦距 f'。

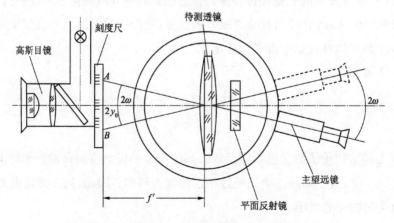

图 6-8　精密测角仪测量物镜焦距原理示意图

经纬仪测量平行光管物镜的焦距就是利用了精密测角法原理,如图 6-9 所示。平行光管的分划板上有已知间隔距离的刻线(如图 6-3 所示的测量焦距用分划板),测量时首先调整平行光管,使分划板准确地位于物镜的焦平面上,然后在平行光管的物镜前架设精度较高的经纬仪。通过转动经纬仪的观察望远镜,使其分别对准平行光管分划板上已知间隔的两条刻线,在经纬仪上可以读出夹角的数值,于是用已知的分划刻线间隔 $2y_0$ 就可计算出平行光管物镜的焦距。

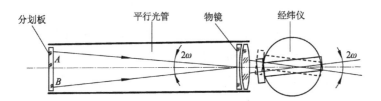

图 6-9   经纬仪测量平行光管物镜焦距原理示意图

6.2.3   测量误差分析

由式(6-10)可以得出

$$\frac{\partial f'}{\partial y_0} = \frac{1}{\tan \omega} = -\frac{f'}{y_0}$$

$$\frac{\partial f'}{\partial \omega} = \frac{y_0}{\sin^2 \omega} = \frac{y_0}{\tan \omega}\left(\frac{1}{\sin \omega \cos \omega}\right) = f'\frac{2}{\sin 2\omega}$$

则利用式(1-13)可以写出焦距 f' 的测量均方误差为

$$\sigma(f') = \pm f'\sqrt{\left(\frac{1}{y_0}\right)^2 \sigma^2(y_0) + \left(\frac{2}{\sin 2\omega}\right)^2 \sigma^2(\omega)} \qquad (6\text{-}11)$$

写成相对误差为

$$\frac{\sigma(f')}{f'} = \pm\sqrt{\left(\frac{1}{y_0}\right)^2 \sigma^2(y_0) + \left(\frac{2}{\sin 2\omega}\right)^2 \sigma^2(\omega)} \qquad (6\text{-}12)$$

由式(6-12)可知,精密测角法测量焦距的误差主要是由分划刻线尺的间隔误差 $\sigma(y_0)$ 和测角误差引起的。这里分划刻线的间隔为 $2y_0$,如图 6-7 所示。分划刻线的间隔距离测量误差可以表示为 $\sigma(2y_0) = \pm 0.001\,\text{mm}$,则 $\sigma(y_0) = \pm 0.000\,5\,\text{mm}$。测角误差 $\sigma(\omega)$ 主要取决于精密测角仪或者经纬仪的精度。需要注意的是,这里直接测量的是 2ω 角,若用精度较高的精密测角仪或者经纬仪测量,则测角均方误差可以达到 $\sigma(2\omega) = \pm 2''$,因此 $\sigma(\omega) = \pm 1''$。

例如,测量某平行光管物镜的焦距,平行光管分划板上的一对刻线的间隔为 $2y_0 = 12\,\text{mm}$,用经纬仪测得 $2\omega = 34'24.15''$,根据上面所叙述,认为 $\sigma(y_0) = \pm 0.000\,5\,\text{mm}$,

$\sigma(\omega)=\pm1''=0.5\times10^{-5}$ rad,并且 $y_0=6$ mm,$\omega=17'12.07''$。

由式(6-10)可以计算出焦距为

$$f'=6/\tan(17'12.07'')=1\,199.12 \text{ mm}$$

由式(6-12)可以计算出相对均方误差为

$$\frac{\sigma(f')}{f'}=\pm\sqrt{\left(\frac{1}{6}\right)^2\times(0.000\,5)^2+\left[\frac{2}{\sin(34'24.15'')}\right]^2\times(0.5\times10^{-5})^2}=\pm0.1\%$$

由此可见,用精密测角法测量焦距的精度是比较高的。如果使用精度更高的精密测角仪或者经纬仪,则焦距测量精度还可以提高。

需要说明的是,根据图 6-7 导出式(6-10)时,假定了分划刻线尺上的两条刻线 A 和 B 对称于光轴。如果 A 和 B 两条刻线不对称于光轴,偏离量为 Δ(见图 6-10),则用式(6-10)计算待测透镜焦距会有一定的误差。下面来导出这种误差的关系式。

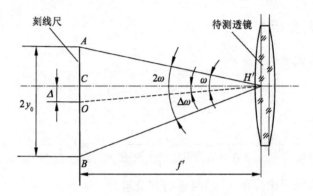

图 6-10　透镜焦距测量误差示意图

从图 6-10 中可以看出,$AC=y_0-\Delta$,$\angle AH'C=\omega-\Delta\omega$,则有

$$\tan(\omega-\Delta\omega)=\frac{y_0-\Delta}{f'}$$

$$\frac{\tan\omega-\tan\Delta\omega}{1+\tan\omega\cdot\tan\Delta\omega}=\frac{y_0}{f'}-\frac{\Delta}{f'}$$

又因为 $\tan\Delta\omega=\dfrac{\Delta}{f'}$,则有

$$\tan\omega=\frac{y_0}{f'}+\left(\frac{y_0-\Delta}{f'}\right)\cdot\frac{\Delta}{f'}\cdot\tan\omega \tag{6-13}$$

$$f'=\frac{y_0}{\tan\omega}+\left(\frac{y_0-\Delta}{f'}\right)\Delta$$

式(6-13)就是当间隔为 $2y_0$ 的两条分划刻线与光轴不对称,偏离量为 Δ 时,根据测量得到

的 2ω 角计算待测透镜焦距的准确计算公式。

与式(6-10)相比较可以看出,当用式(6-10)代替式(6-13)计算时,存在的原理误差 $\Delta f'$ 为

$$\Delta f' = (y_0 - \Delta) \cdot \frac{\Delta}{f'} \qquad (6\text{-}14)$$

在一般待测物镜焦距比较长时,偏离量 Δ 的影响很小。例如,当 $y_0 = 6$ mm,$\Delta = 2$ mm,$f' = 1\,200$ mm 时,$\Delta f' = 0.007$ mm,可见焦距的计算误差 $\Delta f'$ 可以忽略不计。当待测物镜焦距较短,并且测量精度要求较高时,应注意到偏离量 Δ 的影响。

6.2.4 测量的注意事项

精密测角法测量物镜焦距的注意事项主要包括以下几方面:

① 测量时应注意待测物镜的轴外像差的影响,通常选择的分划刻线间隔不要太大,也就是由测角仪测量得到的 2ω 值不能太大。对于焦距较长的平行光管物镜,有效的视场角都很小,只有 $1°\sim2°$;对于照相物镜,虽然实际使用的视场角较大,但在测量时,为了减小畸变等像差的影响,应选择较小的 2ω 角来测量焦距。

② 精密测角法具有较高的测量精度,适用于平行光管物镜焦距的测量,也可用于照相物镜焦距的测量。

③ 精密测角法不能用来测量负透镜的焦距。

第 7 章

光学系统光度特性的测量

光通过光学系统在像平面上成像的光能量及其分布,是各类光学系统的重要质量指标。本章主要介绍光学系统的透过率、杂光系数和照相物镜像平面照度分布均匀性等光度特性的测量原理及测量方法。

7.1 光学系统透过率的测量

7.1.1 光学系统透过率的基本概念

光学系统的透过率可分为光谱透过率和积分透过率两种。

光学系统的透过率反映了光经过光学系统后的光能量的损失程度。对目视观察仪器来说,透过率较小,则意味着使用这样的仪器观察时主观亮度较低。如果这些仪器对于某些波长光的透过率特别小,则观察时视场里就会产生不应有的带色现象,例如所谓的"泛黄"现象。对照相系统来说,若透过率低,则直接影响像平面上的照度,照相时要增加曝光时间。对彩色照相物镜来说,如果对于各种波长光的透过率差别太大,则会影响彩色还原效果。因此,光学系统的透过率也是成像质量的重要指标之一。批量生产的仪器,因为经过定型工艺处理能保证一定的透过率,所以并不需要对每台仪器的透过率都进行测量,而在研制和试制阶段的仪器,对其透过率的测量是很重要的。

光学系统的透过率是指从仪器出射的光通量 F' 与入射光通量 F_0 的比值,通常用符号 τ,并用百分数表示,即

$$\tau = \frac{F'}{F_0} \times 100\% \tag{7-1}$$

光学系统透过率的减小是由光学元件表面的反射和光学玻璃材料内部的吸收等原因造成的。由于光学元件表面反射率和内部吸收情况都与入射光的波长有关,所以光学系统的透过率也随入射光波长的改变而改变,即透过率 τ 应该是入射光波长的函数,现用 $\tau(\lambda)$ 来表示,则式(7-1)应写为

$$\tau(\lambda) = \frac{F'(\lambda)}{F_0(\lambda)} \times 100\% \tag{7-2}$$

式中，$F_0(\lambda)$ 和 $F'(\lambda)$ 分别表示对应入射光波长为 λ 时的入射光光通量和透射光光通量。通常把 $\tau(\lambda)$ 称为光学系统的光谱透过率。为了研究光学系统透过光的情况，特别是对于彩色照相机镜头和彩色放映机镜头在色度方面的质量情况，则必须对待测系统的光谱透过率进行测量。一般情况下为了简化测量，常用规定色温下的白光作为光源。如果规定色温的相对光谱能量分布为 $P(\lambda)$，人眼的视见函数为 $V(\lambda)$，待测系统的光谱透过率为 $\tau(\lambda)$，则式(7-1)可以写为

$$\tau = \frac{\int_{\lambda_1}^{\lambda_2} P(\lambda)V(\lambda)\tau(\lambda)\mathrm{d}\lambda}{\int_{\lambda_1}^{\lambda_2} P(\lambda)V(\lambda)\mathrm{d}\lambda} \times 100\% \tag{7-3}$$

式中，$\lambda_1 \sim \lambda_2$ 是可见光波的波长范围。通常把式(7-3)定义的透过率称为光学系统的积分透过率，有时也称为白光透过率。由式(7-3)可以看出，只要统一规定光源的色温，即规定光源的相对光谱能量分布，则分别测量出进入和出射光学系统的光通量就可以知道积分透过率 τ。反过来，利用积分透过率这个单一数值指标就可以对光学系统之间的透过率进行比较。因此，一般情况下只测量光学系统的积分透过率就够了，只有在需要进一步分析的情况下才测量光谱透过率。

关于光源的色温规定，应该使它的辐射光的相对光谱能量分布和被观察或者被拍摄目标光辐射的相对光谱能量分布相一致。例如，对于白天使用的望远系统仪器，测量时所用的光源色温应与白天平均照明光的相对光谱能量分布相同，有人建议采用由国际照明委员会(CIE)推荐的 D_{65} 标准光源。表 7-1 给出了 D_{65} 标准光源的相对光谱能量分布值。在测量要求不是很高时，采用普通的钨丝白炽灯作为光源也是可以的。

表 7-1　D_{65} 标准光源的相对光谱能量分布值

λ/nm	$P(\lambda)$	λ/nm	$P(\lambda)$	λ/nm	$P(\lambda)$	λ/nm	$P(\lambda)$
300	0.03	430	86.7	560	100.0	690	69.7
310	3.3	440	104.9	570	96.3	700	71.6
320	20.2	450	117.0	580	95.8	710	74.3
330	37.1	460	117.8	590	88.7	720	61.6
340	39.9	470	114.9	600	90.0	730	69.9
350	44.9	480	115.9	610	89.6	740	75.1
360	46.6	490	108.8	620	87.7	750	63.6
370	52.1	500	109.4	630	83.3	760	46.4
380	50.0	510	107.8	640	83.7	770	66.8
390	54.6	520	104.8	650	80.0	780	63.4
400	82.8	530	107.7	660	80.2	790	64.3
410	91.5	540	104.4	670	82.3	800	59.5
420	93.4	550	104.0	680	78.3	810	52.0

7.1.2　望远系统透过率的测量

1. 用积分球透过率测定仪测量

望远系统透过率可以用普通的由积分球作为接收器的透过率测定仪测量。图7-1所示为用积分球测量望远系统透过率的原理示意图。该仪器由点光源平行光管和积分球接收器两部分组成。点光源平行光管实际上是分划板由一块小孔板代替的平行光管。小孔位于平行光管物镜的焦点上，由光源通过聚光镜照明。接收器部分由积分球、光电池和检流计组成。可变光阑限制从点光源平行光管出射的轴向平行光束。测量时，先不放待测望远系统，而是调节可变光阑使由点光源平行光管出射的光束全部进入积分球，也就是使轴向平行光束的口径比积分球的入射孔直径稍小一些（如图7-1中虚线所示），这个过程称为空测。此时从检流计上可以读出数值 m_0。然后将待测望远系统放在光路中，并调节到经过它出射的光束全部进入积分球，这个过程称为实测。这时从检流计上又可得到数值 m_1。很显然，待测望远系统的积分透过率为

$$\tau = \frac{m_1}{m_0} \times 100\% \tag{7-4}$$

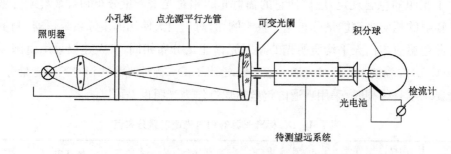

图 7-1　用积分球透过率测定仪测量望远系统透过率的原理示意图

用积分球透过率测定仪测量望远系统透过率时应注意的事项主要包括以下几点：

① 为了使点光源平行光管出射足够的光能量，应调节照明器使灯泡的灯丝经过聚光镜正好成像在小孔上。灯泡的色温应控制为所规定的与待测仪器使用时的光辐射色温相接近的值。

② 在整个测量过程中，照明灯泡的发光强度应保持稳定。因此，灯泡必须由稳压（或稳流）电源供电。另外，接通电源后应使灯泡点燃5～10 min后再进行测量。为了检查光源是否稳定，在放上待测望远系统得到实测时的读数后，可以先取走仪器再进行空测并读数一次。如果两次空测读数值相差不大（例如差值不超过读数值的1%），则可认为光源是稳定的。这时可以取两次读数的平均值作为计算时的空测读数。

③ 望远系统的透过率一般是指轴向透过率，测量时应先把待测望远系统的视度归零。当把待测望远系统放入光路中后，应使它的光轴和点光源平行光管的光轴大致对准。

此时,通过目镜在待测望远系统的分划板上可以看到点光源平行光管的小孔像。必须把小孔的像调节到视场中央区域,但是注意小孔的像不能成在分划刻线上。

④ 待测望远系统的外露光学表面必须是清洁的。测量时应注意不允许光学元件表面有灰尘、手指印或其他附着物遮挡光线。测量前要仔细擦拭干净。

⑤ 要求准确测量时,除了要控制光源的色温外,还应对光电池的光谱灵敏度进行修正。通常在光电池前加滤光片,把光谱灵敏度校正到与视见函数相一致。

⑥ 测量应在暗室中进行。

2. 用附加透镜式透过率测定仪测量

在实际测量中,还常常使用另外一种有附加透镜的透过率测定仪测量望远系统的透过率,图 7-2 便是这种测量仪器的测量原理示意图。该测量仪器也是由点光源平行光管和接收器两部分组成的。图中,接收器是光电池。由于光电池表面各个位置上的光电灵敏度是有差别的,所以在空测和实测时必须考虑使投射到光电池表面的光束面积和光束的结构情况相同,为此在该仪器中使用了两块附加透镜,如图 7-2 所示。这两块附加透镜的厚度与玻璃材料是一样的,所以可认为它们在光路中的透过率是相同的。

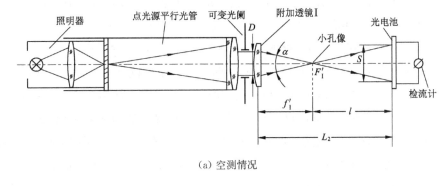

(a) 空测情况

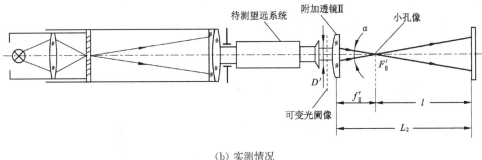

(b) 实测情况

图 7-2　用附加透镜式透过率测定仪测量望远系统透过率的原理示意图

在空测时,附加透镜 I 设置在可变光阑附近,如图 7-2(a)所示。光经过附加透镜 I 后,在焦点 F'_I 处形成点光源平行光管小孔的像。成像光束孔径角为 α,将光电池设置在距离小孔像为 l 处,则投射在光电池表面的光束直径为 S。在实测时,把附加透镜 II 设置在经过待测系统所形成的可变光阑像的附近,在附加透镜 II 的焦点 F'_{II} 处形成点光源平行光管小孔的像,同时将光电池设置在距离小孔像为 l 处。可以看出,为了使投射在光电池表面的光束直径与空测时的直径 S 相同,则经过附加透镜 Ⅱ 的成像光束孔径角也必须是 α。

由图 7-2 可以看出,在空测时有 $D = 2f'_{\text{I}} \cdot \tan(\alpha/2)$,而在实测时有 $D = 2f'_{\text{II}} \cdot \tan(\alpha/2)$。其中,$D$ 是可变光阑孔的直径;D' 是经过待测望远系统所形成的可变光阑像的直径。如果待测望远系统的放大率为 Γ,则有 $\Gamma = D/D'$。于是为了使空测和实测时光束的孔径角相等,附加透镜 Ⅰ 和附加透镜 Ⅱ 的焦距必须满足下式:

$$f'_{\text{I}} = \Gamma \cdot f'_{\text{II}} \tag{7-5}$$

其中,附加透镜 Ⅰ 或者 Ⅱ 的焦距实际大小,可以根据光电池表面的光束直径 S、测量时允许选取的光电池离开小孔像位置的距离 l 以及由待测望远系统入射光瞳直径所限制的可变光阑直径 D 来确定。从图 7-2(a)中很容易得出:

$$f'_{\text{I}} = \frac{D}{S} \cdot l \tag{7-6}$$

若 f'_{I} 已知,则由式(7-5)可得 f'_{II}。

所谓投射到光电池表面的光束结构问题,是由点光源平行光管的小孔有一定的大小(通常为 1 mm 左右)引起的,如图 7-3 所示。设点光源平行光管上小孔板的小孔直径为 a,经过附加透镜 Ⅰ 后在焦平面上形成的小孔像的直径为 a'。由于小孔有一定大小,所以从点光源平行光管出射的已不再是单一的轴向平行光束。同样,由可变光阑上通过的也不再是单一的轴向光线,而是一束由小孔的像所限制的光束。从图 7-3 中可以看出,经过附加透镜 Ⅰ 后射到光电池表面的已不再是照度均匀、边缘清晰的圆斑,所得到的是边缘照度逐渐下降的光斑,图 7-3 右边的曲线表示了照度的下降。为了保证在实测和空测时,入射到光电池表面的光照度分布规律相同,必须保证由附加透镜 Ⅰ 和附加透镜 Ⅱ 出射的光束结构一样。因为光电池表面的光电灵敏度在不同的位置上是不一样的,所以必须保持光束结构相同才能得到准确的测量结果。

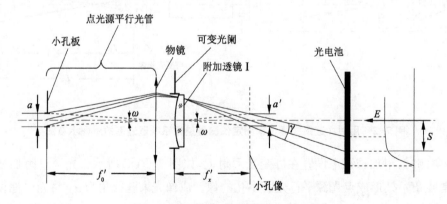

图 7-3 投射到光电池表面的光束结构

光束结构的调节可以通过移动附加透镜和光电池来实现,如图 7-4 所示。由于附加透镜 I 和附加透镜 II 焦距之间的关系为 $f'_I = \Gamma \cdot f'_{II}$,则很容易证明:如果点光源平行光管的小孔直径为 a,空测时在附加透镜 I 的焦平面上小孔像的直径为 a',则在实测时,经过待测望远系统和附加透镜 II 后,在附加透镜 II 的焦平面上形成的小孔像也是 a',两者相等。在图 7-4(b)中,AA 是实测时可变光阑经过待测望远系统的像,其直径 $D' = D/\Gamma$,$A'A'$ 是可变光阑经过附加透镜 II 所成的像。现使附加透镜 II 和光电池一起移动,则虚像 $A'A'$ 的位置也移动。总是可以调节到这样一个位置,使 $A'A'$ 到附加透镜 II 的焦平面的距离为 f'_I,如图 7-4(b)中所示。这时由 AA 所成像的横向放大率为

$$\beta = \frac{(-f'_I)}{f'_{II}} = \Gamma$$

即这个位置上的横向放大率等于待测望远系统的放大率。虚像 $A'A'$ 的直径为 $D = \Gamma D'$,即可证明当可变光阑经过待测望远系统的像 AA 再经附加透镜 II 成像时,如果像位于距附加透镜 II 的焦平面的距离为 f'_I 处,则像 $A'A'$ 的直径正好等于原来可变光阑的直径 D。 比较图 7-4(a)和图 7-4(b),可以很清楚地看出,这时空测从附加透镜 I 出射的光束结构和实测时从附加透镜 II 出射的光束结构是一样的,因此可以保证射到离小孔像距离为 l 的光电池上的光斑照度分布情况是一样的。

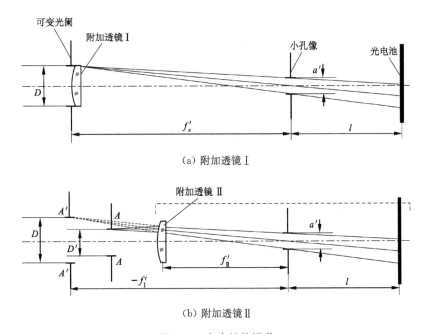

（a）附加透镜 I

（b）附加透镜 II

图 7-4　光束结构调节

实际的测量过程如下:

① 根据待测望远系统的入射光瞳直径设置可变光阑的直径 D(实际仪器上提供了一套包含各种直径的固定光阑以便选用),通常选择直径 D 为待测望远系统入射光瞳直径的

0.7～0.9倍。根据所选定的直径 D、光电池的表面直径 S 和光电池到小孔像的距离 l，利用式(7-6)就可以计算出附加透镜 Ⅰ 的焦距 f'_I。

② 将附加透镜Ⅰ放置在图 7-2(a)所示的可变光阑附近进行空测，通常在调节光电池位置时先用一块毛玻璃代替，在毛玻璃上刻有两个同心的圆圈，内圆的直径与光电池的工作部位相同，外圆是供参考用。从图中可看出，把毛玻璃放在离附加透镜Ⅰ大致距离为 $L_1 = l + f'_I$ 处，这时在毛玻璃上可以看到一亮斑。前后调节毛玻璃，直到使看到的亮斑大小和毛玻璃上内圆大小相同并且重合。然后在毛玻璃位置上换上光电池，此时从检流计上可以得到空测时读数 m_0。

③ 将附加透镜Ⅰ取下，放上待测望远系统进行实测，使该望远系统的光轴和点光源平行光管的光轴大致对准，人眼通过目镜使观察到的点光源平行光管的小孔像和分划板的中心重合，但是不能使分划刻线挡住小孔像。在待测望远系统后面放置附加透镜Ⅱ，同样用毛玻璃代替光电池进行调节。使毛玻璃和附加透镜Ⅱ之间的距离准确调节到 $L_2 = l + f'_{II} = L_1 = (f'_I - f'_{II})$，该数值可以在仪器装置附有的标尺上直接指示出来。然后一起移动附加透镜Ⅱ和毛玻璃，直到在毛玻璃上看到的亮斑大小再次与内圆大小相同并且重合。在毛玻璃位置上换上光电池，这时从检流计上可以得到实测时的读数 m_1。于是待测望远系统的透过率为

$$\tau = \frac{m_1}{m_0} \times 100\%$$

用附加透镜式透过率测定仪测量应注意的事项与用积分球透过率测定仪测量的相同。

3. 望远系统光谱透过率的测量

为了进一步研究望远系统仪器光度方面的性能，常常需要测量光谱透过率。这种测量在积分球透过率测定仪上测量比较方便，如图 7-1 所示。此时点光源平行光管的小孔板处可以用单色仪出射狭缝代替，要注意出射狭缝的高度应限制在空测时光能全部进入积分球。改变单色仪的波长手轮，以一定的波长间隔 $\Delta\lambda$，且每改变一种波长进行一次空测和实测，则得到各种对应波长的透过率。这样进行一系列的测量就能得到待测望远系统的光谱透过率。

由于从单色仪出射狭缝出射的光比较弱，因此在积分球上可以用光电倍增管代替光电池。如果不用单色仪，也可以用相隔一定间隔 $\Delta\lambda$ 的一系列干涉滤光片来测量。将干涉滤光片加在如图 7-1 所示的照明器和小孔板之间，也可以加在可变光阑附近。每更换一种波长的干涉滤光片就进行一次测量，测量方法和测量积分透过率的相同。

7.1.3　照相系统透过率的测量

1. 用积分球透过率测定仪测量

照相系统透过率的测量方法和望远系统透过率的测量基本上是相同的。它也可以用

图 7-1 所示的积分球透过率测定仪进行测量。图 7-5 所示为照相系统透过率测量原理示意图。测量时也分成空测和实测两步,图 7-5(a)所示为空测情况。由点光源平行光管出射的平行光束经过可变光阑后进入积分球。可变光阑的口径应稍小于积分球入射孔的直径,以保证全部光束进入积分球。积分球应尽量靠近可变光阑,因为点光源平行光管的小孔总是有一定的大小的,所以出射的光束中有轴外光束。如果积分球离可变光阑较远,则有可能使轴外光束射到积分球入射孔之外。调节好之后,从检流计上得到空测时的读数 m_0。

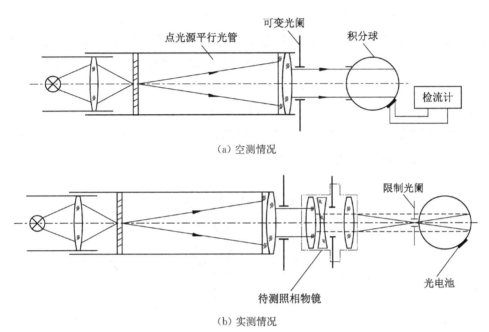

（a）空测情况

（b）实测情况

图 7-5　照相系统透过率测量原理示意图

图 7-5(b)所示为实测情况。实测时可变光阑的口径应保持和空测时一样。将待测照相物镜放入光路中,并使它的光轴和点光源平行光管的光轴大致对准。此时在待测照相物镜的焦平面处可以看到点光源平行光管的小孔像。在该像的后面放置积分球,并注意使光束全部进入积分球。另外,为了避免由于待测物镜内部多次反射的杂光和其他方向的杂光进入积分球,可以在小孔像处设置限制光阑。该限制光阑的孔可稍大于小孔像。调节好后,从检流计上可读得实测时的读数值 m_1。于是待测照相物镜的透过率 τ 为

$$\tau = \frac{m_1}{m_0} \times 100\%$$

积分球内壁的涂层不均匀也会影响测量精度,所以在实测过程中调节积分球的位置时,最好使直接投射到积分球壁上的光束直径与空测时投射到积分球壁上的光束直径相等。图 7-5(b)中虚线所表示的就是空测时的光束大小。

测量时光源色温应控制在与待测照相物镜使用情况下光源的相对光谱能量分布相一致,光电池的光谱灵敏度应校正到与感光底片相一致。

在图 7-5 所示的测量方法中,由于积分球的入射孔直径通常较小,所以在测量中所利用的入射光束直径与待测照相物镜的入射光瞳直径相比是比较小的。有时把这样的透过率称为照相物镜的近轴透过率。有的照相物镜还需要测量入射光束充满整个入射光瞳时的透过率,这样的透过率称为照相物镜的全孔径透过率。测量全孔径透过率可利用在光路中附加一块透镜的方法,图 7-6 所示为附加透镜的透过率测量系统原理示意图。测量时,将可变光阑的口径开到稍小于待测照相物镜的入射光瞳直径。图 7-6(a)所示为空测情况,在可变光阑附近设置附加透镜,它把光束会聚在焦点附近形成小孔像。将积分球放置在小孔像处,并使光束全部进入积分球。由于积分球入射孔位于小孔像处,所以入射孔直径可开得较小,有利于测量精度的提高。图 7-6(b)所示为实测情况,在待测照相物镜的焦平面上形成小孔像。为了在测量中消除附加透镜的影响,将空测时用的附加透镜放置在小孔一次像之后再一次对它成像,将积分球的入射孔设置到小孔二次像处,在小孔一次像处可设置限制光阑把其他杂散光挡去。

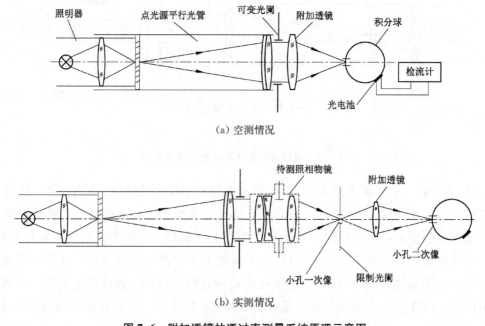

(a) 空测情况

(b) 实测情况

图 7-6　附加透镜的透过率测量系统原理示意图

对于按近距离目标设计的摄影镜头,如投影物镜、制版镜头等,在测量透过率时应使光源小孔位于待测物镜使用时的物平面位置上,如图 7-7 所示。在光源小孔板前设置孔径光阑,用它来控制测试光束的孔径。应注意通过孔径光阑的光束应无阻碍地通过待测物镜。测量时,为了使用入射孔直径较小的积分球,也可以使用如图 7-6 所示的附加透镜的方法。

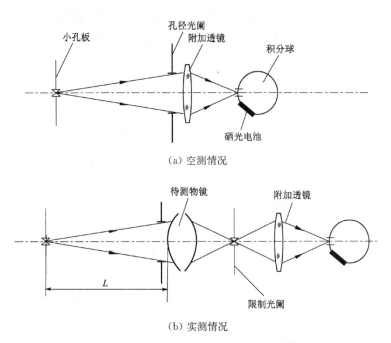

（a）空测情况

（b）实测情况

图 7-7　附加孔径光阑的透过率测量系统原理示意图

照相物镜的透过率一般都是指轴向透过率,也有某些广角照相物镜需要研究其透过率(特别是光谱透过率)随视场变化的情况。测量轴外透过率时,只要使待测照相物镜大致绕其入射光瞳中心旋转相应的视场角即可。需要注意的是,测量光束中心应与入射光瞳中心重合,测量光束的口径应在保证不被切割的情况下通过待测物镜,积分球应正对入射光束。

2. 照相物镜光谱透过率的测量

对于彩色摄影用的物镜,单一的积分透过率数值不能反映出其在成像过程中的彩色效果。光谱透过率是这种照相物镜的更为重要的质量指标,因为如果要对物镜进行色度方面的评价,那么首先必须知道光谱透过率。

照相物镜光谱透过率的测量方法与积分透过率测量是一样的,也可以用图 7-6 所示的测量装置进行测量,只是照明器可以由单色仪代替,并使单色仪的出射狭缝位于小孔板处(即位于点光源平行光管的物镜焦平面),狭缝的长度应控制在所有的光能够全部进入积分球。测量时也可采取间隔一定波长测量一个透过率值的点测法。如果不用单色仪,也可以使用一套相应波长间隔的干涉滤光片。测量时,可以将干涉滤光片放在点光源平行光管和照明器之间,也可以放在积分球入射孔之前。由于测量各单色光的透过率时光比较弱,所以积分球上可利用光电倍增管代替光电池。光电倍增管的阴极通常选用在测试光谱波长范围内具有较高灵敏度的型号。

无论是测量积分透过率还是光谱透过率,其测量值都与测量条件直接有关。这些测量条件包括光源的色温、测量光束的口径、单色仪的单色性、测量时波长间隔的选取以及积分球的大小等。为了能使所得到的测量结果互相进行比较,必须制定统一的测量条件标准。下面是国际标准化组织(ISO)对照相物镜光谱透过率测量条件的标准提出的几点建议:

① 单色仪出射狭缝的高度必须小于平行光管物镜焦距的 1/30。对于有限远物距下工作的照相物镜,位于物平面的单色仪出射狭缝高度应小于物距(以节点为准)的 1/30。如果物距足够长,则允许使用平行光管,并调节平行光管物镜使单色仪狭缝像成在应有的物距上,此时,单色仪出射狭缝的高度必须小于出射狭缝像到物镜之间距离的 1/30。

② 测量光束直径应等于待测照相物镜入射光瞳直径的一半,并且应位于入射光瞳的中心区域。为了检查和调整测量光束在待测物镜入射光瞳面上的直径和位置,可以采用图 7-8 所示的方法。在待测物镜之后放置漫射光源(可以由灯泡和毛玻璃组成),在平行光管物镜与小孔之间倾斜放置一块平面反射镜,人眼位于平行光管物镜焦点处观察。在漫射光的照射下,人眼能同时观察到可变光阑和待测物镜的入射光瞳。调整可变光阑和待测物镜入射光瞳的直径及方向互相重合,再将可变光阑的直径缩小一半。

③ 积分球的直径和位置应使射到积分球后壁上的光束直径为可变光阑直径的 0.5～2 倍。另外,进入积分球的光束直径不得超过积分球入射孔直径的 3/4,并且光束位于入射孔的中央。

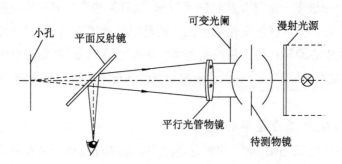

图 7-8 检查和调整光束位置系统

④ 对于一般的照相物镜,测量光谱透过率的波长范围建议是 360～700 nm。测量波长间隔的选取原则是:当每纳米的透过率变化量大于 0.2% 时,波长间隔为 20 nm,否则取 40 nm。对于普通的照相物镜,所用波长通常在 460 nm 以下,可取波长间隔为 20 nm,因为波长在 360～460 nm 范围内光谱透过率的变化较大。如果要利用测量值进行色度计算,则至少要求波长在 360～680 nm 范围内,波长间隔取为 20 nm。

⑤ 单色仪的出射光束应使其宽度最大值是 10 nm。如果使用窄带滤光片,在透过率变化量小于每纳米为 0.2% 的波长范围内,则滤光片的半宽度选为 20 nm 就足够了。对于普通照相物镜,当波长在 460～700 nm 之间时,选取滤光片半宽度为 20 nm 就足够了;当波长小于 460 nm 时,则滤光片半宽度应适当小些。

在测量时还应将待测照相物镜的外露光学表面擦拭干净。测量应在暗室内进行并注意由仪器照明光引起的杂散光不能进入积分球。
光电接收元件应有足够好的线性,特别是在整个测
量过程中应保持光源的稳定。为了减小由光源的
不稳定引起的测量误差,可以采用图 7-9 所示的双
积分球方法。该方法使用了两个积分球,一个作为
参考积分球,一个作为测试积分球,它们分别连接
检流计。参考积分球用于观察光源的变化。例如,
在空测时,由参考积分球得到的读数为 m_R°,由测

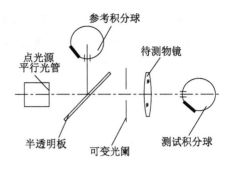

图 7-9　双积分球测量系统

试积分球得到的空测读数为 m_t°,并以测量时刻光源发出的光能量为基准;在实测时,由
参考积分球得到的读数为 m_R',由测试积分球得到的读数为 m_t'。如果 $m_R^\circ = m_R'$,则表示光
源发出的光通量在变化,其变化量为 $(m_R' - m_R^\circ)$。现将实测时得到的读数 m_t' 换算到作为
基准时刻时应有的读数 m_t,则有

$$m_t = m_t' \cdot \frac{m_R^\circ}{m_R'}$$

这里的 m_t 为在基准时刻进行实测时应该得到的实测读数值,于是透过率 τ 可写为

$$\tau = \frac{m_t}{m_t^\circ} = \frac{m_t'}{m_t^\circ} \cdot \frac{m_R^\circ}{m_R'} \times 100\%$$

或者

$$\tau = \frac{m_t'}{m_R'} \cdot \frac{m_R^\circ}{m_t^\circ} \times 100\% \tag{7-7}$$

式(7-7)就是用参考积分球和测试积分球分别在空测和实测时得到 4 个读数值后的待测
物镜的透过率计算公式。这样即使测量光源有变化,也不会对测量结果产生影响。

上述方法特别适用于光谱透过率的测量,因为一开始可取得对应一系列波长的空测
读数 m_R° 和 m_t°,装上待测物镜后就可进行一系列波长的测量,所以在对所有波长进行测
量时只需要进行一次空测。

7.2　光学系统杂光系数的测量

7.2.1　光学系统的杂光问题

光学系统成像时,到达像平面或者进入观察者眼睛的光可以分为参与成像的光和不
参与成像的光两部分。不参与成像的光称为杂光,它的存在使像平面上附加了一部分照

度,从而降低了所成像的对比度。现如果考虑在暗背景上成一个亮像,在光学系统的视场范围内像的照度为 E_0,背景的照度为 E',则当不考虑杂光时,亮像和背景($E_0 > E'$)之间的对比度 C_0 可以表示为

$$C_0 = \frac{E_0 - E'}{E_0} \tag{7-8}$$

如果考虑杂光,并假定杂光是均匀地分布在像平面上的,且所形成的照度为 ΔE,则在像平面上像和背景的照度将同时增加 ΔE,于是成像的对比度 C' 为

$$C' = \frac{(E_0 + \Delta E) - (E' + \Delta E)}{E_0 + \Delta E} = \frac{E_0 - E'}{E_0 + \Delta E} = \frac{C_0}{1 + \dfrac{\Delta E}{E_0}}$$

设 $k = \dfrac{\Delta E}{E_0}$,并称 k 为杂光率,则上式可写为

$$C' = \frac{C_0}{1 + k} \tag{7-9}$$

式(7-9)表示随着杂光率的增大,像平面的对比度下降。对望远系统来说,杂光的存在会使仪器的鉴别率降低,观察距离缩短;对照相系统来说,杂光会使所拍摄的底片上像的层次减少。因此,一个光学系统的杂光程度会直接影响成像质量和仪器的使用效果。尤其是当前对光学仪器的成像质量提出了越来越高的要求,光学仪器对杂光的控制或者消除已成为研制高性能光学仪器的突出问题。

光学仪器产生杂光的主要原因包括:光学元件抛光表面之间的多次反射光;透镜边缘和棱镜的非工作面上的散射光;光学元件抛光表面的疵病(麻点、划痕等)散射的光;玻璃材料内部缺陷(气泡、条纹等)形成的散射光;光学元件胶合面也可能产生一些散射光;光学元件(如分划板)表面的刻线产生的散射光。此外,光学系统视场之外的发光源射到光学元件表面和镜框上的光会形成反射光和散射光,射到仪器镜筒内壁上也会产生反射光和散射光。对照相机来说,光阑和快门叶片表面的反射是产生杂光的主要原因,此外感光乳剂层也会引起一部分散射光。对望远镜来说,观察者眼球表面也可能把一部分光反射回仪器而形成杂光。

关于衡量光学系统杂光大小的指标目前还没有统一规定,已经提出的有以下两种方法:

一种方法是根据杂光在像平面上的分布是均匀的,提出用杂光系数 η 来衡量仪器杂光的大小。这时,如果光学系统对均匀发光物平面成像时像平面上的照度是均匀的,那么这时的照度是由成像光束引起的照度 E_0 和杂光引起的附加照度 ΔE 相叠加形成的。所谓杂光系数,就是指像平面上由杂光引起的附加照度 ΔE 与总的照度 E 之比,即

$$\eta = \frac{\Delta E}{E} = \frac{\Delta E}{E_0 + \Delta E} \tag{7-10}$$

在这样的定义下要实现杂光系数的测量是比较容易的。只要使待测光学系统对在亮度均匀背景下的一个亮度严格等于零的目标成像,测量出目标像上的照度,就是由杂光引起的附加照度 ΔE,再测量出像平面上背景处的照度就是$(E_0 + \Delta E)$,这样就可以得出杂光系数。这种测量杂光系数的方法称为"黑纹"法。这里应指出,由于产生杂光的原因是多种多样的,所以利用"黑斑"(因目标亮度为零,相当于亮背景下的一个黑斑)测量杂光系数的方法来衡量被测仪器的杂光大小,在很大程度上取决于测量装置本身的参数,例如均匀亮背景的大小和"黑斑"目标的尺寸等。尽管这样,由于这种测量方法本身很简单,而且所需的测量装置也并不复杂,只要规定了测量条件,所测得的杂光系数就能反映出被测仪器的杂光性能,所以这种方法被广泛地采用。国际标准化组织(ISO)已经试图在这种测量方法的基础上制定照相物镜杂光系数的测量标准。

另一种方法是以杂光在像平面上的分布不一定是均匀的为理由,并试图采用一种并不依赖测量装置参数的测量方法而提出来的。这种方法通过研究物平面上的一个点光源(通常称其为基本光源)在整个像平面上的光能量分布情况来衡量杂光大小。由于杂光的存在,在像平面上除了因衍射和像差等而产生基本光源的像在极小的范围内有一定的扩散外,在整个像平面上都会得到杂光照度分布。这种方法提出了选用这种基本光源在整个像平面上所形成的照度分布作为衡量待测光学系统杂光性能的指标,并提出了杂光扩展函数(glare spread function,GSF)的概念。GSF 通常用曲线来表示,它反映了点光源像在整个像平面上的照度分布规律。这种杂光测量方法需要利用光电探测器在像平面上扫描,以检测出照度随像平面坐标位置变化的规律。由于像平面上基本光源成像中心处和其他部位的照度在数值上相差非常大(一般达 10^6 左右数量级),所以测量时必须利用一块密度范围为 6.5 左右的中性密度光楔,随着光电探测器在像平面上扫描,借助中性密度光楔的位置测量出像平面上各点的照度。测量杂光扩展函数的仪器比较复杂,而且对各部件的精度(扫描精度、光楔密度分布等)要求较高。

7.2.2　望远系统杂光系数的测量

1. 测量装置和测量原理

图 7-10 所示为望远系统杂光系数测量装置示意图。整个装置包括球形平行光管和积分球接收器两大部分。球形平行光管是一个积分球体,在球体的一端安装有平行光管物镜,球体的内壁直径与平行光管物镜的焦距相等。与平行光管物镜相对的一端开有一孔,在其上可以安装带有不同直径通孔的塞子。球内壁涂以白色漫反射层。在图中所示的球壁位置上共设置 4~6 只照明灯泡,照明灯泡由稳流电源供电。灯泡照亮球体内壁的漫反射层,使其成为均匀的发光面。球体开孔处装上带有一定直径通光孔的塞子(称为黑塞子),在该塞子后面连接有牛角消光器。牛角消光器是一只角形的空腔,空腔壁上贴有黑丝线或者熏有一层黑烟灰。球内壁射到塞子孔内的光线经过几次反射后全部被牛角消光器吸收。因此塞子孔处没有任何光出射,在整个球体内壁上的亮度为零。由于黑塞子

正好位于平行光管物镜的焦平面上,所以成像在无限远处。从平行光管物镜外往里观察,见到的是均匀发光的背景上有黑色的圆斑,所以说球形平行光管实际上模拟了晴朗的天空,黑色的圆斑正是测量所需要的亮度为零的目标。

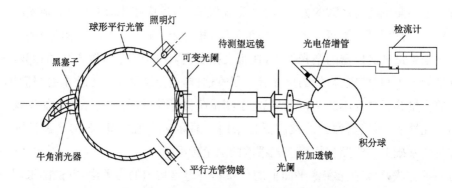

图 7-10 望远系统杂光系数测量装置示意图

接收器部分包括积分球、光电倍增管和检流计。另外,由于测量时杂光的照度很低,而亮背景的照度要大得多,所以为了准确测量应在积分球入射孔前加装中性滤光片。为了考虑测量各种色光的杂光系数,还应配有相应的滤光片。

2. 测量方法

如图 7-10 所示,将待测望远镜设置在球形平行光管物镜的前面,并使其光轴大致和物镜光轴一致。此时,通过待测望远镜,在其分划板上可以看到球形平行光管黑塞子孔的像(即一个黑斑)。将黑斑调节到视场中央。测量装置应备有一套孔直径不同的黑塞子,测量时选用合适的黑塞子,使在视场中见到的黑斑直径不是太大,以免影响待测仪器所产生的杂光大小。通常可按使在望远镜视场内见到的黑斑直径小于 1/5 分划板直径来选取黑塞子的直径。接着调节球形平行光管物镜处的可变光阑,使通光孔的直径略大于被测仪器的入射光瞳直径。

在待测望远镜的出射光瞳面上设置一个光阑,该光阑的作用是模拟人眼瞳孔的直径。因为一般望远镜的出射光瞳直径都大于人眼瞳孔直径,所以这个光阑孔的直径应选择略小于待测仪器的出射光瞳直径。这个光阑后有一块附加透镜,它的作用是模拟人眼的眼球,并且把通过待测仪器的光再次成像在它的焦平面上。积分球的入射孔设置在该附加透镜的焦平面上,于是在入射孔处形成球形平行光管黑塞子孔的像(即一个亮背景下的黑斑),并注意应使积分球入射孔的直径小于该黑斑的直径。

按上述步骤调节后,即可开始测量。先在球形平行光管黑塞子处换上一个不带孔的表面涂有白色漫反射层的塞子(该塞子称为白塞子),这时球形平行光管的内壁是一个完整的发光屏,当光经过平行光管物镜、待测望远镜和附加透镜后,在积分球入射孔处得到的是该白色发光屏的像,此时在入射孔处的照度即为成像光束的照度 E_0 和杂光照度 ΔE 两部分之和。这时从检流计上可以得到读数 m_0,读数 m_0 与 $(E_0 + \Delta E)$ 成正比。接着取下白塞子换上黑塞子,这时在积分球入射孔处得到黑斑像。由于球形平行光管在黑塞子孔处的亮度为零,如果待测望远系统没有杂光,则在黑斑像中的照度为零。由于杂光的存在,所以在黑斑像内有一定的照度,它就是杂光照度 ΔE。这时在检流计上又可以得到读数 m',并且 m' 与 ΔE 成正比。于是由式(7-10) 可知,待测望远镜的杂光系数 η 为

$$\eta = \frac{\Delta E}{E_0 + \Delta E} = \frac{m'}{m_0} \times 100\% \tag{7-11}$$

在一般情况下,读数 m' 的值要比读数 m_0 的值小得多。如果在测量背景照度时,将检流计的读数值 m_0 调节到 100 格左右,则测量杂光照度时,检流计读数值只有几格。为了提高测量精度,可以在测量杂光照度时,将检流计读数 m' 调节到较多的格数,而在测量背景照度时,在光路中加进一块已知透过率的中性滤光片。如果中性滤光片的透过率已知为 τ,测量时检流计的读数为 m_0,则式(7-11)可写为

$$\eta = \frac{m'}{m_0} \cdot \tau \cdot 100\% \tag{7-12}$$

3. 测量注意事项

① 测量前必须仔细选择测量条件。例如,塞子孔的直径、可变光阑的孔径,以及设置在被测仪器出射光瞳处的光阑的口径等。当测量设备没有可以溯源的国际或国家标准时,应先确定一个测量规则,对同一批被测仪器,应在相同的测量条件下进行测量,否则测量数据在相互比较时是没有意义的。

② 球形平行光管的照明光源应规定其色温。对白天使用的望远镜进行测量时,色温最好控制在 6 504 K,与所规定的标准光源 D_{65} 的相对光谱能量分布相一致。D_{65} 光源的相对光谱能量分布数据见表 7-1,它与日间平均光照(称为昼光)的相对光谱能量分布相一致。球形平行光管内壁的亮度应均匀。白塞子表面的涂层应和球内壁涂层完全相同;黑塞子孔处应完全消光,其亮度应小于背景亮度的 1‰。整个光源发光应稳定。光电倍增管的光谱灵敏度应校正到与视见函数相一致。杂光系数测量的重复性误差应在 0.5‰ 以内。

③ 应特别注意测量装置本身产生的杂光,并尽可能设法减少杂光的产生。平行光管物镜本身应在表面镀减反射膜,各透镜的边缘应涂黑漆,物镜框应注意尽量使其少产生杂光。所有光阑都应涂有消光黑漆。由于附加透镜本身也会产生一些杂光,因此可以不用附加透镜而将积分球入射孔直接设置在由黑斑像所形成的光束暗区内测量,如图 7-11 所示。另外,如果测量时在光路中加入中性滤光片或其他滤光片,也会引起杂光。因此,在测量背景照度时,最好不采用中性滤光片,而是利用检流计的衰减挡旋钮调节。不过一般的检流计的衰减挡并不是准确的,需要进行标定或者校正。其他颜色滤光片最好加在光源灯泡的前面。

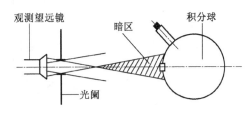

图 7-11　积分球与光阑相对位置

④ 积分球入射孔的直径与在入射孔处的黑斑影像的直径相比应足够小,最好不要超过黑斑像直径的1/5。

⑤ 测量之前应仔细擦拭待测光学系统的外露光学表面,否则尘土、手指印或其他附着物会明显影响测量结果。待测望远镜的视度应归零。

⑥ 测量应在暗室内进行,应避免室内的其他光射到测量光路中。在测量结果中应消除光电倍增管暗电流的影响。

⑦ 测量时应使待测望远镜尽量靠近球形平行光管的物镜,这样可以利用尽可能大的亮背景视场角,以使测量条件较为接近实际使用条件。这个距离应规定在测量标准中,或者规定待测望远镜应在多大的亮背景视场角下进行测量。

⑧ 测量时应尽量使光源发光稳定。在读取检流计读数时,可先在亮背景视场下(用白塞子)读数,然后在杂光下(用黑塞子)读数,最后再在亮背景视场下读数。两次亮背景视场下读数值应一致,如果稍有差别,可以取它们的平均值作为亮背景视场下的读数。杂光系数测量的重复性误差应不大于0.5%。

7.2.3 照相系统杂光系数的测量

照相系统杂光系数的测量原理与望远系统杂光系数的测量原理基本上是一样的,图7-12是照相系统杂光系数测量原理示意图。其测量装置由球形平行光管和光电检测器两部分所组成。球形平行光管上不使用平行光管物镜,而是将待测照相物镜直接安装在球体上。这样,不仅避免了由平行光管物镜引起的杂光,而且也保证了待测照相物镜是在足够大的亮背景视场下测量的。光电检测器可以使用图7-10中所示的积分球,也可以使用单独的光电倍增管接收,如图7-12中所示。光电检测器包括在光电倍增管前的小孔光阑(其上的小孔是入射孔)、修正滤光片和毛玻璃。球形平行光管(实际上此时已不作为平行光管用)的黑塞子孔经过待测照相物镜后,直接成像在光电检测器的入射孔上。调节光电检测器的轴向位置,在入射孔的平面上可以得到一个黑斑,应注意入射孔的直径要小于黑斑直径的1/5。光电倍增管前的修正滤光片是为了使光电倍增管的光谱灵敏度修正到

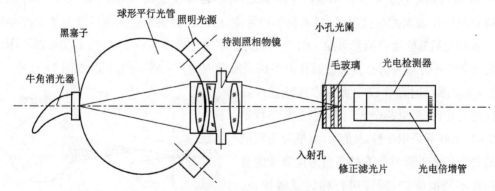

图7-12 照相系统杂光系数测量原理示意图

与待测照相物镜实际工作时所用感光材料的光谱灵敏度相一致。毛玻璃的作用是使射到光电倍增管上的光线均匀地分布在光电阴极表面上。

照相系统杂光系数的测量方法和望远系统杂光系数测量一样。先在球形平行光管上放置白塞子,这时在检流计上读得与背景照度 E_0 和杂光照度 ΔE 之和成比例的读数 m_0。然后换上黑塞子,加上牛角消光器,则从检流计上读得与杂光照度 ΔE 成比例的读数 m'。最后根据式(7-11)就可以计算得到待测照相物镜的杂光系数 η。

望远系统杂光系数测量时的有关注意事项在这里也适用,除此之外,在测量照相物镜的杂光系数时还应注意下列几点:

① 黑塞子孔的直径应使它在待测照相物镜像平面上所成的黑斑像的直径等于像平面视场对角线的 $\frac{1}{10}$,误差为 $\pm 20\%$。

② 在整个测量过程中,球体内壁的亮度变化应小于 5%。球体内壁应是朗伯辐射体,也就是从待测系统的入射光瞳向球内壁观察时,在整个视场角方向上亮度应保持不变。还要求在整个球内壁亮度不均匀性应小于 $\pm 8\%$,在待测照相物镜像平面视场对角线的一半范围内,亮度不均匀性应小于 $\pm 5\%$。

③ 光电检测器(加上放大器)光电响应的线性要求在应杂光系数测量的整个照度变化范围内与杂光系数的测量精度要求相一致。

④ 照相物镜的杂光系数一般在像平面的轴上位置和半视场位置上测量。进行轴外视场上杂光系数测量时,可以将待测照相物镜绕过其入射光瞳平面并且与光轴相垂直的轴旋转到所要求的视场角位置,再进行测量。也可以制作专用的球体,在球体的水平截面内可根据规定的视场角要求设置若干个黑塞子目标,这样利用光电检测器在像平面的相应位置上可以测量出对应不同视场角的杂光系数,也可以利用几个性能相同的光电检测器在相应的位置上同时测量出不同视场角的杂光系数。

需要注意的是,用这种方法测量出的杂光系数值与测试条件有很大的关系,所以在给出的测量结果上应同时注明所采用的测试条件。国际标准化组织(ISO)曾推荐在照相物镜杂光系数的测试报告中标明下列参数:

① 照相物镜或者照相机的制造厂、型号名称、制造时的编号、焦距、最小的光圈数。

② 扩展光源对待测照相物镜的张角,名义上它应是 2π 立体角。

③ 黑塞子孔或者它的像的直径。

④ 光电探测器上入射孔的直径。

⑤ 物距和放大率。

⑥ 光源、光电倍增管和滤光片相组合的光谱特性曲线。

⑦ 测量时的孔径。

⑧ 测量所在的视场位置等。

第 8 章

光学系统鉴别率的测量

光学系统的鉴别率是指光学系统所能区分或分辨物体细节的能力。鉴别率是一个数值，用它来衡量光学系统的成像质量比较形象，测量起来也很容易，所以鉴别率的概念在像质评定中一直被广泛应用。当然，鉴别率作为成像质量指标有一定的局限性，所以要寻找新的更为客观的评价成像质量的指标，光学传递函数就是在鉴别率的基础上发展起来的。但是直到目前鉴别率的测量仍然作为评价成像质量的重要手段。本章从鉴别率的概念出发，分别介绍望远系统、显微系统和照相系统的鉴别率测量方法。

8.1 光学系统理想鉴别率的概念和常用鉴别率图案

8.1.1 光学系统的理想鉴别率

假定光学系统是没有像差和其他缺陷的理想光学系统，则其所具有的能分辨出两个最小距离上像点的能力，称为光学系统的理想鉴别率。对于不同用途的光学系统，理想鉴别率的表示方法不一样。

1. 望远系统的理想鉴别率

望远系统的鉴别率用其所能分辨的物方无限远两个物点对望远系统入射光瞳中心的张角 α 来表示，如图 8-1 所示。图中，光线 1 和 2 是分别由无限远两个物点发出的光线。根据瑞利条件，当这两个物点刚刚能被分辨时，它们经过物镜所成的像的距离正好为衍射像的中央亮斑半径 δ，图中 θ 是衍射像中央亮斑的角半径。由于望远系统的有效光阑通常就是物镜框，所以理想光学系统角分辨率公式为

$$\alpha = \theta = \frac{1.22\lambda}{D} \tag{8-1a}$$

当取 $\lambda = 555 \text{ nm} = 0.555 \times 10^{-3} \text{ mm}$，$\alpha$ 以"秒"为单位表示时，则有

$$\alpha = \frac{1.22 \times 0.555 \times 10^{-3}}{D} \times 206\,265''$$

即

$$\alpha = \frac{140''}{D} \tag{8-1b}$$

式(8-1b)就是望远系统的理想鉴别率计算公式。其中，D 是入射光瞳直径，以毫米为单位。

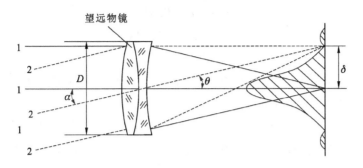

图 8-1　望远系统理想鉴别率测量原理示意图

2. 显微系统的理想鉴别率

显微系统的理想鉴别率用在其所观察的物平面上所能分辨开的两个物点之间的最小距离 δ 来表示。

图 8-2 中，显微系统物平面上点 A 和点 B 是刚刚能分辨开的两个物点，经过显微物镜成像为 A_0' 和 B_0'，像的间隔为 δ'。根据瑞利条件可知，δ' 应等于衍射像中央亮斑的半径 σ。图中 D 是有效光阑的直径，在显微系统中，它通常位于显微物镜的后焦平面附近。在该显微系统中限制光束的是该光阑，所以显微物镜所成的像可看成由此光阑形成的衍射像，则有

$$\sigma' = l' \cdot \theta = \sigma = \theta \cdot \Delta = \frac{1.22\lambda}{D} \cdot \Delta$$

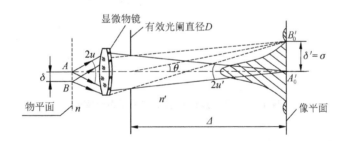

图 8-2　显微系统鉴别率测量原理示意图

从图中可以看出，$D = 2\Delta \cdot \tan u'$。因为在显微物镜中像方孔径角 u' 通常都比较小，所以这里可认为 $\tan u' \approx \sin u'$，则有 $D = 2\Delta \cdot \sin u'$，代入上式可得

$$\delta' = \frac{1.22\lambda}{2\Delta \sin u'} \cdot \Delta = \frac{0.61\lambda}{\sin u'}$$

即

$$\delta' \sin u' = 0.61\lambda$$

考虑到显微物镜设计时应该满足正弦条件,即 $n\delta\sin u' = n'\delta'\sin u'$,其中 n 是物方折射率,n' 是像方折射率。通常 $n' = 1$,则有

$$n\delta\sin u = 0.61\lambda$$

即

$$\delta = \frac{0.61\lambda}{n\sin u} = \frac{0.61\lambda}{NA} \tag{8-2}$$

式(8-2)就是显微系统的理想鉴别率计算公式。其中,u 是显微物镜的物方孔径角,$NA = n\sin u$ 是显微物镜的数值孔径。

由式(8-2)可看出,δ 值越小,则表示显微系统的鉴别率越高。因此,所采用的照明光的波长越短,则鉴别率越高。另外,物镜的数值孔径 NA 越大,鉴别率也越高。

3. 照相系统的理想鉴别率

照相系统的理想鉴别率用在其像平面上 1 mm 范围内所能分辨开的线条数目 N 来表示。

这里暂且把亮线条看成由无数个点排列而成,并且认为亮线条所成的衍射像在垂直于亮线的方向上光能量的分布与单个发光物点的衍射像光能量的分布相同。因此,根据瑞利条件,在光学系统的像平面上所能分辨开的两条亮线像之间的距离 δ' 应该等于衍射像的中央亮斑半径 σ。从图 8-3 中可以得出:

$$\delta' = \theta \cdot f'$$

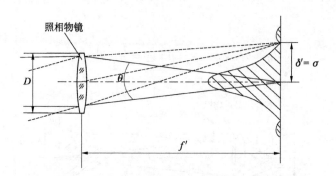

图 8-3 照相系统鉴别率测量原理示意图

将式(8-1a)代入上式可得

$$\delta' = \frac{1.22\lambda}{D}f'$$

式中,f' 是照相物镜的焦距;D 是入射光瞳直径。设 $F = \dfrac{f'}{D}$(即相对孔径的倒数),则有 $\delta' = 1.22\lambda \cdot F$。

根据照相物镜的鉴别率是以 1 mm 范围内所能分辨开的线条数 N 来表示的,则有

$$N = \frac{1}{\delta'} = \frac{1}{1.22\lambda \cdot F}$$

当取 $\lambda = 555$ nm $= 0.555 \times 10^{-3}$ mm 时,则有

$$N = \frac{1\,477}{F} \text{ (lp/mm)} \tag{8-3}$$

式(8-3)就是照相系统的理想鉴别率的计算公式。

4. 几点说明

① 上述光学系统理想鉴别率的计算都是建立在瑞利条件的基础上的,就是认为两个衍射像间隔的距离为中央亮斑半径 σ 时,才是刚刚能被分辨的最小距离。由这个条件推算出的两个衍射像重叠迭加后所形成的对比度 $C = 26\%$。实际上,瑞利分辨条件是比较保守的。实践证明,只要在对比度 $C = 5\%$ 时,人眼就可以分辨出两个像的存在。在这个条件下,两个衍射像可以进一步靠近,直到它们之间的间隔 d 为中央亮斑半径 σ 的 0.86 倍时,才是刚刚能被分辨开的极限。根据这样的分辨条件,光学系统的理想鉴别率要比上面导出的计算公式高。表8-1 中列出了在两种分辨条件下,各类光学系统理想鉴别率的计算公式,表中括弧内的式子是选取 $\lambda = 555$ nm 时的计算公式。

表 8-1　各类光学系统理想鉴别率计算公式

分辨条件(瑞利条件)	对比度 $C = 26\%$	对比度 $C = 5\%$
望远系统/″	$\dfrac{1.22\lambda}{D}\left(\dfrac{140}{D}\right)$	$\dfrac{1.05\lambda}{D}\left(\dfrac{120}{D}\right)$
显微系统/μm	$\dfrac{0.61\lambda}{NA}\left(\dfrac{0.34}{NA}\right)$	$\dfrac{0.52\lambda}{NA}\left(\dfrac{0.29}{NA}\right)$
照相系统/(lp $\cdot$ mm^{-1})	$\dfrac{1}{1.22\lambda F}\left(\dfrac{1\,477}{F}\right)$	$\dfrac{1}{1.05\lambda F}\left(\dfrac{1\,716}{F}\right)$

② 上述理想鉴别率的计算公式是假设光学系统的有效光阑是圆形的,由圆孔衍射理论而得到的。某些望远系统的入射光瞳的形状可能是矩形的,这时应该依据夫朗禾费矩孔衍射理论来推导。根据矩孔衍射的光能量分布规律,并用对比度 $C = 5\%$ 作为分辨条件时,仿照圆孔衍射时的方法可以得出。当光学系统的入射光瞳为边长分别为 a 和 b 的矩形孔时,理想鉴别率的计算公式(对望远系统而言)如下:

$$\alpha = \frac{105''}{a} \quad \text{或者} \quad \alpha = \frac{105''}{b} \tag{8-4}$$

式中,计算边长 a 方向的鉴别率时用 a 值,计算边长 b 方向的鉴别率时用 b 值。两个方向上的鉴别率是不一样的。

③ 上述所有计算理想鉴别率的公式都是指视场中心处的鉴别率。对于一般望远系统和显微系统,由于视场都比较小,考察视场中心处的鉴别率就已经够了。如果要考虑视场边缘处的鉴别率,则直接用视场中心处的理想鉴别率作为轴外视场处的理想鉴别率,误

差也不大。但是对照相系统而言,由于视场较大,所以在考察较大视场角处的理想鉴别率时,可以做如下推算。如图 8-4 所示,视场中心 P_0 处的光能分布是由轴向平行光经入射光瞳衍射所形成的。而轴外视场角为 ω 的平行光经过直径为 D 的入射光瞳后则在 P' 处形成衍射像。由图可见,斜光束衍射时,由入射光瞳直径 D 实际限制的斜光束在子午面内的宽度为 $D_{\omega t}$,在弧矢面内的宽度为 $D_{\omega s}$,并且有 $D_{\omega t} = D\cos\omega$,$D_{\omega s} = D$。

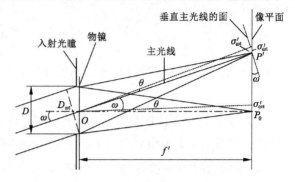

图 8-4　鉴别率测量光路图

该斜光束在与主光线垂直的面上形成衍射图案,该图案的中央亮斑半径为 $\sigma'_{\omega t}$ 和 $\sigma'_{\omega s}$,并且有

$$\sigma'_{\omega t} = \theta_t \cdot \overline{OP'}, \quad \sigma'_{\omega s} = \theta_s \cdot \overline{OP'}$$

式中,θ_t 和 θ_s 分别为子午面和弧矢面内衍射图案中央亮斑的角半径。由式(8-1)可知:

$$\theta_t = \frac{1.22\lambda}{D_{\omega t}}, \quad \theta_s = \frac{1.22\lambda}{D_{\omega s}}$$

从图 8-4 中可以看出,$\overline{OP'} = \dfrac{f'}{\cos\omega}$,其中 f' 是照相物镜的焦距,于是有

$$\begin{cases} \sigma'_{\omega t} = \dfrac{1.22\lambda}{D\cos\omega} \cdot \dfrac{f'}{\cos\omega} = \dfrac{1.22\lambda f'}{D\cos^2\omega} \\[4mm] \sigma'_{\omega s} = \dfrac{1.22\lambda}{D} \cdot \dfrac{f'}{\cos\omega} = \dfrac{1.22\lambda f'}{D\cos\omega} \end{cases} \tag{8-5}$$

通常都是在垂直于光轴的像平面上考察鉴别率的。于是由图 8-4 可见,在轴外点 P' 处,衍射图案在该像平面内投影的子午面和弧矢面内的中央亮斑半径 $\sigma_{\omega t}$ 和 $\sigma_{\omega s}$ 分别为

$$\begin{cases} \sigma_{\omega t} = \dfrac{\sigma'_{\omega t}}{\cos\omega} = \dfrac{1.22\lambda f'}{D\cos^3\omega} \\[4mm] \sigma_{\omega s} = \sigma'_{\omega s} = \dfrac{1.22\lambda f'}{D\cos\omega} \end{cases} \tag{8-6}$$

如果在像平面上 P' 附近另有一像点,为了能使它与 P'_0 像分辨开,则根据瑞利分辨条件,此两像点的距离应等于衍射像的中央亮纹半径,则在子午面和弧矢面内能分辨开的两像的距离 $\sigma_{\omega t}$ 和 $\sigma_{\omega s}$ 分别为

$$\begin{cases} \delta'_{\omega t} = \sigma_{\omega t} = \dfrac{1.22\lambda f'}{D\cos^3\omega} \\[4mm] \delta'_{\omega s} = \sigma_{\omega s} = \dfrac{1.22\lambda f'}{D\cos\omega} \end{cases} \tag{8-7}$$

于是,根据照相物镜的鉴别率是以像平面内 1 mm 之内所能分辨的线条数 N 来表示的定义,则在子午面和弧矢面内的鉴别率 N_t 和 N_s 为

$$
\begin{cases}
N_t = \dfrac{1}{\sigma'_{\omega t}} = \dfrac{D}{1.22\lambda f'}\cos\omega^3 \\[3mm]
N_s = \dfrac{1}{\sigma'_{\omega s}} = \dfrac{D}{1.22\lambda f'}\cos\omega
\end{cases}
\tag{8-8}
$$

考虑到在像平面中心点 P_0 处的理想鉴别率为 $N_0 = \dfrac{D}{1.22\lambda f'}$,则有

$$
\begin{cases}
N_t = N_0\cos^3\omega \\[2mm]
N_s = N_0\cos\omega
\end{cases}
\tag{8-9}
$$

式(8-9)就是轴外视场角为 ω 处的理想鉴别率计算公式。由此可以看出,照相系统的理想鉴别率随视场角的增加而下降,而且子午方向的下降速度比弧矢方向更快。另外,上述过程中没有考虑轴外渐晕,否则有可能下降得更多。

④ 在上面讨论理想鉴别率时,把相邻两物点都看作独立的点光源,也就是说从两物点各自发出的光波互相之间是不相干的。因此,当两个衍射像互相叠加时,可以直接以光能量相加,从而可以按瑞利分辨条件来计算理想鉴别率。对于有的显微系统,它所观察的物体是由放在聚光镜焦点上的点光源以平行光来照明的。这样,从物面上各点发出的光波之间是相干的,因此不能用光能量直接相加的办法求叠加后的光能量分布。这里需要用相干光理论来计算光学系统的理想鉴别率。在相干光照明情况下,显微系统的理想鉴别率的计算公式为

$$
\delta = \frac{0.77\lambda}{NA}
\tag{8-10}
$$

式中, NA 是显微物镜的数值孔径。

另外,还应指出的是,在许多情况下,被显微镜观察的物体是由位于聚光镜焦平面上有一定大小的光源所发出的光照明的。所以用显微镜观察时,从物体上相邻点发出的光波可以认为由两部分组成:一部分是由光源上同一点出射的光引起的,这一部分是相干的;另一部分是由光源上不同的部分出射的光引起的,这一部分是非相干的。这样的照明称为部分相干照明。在这种情况下,鉴别率既与非相干情况不同,也与相干情况不同。这时理想鉴别率的计算公式与部分相干照明中相干光所占有的比重有关。

8.1.2　常用鉴别率图案

上面讲述的是光学系统在理想成像的情况下的理想鉴别率的计算。对实际光学系统而言,由于总是存在一定的像差和其他缺陷误差,因此,发光物点经过实际光学系统后的衍射像中光能的分布情况与图 8-1 所示的理想情况不同。像差和误差的数值越大,这种

差别也就越大。若实际光学系统的像差比较小,则衍射像的光能分布和理想情况差不多,中央亮斑的半径也几乎保持不变,所以像差不大的实际光学系统的鉴别率和理想鉴别率相当接近。一般的望远系统和显微系统就是这样。当像差大到一定程度时,衍射像内的光能分布将发生显著改变,因此鉴别率会明显下降。可见,鉴别率可以作为评定光学系统成像质量的指标。

测定光学系统或光学元件的鉴别率是检验成像质量的一种重要手段,鉴别率值则是评定光学系统和光学元件成像质量的一种综合指标。在测量实际光学系统的鉴别率时,需要一种具有相隔很近物点的测量目标。实际应用中是用一种由相隔距离很小的线条组成的图案来代替这种目标,把线条看成由无数个物点沿直线排列形成的。用待测的实际光学系统来观察或者拍摄这种目标,检查它能否把这些线条分辨开。这种用来检验光学系统成像质量的由各种线条或其他图案组成的目标物,通常称为鉴别率板。这些线条或其他图案称为鉴别率图案。

下面介绍几种常用的鉴别率图案。

1. 栅格状鉴别率图案

国家标准《分辨力板》(JB/T 9328—1999)中规定的分辨力板图案(即通常所说的鉴别率图案)如图 8-5 所示,它上面共有 25 个线条组合单元。每一个单元中的线条按四个不同的方向排列,同一单元中的线条宽度相等,并且线条的宽度与两根线条相对边缘的间隔距离也相等,也就是同一单元线条的透光部分和不透光部分(或者白色线条和黑色间隔)的宽度相等。这 25 个单元的线条组按第 1 组到第 25 组顺序编号,并且线条的宽度是以 $1/18\sqrt{2}$ 为公比的等比数列依次递减的,即第 2 组线条宽度为第一组线条宽度的 $1/18\sqrt{2}$,第三组线条的宽度为第二组线条宽度的 $1/18\sqrt{2}$,以此类推。

在鉴别率图案的四周分别有一条短线条,如图 8-6 所示,相对的两条短线条的中心距,称为鉴别率图案的基线,用符号 B 表示。基线 B 的大小决定了整个鉴别率图案的大小,也就是决定了每一个单元中的线条宽度。

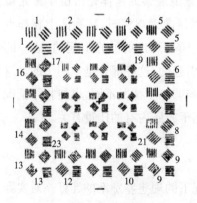

图 8-5　鉴别率图案

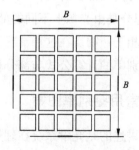

图 8-6　鉴别率图案分组

在鉴别率图案中,第一组线条的宽度和基线 B 之间有如下关系:

$$a_1 = \frac{1\,000B}{120} \tag{8-11}$$

式中,B 是鉴别图案的基线,mm;a_1 是第一组线条的宽度,μm。由式(8-11)可知,当基线 B 确定后,第一组线条的宽度也就确定了。其他各组的线条宽度按照公比 $1/18\sqrt{2}$ 也就都确定了。

由这种鉴别率图案做成的鉴别率板,为了适应不同鉴别率光学仪器的测量,按照鉴别率图案的大小由五块鉴别率板组成一套,分别用 N_1,N_2,$\cdots$,N_5 来表示,并分别称它们为 1 号鉴别率板、2 号鉴别率板、$\cdots$、5 号鉴别率板。这五块鉴别率板上的鉴别率图案所对应的基线 B 值见表 8-2。从表 8-2 中可以看出,鉴别率图案的基线从 1 号板到 5 号板是按公比 2 增加的,也就是图案从 1 号板到 5 号板按 2 倍顺序放大。

表 8-2 鉴别率板基线 B 值

鉴别率板编号	N_1	N_2	N_3	N_4	N_5
基线 B/mm	1.2	2.4	4.8	9.6	19.2

用这种鉴别率图案来测量光学系统鉴别率时,是用所能分辨的某一组线条中的相邻两根透明线条(或者相邻两根不透明线条)的中心距离来表示鉴别率数值的。由前面的叙述可知,这个中心距离等于一条透明线条的宽度和一条不透明线条的宽度之和,也等于一条线条宽度的 2 倍。

有时需要知道某一组线条所对应的 1 mm 内的线条数目,并且规定这种鉴别率图案的一条透明线条和相邻一条不透明线条合起来称为"一对线",那么当知道某一组线条的宽度为 a 时,则 1 mm 内的线条对数为 $1/2a$。由上所述,当鉴别率图案的基线 B 值已知时,则任一组线条的宽度也就确定了。因此,任一组线条在 1 mm 之内的线条对数 R_N 还可以用下式计算:

$$R_N = \frac{60}{B} \cdot K_N \tag{8-12}$$

式中,B 是鉴别率图案的基线,mm;K_N 是对应于第 N 组线条的系数,并且有 $K_N = (\sqrt[12]{2})^{N-1} \approx (1.06)^{N-1}$。为了方便起见,$K_N$ 值可从表 8-3 中查得。

表 8-3 鉴别率板中各组线条的系数 K_N

N	1	2	3	4	5	6	7	8	9	10	11	12	13
K_N	1	1.05	1.12	1.19	1.26	1.3	1.4	1.5	1.6	1.7	1.8	1.9	2.0
N	14	15	16	17	18	19	20	21	22	23	24	25	
K_N	2.1	2.2	2.4	2.5	2.6	2.8	3.0	3.2	3.4	3.6	3.8	4.0	

在实际使用中,为了方便起见,常把各号鉴别率板的各组线条的宽度、1 mm 内的线条

对数等事先都计算出来,并列成表格,根据表格很快就能得到所需要的数值。

2. 辐射状鉴别率图案

如图 8-7 所示,辐射状鉴别率图案通常由 36 条透明的(或白色的)扇形线条和 36 条不透明的(或黑色的)扇形线条组成。每条线条的角宽度为 5°,两条相邻线条之间的距离从中心向外逐渐增加。和栅格状鉴别率图案相比,这是一种线条由窄到宽连续变化的图案。通过光学系统对这种图案进行观察或拍摄,所得到的像是一个边缘线条亮暗分明(或黑白分明),而中央是一个直径大小一定的模糊圆斑。测量出这个模糊圆斑的直径 d,则该光学系统所能分辨的相邻两线条的最小距离 δ'(即鉴别率)可用下式求出:

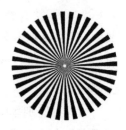

图 8-7　辐射状鉴别率图案

$$\delta' = \frac{\pi d}{36} \tag{8-13}$$

3. ISO 12233 分辨率测试卡

如图 8-8 所示,ISO 12233 分辨率测试卡是目前最常用的分辨率测试卡之一,其拥有完善的分辨率测试图案。该测试卡主要用于测试相机、手机镜头、汽车镜头、安防镜头、医学内窥镜镜头等光学系统的分辨率、对比度、Gamma 值和灰度响应等参数。该测试卡分为 16∶9 和 4∶3 两种规格,每种规格都包含标准版和增强版。其中,标准版为 2 000 线,16∶9 版本的测试精度为

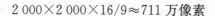

$$2\,000 \times 2\,000 \times 16/9 \approx 711\ 万像素$$

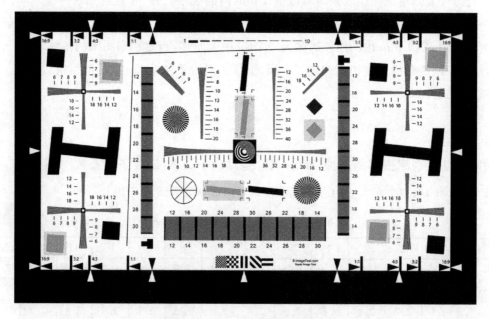

图 8-8　ISO 12233 分辨率测试卡

而增强版为 4 000 线,相应的测试精度为

$$4\,000 \times 4\,000 \times 16/9 \approx 2\,844\ 万像素$$

标准版和增强版的测试卡都有 0.5 倍(10 cm×17.8 cm)、1 倍(20 cm×35.6 cm)、2 倍(40 cm×71.1 cm)、4 倍(80 cm×142.2 cm)、8 倍(160 cm×284.4 cm)五种不同规格,实际测试中可根据数码设备的总像素数选用匹配的测试卡。测试卡的白底部分的反射率 R_{max} 与大面积黑色部分的反射率 R_{min} 的取值范围为 $80 > R_{max} > R_{min} > 40$,各图案位置精度高于 0.2 mm(或画面高度的 $\pm 0.1\%$),双曲线图案最细的白色部分和黑色部分的反射率之比为 $R_{max}/R_{min} > 18$。该测试卡图案可以制作成反射或透射测试板,使用透射测试板时,必须用扩散光进行照明,且无论是反射式还是透射式,评估用图案必须呈中性分光特性。

8.2　望远系统鉴别率的测量

任何一个望远系统都可以分成物镜系统和目镜系统两部分。物镜系统(有物镜、转像棱镜、反射镜等)的作用是将远距离处的待观察物体成像在分划板上或者成像在其焦平面上。而目镜系统的作用仅仅是将物体的这个像放大,供使用者观察。严格来讲,包括物镜系统和目镜系统的所有光学元件都对整个望远系统的鉴别率有影响,但是起主要作用的是物镜系统的光学元件。其原因是:第一,轴上物点发出的光经过有效光阑(常常就是物镜框本身)衍射后在物镜系统的焦平面上形成物点的衍射像。目镜系统的作用只是将该衍射像放大,由于目镜系统本身不限制轴向光束,因此在放大过程中不再具有衍射作用。第二,如果在物镜焦平面上所形成的已经是分辨不开的两个物点衍射像,那么经过目镜放大后观察,即使目镜鉴别率再高也不能把已经分辨不开的两个物点衍射像分开。因此,在光学系统设计时,应特别重视望远物镜的鉴别率。当然,目镜的像差、玻璃材料的应力和不均匀性以及装配中的不共轴等误差无疑会使整个望远系统的鉴别率降低。因此,在实际生产中,除了必须对整个望远系统进行鉴别率测量外,还常常碰到要对望远物镜和物镜系统其他光学元件单独进行鉴别率测量的情况。下面首先介绍望远物镜鉴别率的测量,然后介绍望远系统整体鉴别率的测量。

8.2.1　望远物镜鉴别率的测量

图 8-9 所示为望远物镜鉴别率测量原理示意图。测量时,采用高质量的平行光管,鉴别率板位于平行光管物镜的焦平面上。鉴别率板是透射式的,鉴别率图案可以用栅格状的或者辐射状的。鉴别率板后面用白炽灯泡照明,为了能使鉴别率板均匀照亮,在灯泡和鉴别率板中间加了一块毛玻璃。待测物镜放置在平行光管的前面,并且使待测物镜的光

轴和平行光管光轴大致对准。测量者通过显微镜来观察鉴别率图案经过待测物镜的像。在平行光管物镜前有光阑,光阑的孔径应等于待测物镜实际所要求的通光口径。

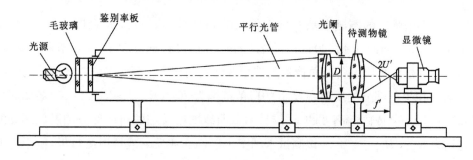

图 8-9 望远物镜鉴别率测量原理示意图

如果采用的是栅格状鉴别率图案,则通过显微镜观察时,按鉴别率图案像中的顺序一组一组地往间隔较密的方向判读,直到在某一组上刚刚能把该组内四个方向的线条都分辨清楚,而在下一组内不能全分辨清楚,那么这一组线条间隔就代表了待测物镜的鉴别率,同时记下该组的编号和所用鉴别率图案的号码。由表 8-2、表 8-3 以及式(8-12)计算出每 1 mm 线条的对数 R_N。因此两条相邻线条的中心距离就是 $2a_n$,于是待测物镜的鉴别率 α 可以用下式计算:

$$\alpha = \frac{2a_n}{f'_0} \times 206\,265'' \tag{8-14}$$

式中,a_n 是对应第 n 组线条的宽度,$a_n = 1/R_N$ mm;f'_0 是平行光管物镜的焦距,mm。例如,测量一个望远物镜的鉴别率,所用平行光管的焦距为 $f'_0 = 1\,200$ mm。采用栅格状 2 号鉴别率板,测量结果是刚刚能分辨第 16 组线条。可计算出 2 号鉴别率板第 16 组线条的宽度为 $a_n = 8.14\,\mu m = 0.008\,41$ mm,于是利用式(8-14)可计算得待测望远物镜的鉴别率为

$$\alpha = \frac{2 \times 0.008\,41}{1\,200} \times 206\,265'' = 2.9''$$

根据式(8-14)可以计算出各号鉴别率板的各组线条对于焦距为 1 000 mm 的平行光管的相邻线条角距离。根据测量时所采用的平行光管物镜焦距 f'_0 和平行光管的角距离 α_1,很容易换算出待测望远物镜的鉴别率,即

$$\alpha = \frac{\alpha_1}{f'_0} \times 1\,000'' \tag{8-15}$$

如上面例子中测得 2 号鉴别率板第 16 组线条,则根据式(8-14)可计算得 $\alpha_1 = 3.47''$,根据式(8-15) 可得到 $\alpha = 3.47'' \times 1\,000/1\,200'' = 2.9''$。

如果测量时在平行光管物镜焦平面上使用的是 36 条扇形线条的辐射状鉴别率图案,那么应该用测量显微镜代替观察显微镜,直接测量出经过待测望远物镜所成的辐射状鉴

别率图案像中模糊圆的直径 d，利用式(8-13)就可以求出边缘上相邻两线条的距离。因此，待测望远物镜的鉴别率可以由下式确定：

$$\alpha = \frac{\pi \cdot d}{36 \cdot f'} \times 206\,265''$$ (8-16)

式中，f' 是待测望远物镜的焦距，mm；d 是模糊圆直径，mm。

测定望远物镜的鉴别率时，要特别注意以下几点：

① 许多望远物镜是与它后面光路中的转像棱镜一起消像差的。因此，单独测量望远物镜时会因像差较大而看不清鉴别率图案像。这时需要使望远物镜和转像棱镜组合在一起测量鉴别率，或者在待测望远物镜光路中加入一块材料和厚度都与转像棱镜相同的平板玻璃，这样可以使组合后的像差小到可以在焦平面上形成清晰的鉴别率图案像。

② 由于望远物镜的鉴别率与它的通光直径有很大的关系，所以在测量时应注意把光束限制在待测望远物镜的名义通光直径范围内。显然，平行光管的通光口径必须大于待测望远物镜的通光直径。

③ 观察显微镜的物镜数值孔径应大一些，以免在测量时切割光束。如图 8-9 所示，待测望远物镜的像方孔径角 U' 的计算公式为 $\tan U' = \frac{D}{2f'}$，其中 D 是待测望远物镜的通光孔径。因为物方孔径角 U 大于待测望远物镜的像方孔径角 U'，即

$$NA > n\sin\left(\arctan\frac{D}{2f'}\right)$$ (8-17)

所以，为了防止引起光束切割，应选取孔径大的显微物镜。

④ 观察显微镜的放大率 Γ_M 应足够大，以便使人眼通过显微镜能够分辨开已经被望远物镜分辨开的线条组。观察显微镜的放大率可以做如下估计：

如果待测望远物镜的通光孔径为 D，焦距为 f'，则按照理论鉴别率，在望远物镜焦平面上所能分辨开的两物点像之间的距离 δ' 为

$$\delta' = \frac{1.22\lambda}{D}f'$$

该距离 δ' 如果由人眼在明视距离上直接观察，则对人眼的张角 α_e 为

$$\alpha_e = \frac{\delta'}{250}\,\text{rad} = \frac{1.22\lambda}{250D}f' \times 2 \times 10^5$$

使用观察显微镜时，应使 α_e 角放大到人眼所能分辨的角度。人眼的鉴别率为 $1'$，为了能较为舒适地观察，应使 α_e 角放大到 $3' \sim 6'$。可见，观察显微镜的放大率 Γ_M 应为

$$\Gamma_M \cdot \alpha_e = \Gamma_M \cdot \frac{1.22\lambda}{250D}f' \times 2 \times 10^5 = (3 \sim 6) \times 60''$$

当取 $\lambda = 0.5 \times 10^{-3}$ mm 时,从上式可以得到

$$\Gamma_M = (370 \sim 740) \cdot \frac{D}{f'} \qquad (8\text{-}18)$$

式(8-18)即为观察显微镜放大率的选择依据。其中,$\dfrac{D}{f'}$ 是待测望远物镜的相对孔径。

⑤ 一般来说,观察显微镜中视场边缘的成像质量总是比视场中央的差些,所以在检验时除了要使平行光管、待测望远物镜和观察显微镜三者光轴大致对准外,在按顺序观察鉴别率图案线条时,还应把待观察的那一组线条始终调节到位于显微镜视场的中央。

最后还要指出一点,在望远系统仪器的生产中,除了要专门测量望远物镜的鉴别率外,有时也要分别检测物镜系统的其他光学元件(如转像棱镜、反射镜等)的鉴别率。因为这些光学元件的玻璃材料不均匀、装配时产生的应力等都会使它们的鉴别率降低,从而影响整个系统的鉴别率。反射镜和棱镜鉴别率的测量原理如图8-10所示(虚线部分表示的是测五角棱镜鉴别率的情况)。其测量原理和测量方法与测量望远物镜基本相同,不同的是,由于成像位置在无限远处,因此观察部分用的是一个前置镜。该前置镜是一个高倍率望远镜,它的倍率要求大到足以看清楚经过待测光学元件的鉴别率图案像,另外它应有很好的成像质量。

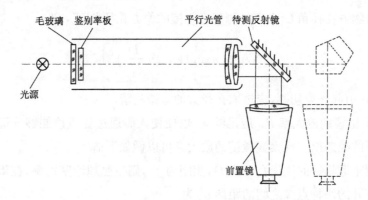

图 8-10　反射镜和棱镜鉴别率的测量原理图

8.2.2　望远系统整体鉴别率的测量

望远系统鉴别率的测量方法也很简单,其测量原理如图8-11所示。和测量望远物镜鉴别率一样,该方法采用高质量的平行光管,鉴别率板位于平行光管物镜焦平面上。待测望远系统放在可调支座上,以便调节它的光轴与平行光管的光轴大致相重合。另外,待测望远系统和平行光管应适当靠近一些,以减少室内杂光的影响。此时检验者通过待测望远系统在分划板上可以看到鉴别率图案像,并把它调节到视场的中央。待测望远系统后架设前置镜,检验者通过前置镜可以看到进一步被放大的鉴别率图案像。在这里采用前置镜的原因有两个:一是由于人眼的鉴别率有限,能被望远系统分辨清楚的物方的两

物点不一定能够被人眼通过望远系统观察时分辨清楚。例如,待测望远系统的放大率为 $\Gamma=8$,要求它的鉴别率为 $\alpha=6.5''$。 如果人眼直接通过望远系统观察,由于人眼的鉴别率为 $60''$,所以人眼通过该望远系统观察所能分辨的物方最小张角为 $(60''/8)=7.5''$。显然人眼不能分辨清楚已经由望远系统分辨清楚的张角为 $6.5''$ 的物方的两物点,这时需要用前置镜进行放大后观察。二是由于望远系统的鉴别率和它的入射光瞳直径有关,所以测量时必须保证人眼的瞳孔直径大于待测望远系统的出射光瞳直径。否则,由于人眼瞳孔变成有效光阑,入射光瞳变为人眼瞳孔在待测望远系统物方的像。这样,由于入射光瞳直径变小,必然导致测量结果不正确。通常的望远系统仪器都有比人眼瞳孔直径大的出射光瞳直径,所以需要使用前置镜,以保证通过前置镜后的出射光瞳直径小于人眼瞳孔的直径。

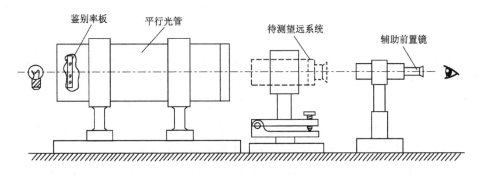

图 8-11 望远系统鉴别率测量原理图

对辅助前置镜的要求如下:

① 辅助前置镜的成像质量应该是良好的。不允许因辅助前置镜的成像质量不好而影响待测望远系统鉴别率的测量数值。

② 辅助前置镜的入射光瞳直径应该比待测望远系统的出射光瞳直径大,而且待测望远系统和辅助前置镜相组合的出射光瞳直径应该比人眼的瞳孔直径小。如果待测望远系统的入射光瞳直径为 D,放大率为 Γ,辅助前置镜的放大率为 Γ_a,人眼的瞳孔直径为 D_e,则有

$$\Gamma_a \geqslant \frac{D}{D_e \cdot \Gamma} \tag{8-19}$$

③ 辅助前置镜的放大率 Γ_a 应保证人眼通过辅助前置镜和待测望远系统之后,所能分辨的物方两点最小张角要小于由待测望远系统的鉴别率所限制的最小张角。为了使人眼观察时较为舒适,设人眼所分辨的两物点对眼睛的张角为 $3' \sim 6'$,又由于望远系统的理想鉴别率为 $\frac{120''}{D}$,则有

$$\frac{(3 \sim 6) \times 60''}{\Gamma \cdot \Gamma_a} \leqslant \frac{120''}{D}$$

则
$$\Gamma_a \geqslant \frac{(3 \sim 6)D}{2\Gamma} \tag{8-20}$$

式中，D 和 Γ 分别为待测望远系统的入射光瞳直径和放大率；Γ_a 为辅助前置镜的放大率。在选择辅助前置镜的放大率时，应取式(8-19)和式(8-20)中的较大者。

望远系统鉴别率的测量方法和测量望远物镜时一样，当通过辅助前置镜观察到鉴别率图案像以后，同样从最粗的一组线条开始一组一组地按顺序判读，直到某一组线条刚刚能在四个方向上都分辨清楚而下一组看不清楚。这时记下这一组的线条编号和所用鉴别率板的号码。先计算出对应该组线条的宽度 a 和该组线条中相邻两条对于物镜焦距为 1 000 mm 的平行光管的角距离 a_1，然后根据测量时所用的平行光管物镜焦距 f_0'，再将其代入式(8-14)或者式(8-15)就可以计算出待测望远系统的鉴别率。

在测量望远系统的鉴别率时，应注意以下几点：

① 如果待测望远系统是一个可调视度的仪器，则首先应使其视度分划归零。

② 应使平行光管、待测望远系统和辅助前置镜三者的光轴大致重合，以免因光轴偏移而使其光束受到切割。

③ 通常所测量的望远系统鉴别率都是指视场中心的鉴别率，所以在检验时要将所观察的鉴别率图案上某一组线条调节到待测望远系统的视场中心。

④ 当对某一组线条进行观察时，一定要根据在四个方向上的线条同时都能被分辨开来为准。如果只能分辨出其中几个方向上的线条，而有几个方向上的线条分辨不出，就不能认为待测望远系统的鉴别率已经达到这组线条所对应的鉴别率。

⑤ 在判别某一组线条是否能分辨清楚时，并不要求线条之间分得很开、很清晰，只要能看清楚相邻两线条的存在就可以，因为在推导理想鉴别率公式时就是以此为条件的。

⑥ 平行光管本身的成像质量应是很好的。鉴别率板应被均匀地照亮。因为望远系统仪器是在白天日光下使用的，所以可以用白炽灯通过毛玻璃照亮鉴别率板。

需要注意的是，如果待测望远系统存在比较大的像差，则除了所测得的鉴别率有明显下降外，还可以根据鉴别率图案中线条成像的一些现象，定性地分析所存在的像差情况。例如，当存在较大的球差时，可以见到鉴别率图案像中透明线条的边缘有均匀的光晕，并使图案中透明线条和不透明线条的对比度下降；当存在较大的彗差时，可以见到鉴别率图案像中透明线条的某一端有扩散的光晕；当存在较大的像散时，可以见到鉴别率图案像中两个互相垂直方向上的线条不能同时分辨清楚。测量望远物镜时，观察显微镜需进行两次调焦、两次视度调节才能分别看清楚两个互相垂直方向上的线条。

由于实际光学系统成像时都是几种像差和其他因素混合存在的错综复杂的情况，所以通过鉴别率图案成像来分析几何像差主要靠经验。

8.3　显微系统鉴别率的测量

显微系统是对有限远距离上的物体放大成像的。为了测量显微系统的鉴别率，必须将线条间隔距离与待测显微系统鉴别率值相接近的目标图案放置在待测显微物镜的物平面上。由于显微物镜的鉴别率比较高,例如,普通显微物镜的数值孔径 NA 的范围是 $0.1 \sim 1.4$,按照理论计算可得鉴别率 δ 的范围为 $2.9 \sim 0.21\ \mu m$,所以要有线条间隔与鉴别率理论值匹配的目标图案。虽然目前已可以刻制每毫米 $4\,000$ 对线左右的光栅,但要获得一系列线条间隔按一定规律变化而又不太大的光栅,以便准确测量显微系统(尤其是大数值孔径显微物镜)的鉴别率,是很困难的。下面介绍两种测量显微系统鉴别率的方法。

8.3.1　标本或者光栅测量显微系统的鉴别率

在一些天然的生物标本上可以找到线纹极细的图案,如蝴蝶翅膀、硅藻等,尤其是各种硅藻类的壳皮,其上面的线纹间距可达 $0.3 \sim 1\ \mu m$。测量时,将这种生物标本放在待测显微镜下直接观察,通过与作为标准的成像质量较好的显微镜观察结果相比较,就可以定性地(或者粗略地)测得待测显微镜的鉴别率。

为了更为准确地测量显微镜的鉴别率,可以利用人工制作的光栅标本进行测量。这种标本是在一块玻璃片上用金刚石刀刻出一组一组平行的线条,各组的线条间隔不等。有一种人工制作的光栅标本是由 19 组平行的线条组成的,每组内线条间隔相等,各组线条由粗到细排列,最大的线条间隔为 $2.56\ \mu m$,最小的线条间隔为 $0.113\ \mu m$。将这种光栅标本直接放在显微镜下观察,当某一组线条刚刚能被分辨清楚时,这组线条的间距就是待测显微镜的鉴别率。

如果没有这种人工制作的光栅标本,也可以准备一套现有的光栅来代替,可供选择的线条间隔(通常称为光栅常数)应尽可能多一些。将各光栅依次放在待测显微镜下观察,直到能分辨开其中线条最密的一块光栅,则这块光栅的线条间距就是待测显微镜的鉴别率。

用这种方法测量显微镜的鉴别率时,应注意以下几点:

① 待测显微镜的放大率应足够大,以保证能被显微镜分辨开的线条间隔一定也能被人眼通过待测显微镜观察时分辨开。现设待测显微镜的鉴别率为 $\delta\ \mu m$,则当人眼在明视距离($250\ mm$)处直接观察时,对人眼的张角 δ_e 为

$$\delta_e = \frac{\delta \times 10^{-3}}{250} \times 2 \times 10^5 = \frac{\delta}{125} \times 10^2\ ('')$$

为了使人眼通过待测显微镜能容易地分辨开物平面上间隔为 δ 的线条,则张角 δ_e 经显微镜放大后应大于人眼的分辨率。为了容易观察,放大后的张角 Γ 应在 $2' \sim 4'$ 范围内,则有

$$2' < \Gamma \frac{\delta}{125} \times 10^2 < 4'$$

实际显微镜的鉴别率和理想鉴别率相差不大,现可用理想鉴别率来估计所需要的放

大率 Γ。根据表 8-1 取理想鉴别率为 $\delta = \dfrac{0.3}{NA}$，则代入上式有

$$500NA < \Gamma < 1\,000NA \tag{8-21}$$

式(8-21)为测量鉴别率时，待测显微镜放大率 Γ 的选取范围。其中，NA 是显微物镜的数值孔径。实际上这里就是要在测量时选择合适放大率的目镜。

② 有的显微系统的物镜和目镜是联合校正像差的，所以在测量时应尽可能选用显微镜本身备有的高倍目镜。若选用专用的目镜，则要考虑像差校正情况。

③ 标本或者光栅的照明最好采用显微镜本身的照明器，这样可以较为有效地减少杂光的影响。如果用其他光源照明，则应尽可能减少杂光，因为杂光会降低成像的对比度，使实际测量的鉴别率值增大。

④ 对于盖片玻璃厚度有要求的显微物镜，测量时应加上规定厚度的玻璃片。

8.3.2 自准直法测量显微系统的鉴别率

图 8-12 所示为自准直法测量显微系统鉴别率的原理示意图。将待测显微系统的目镜和物镜安装到专用的镜筒上，物镜和目镜之间的距离应准确地等于待测显微镜所要求的机械筒长。测量时，可以利用栅格状鉴别率图案，也可用其他形式的鉴别率图案。将鉴别率图案板放置在待测显微物镜对应的像平面处。鉴别率板由光源通过聚光镜照亮，为了使照明均匀，在聚光镜和鉴别率图案中间可设置一块毛玻璃。在待测显微镜物镜的物平面位置上垂直于光轴放置一块平面反射镜。被照亮的鉴别率图案经过分光立方棱镜的反射由待测显微物镜成像在平面反射镜上，经过平面反射镜反射后，再次经过待测显微物镜和分光立方棱镜后成像在目镜的焦平面上。人眼通过目镜就可以观察到鉴别率图案的像。

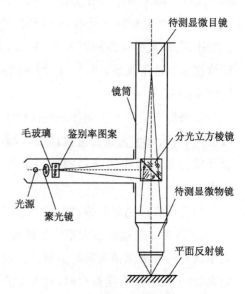

图 8-12 自准直法测量显微系统鉴别率的原理示意图

从图 8-12 中可以看出，如果待测显微物镜的放大率为 β，则鉴别率图案首先经该物镜在物平面处的平面反射镜上形成缩小为 $1/\beta$ 大小的鉴别率图案像。此时，整个显微镜所观察的就是这个缩小的像。由平面反射镜反射后，在目镜焦平面（即物镜像平面）处得到的是与原来鉴别率图案大小相等的像。

测量者通过目镜观察鉴别率图案像，同样可以判读出一组刚刚能被分辨清楚的线条

组,根据已有的数据表格可以知道该组线条的间隔距离。该组线条的间隔距离除以待测显微镜物镜的放大率,就是待测显微系统的鉴别率。

8.3.1 节中用标本或光栅测量显微系统鉴别率的注意事项也适用于自准直法。

自准直法的优点在于用在物平面上得到的缩小了的鉴别率图案像代替光栅或标本,这就可以用线条间隔较大的鉴别率图案来得到线条间隔很小的目标图案。例如,待测显微物镜的数值孔径为 $NA = 0.65$,放大率为 $\beta = 40$,按照理想鉴别率计算,该显微镜的鉴别率为 $0.5~\mu m$ 左右。如果用光栅直接观察测量,则要求采用 2 000 lp/mm 的光栅。如果用自准直方法,则要求鉴别率图案的线条间隔为 $20~\mu m$ 左右。如果用栅格状鉴别率图案,计算可知,只要使用 2 号鉴别率板就可以了。这种鉴别率板比 2 000 lp/mm 的光栅容易制作得多。

利用自准直方法测量光学系统的鉴别率也有不足之处。首先,在显微系统光路中加入了立方棱镜,由于在会聚光路中,该立方棱镜本身有像差,所以虽然显微物镜的像方孔径角通常都较小,产生的像差不大,但也会影响到实际的鉴别率测量结果。其次,在显微镜的实际使用光路中,光线只经过显微物镜一次,而在测量时,光线经过物镜两次,因此在测量时加大了物镜像差的影响。由于这些原因,显微镜的鉴别率测量通常都被用作相对评定成像质量的指标,这就是在相同的测量条件下,首先测量出一台成像质量较好的显微镜的鉴别率值,并以此为标准,然后对其他同类型的一批显微镜进行测量,使测量值和作为标准的值相比较,从而评定其成像质量。

8.4　照相系统鉴别率的测量

8.4.1　照相物镜的目视鉴别率和照相鉴别率

照相物镜的鉴别率测量要比望远物镜和望远系统的鉴别率测量复杂得多。因为除了要测量轴上鉴别率外,还要测量一系列不同视场处的鉴别率。另外,在测量鉴别率时,不但要考虑照相物镜实际成像时的鉴别率,而且要考虑成像在感光底片上时感光底片本身鉴别率的影响。因为实际摄影效果是由照相物镜和感光底片共同作用的效果。

为了区别起见,在测量鉴别率时,人眼(一般借助于显微镜)直接在照相物镜像平面上进行观测,所得到的鉴别率称为目视鉴别率。如果使用照相机,则先将鉴别率图案拍摄在感光底片上,然后经过一定的处理,在底片上进行测量,所得到的鉴别率称为照相鉴别率。

由于感光底片本身的鉴别率比较低,一般黑白底片的鉴别率在 75~120 lp/mm 范围内,所以由照相物镜和感光底片组合在一起测量得到的照相鉴别率要比照相物镜的目视鉴别率值低得多。关于照相鉴别率 N_p 和目视鉴别率 N_e 之间的关系常常可以用一个近

似的公式做粗略的估计,即

$$\frac{1}{N_p} = \frac{1}{N_e} + \frac{1}{N_o}\qquad(8\text{-}22)$$

式中,N_p 是照相鉴别率;N_e 是目视鉴别率;N_o 是感光底片的鉴别率。

照相系统的鉴别率可以在普通光具座上进行测量,也可以通过使待测照相系统直接对图 8-9 所示的反射式鉴别率板成像进行测量。

8.4.2 照相物镜的目视鉴别率测量

1. 测量原理和测量方法

照相物镜的目视鉴别率通常可以在光具座上进行测量,图 8-13 是照相物镜目视鉴别率测量原理图。透射式鉴别率板设置在平行光管物镜的焦平面上,并由照明器均匀照亮。待测照相物镜架设在物镜夹持器上与平行光管相对,此时在待测照相物镜焦平面上形成鉴别率图案像,将后面的观察显微镜调焦在此像平面上,则观察者通过该显微镜就可以看到鉴别率图案的像,并进行判读。为了测量轴外各视场处的鉴别率,必须使待测照相物镜的光轴能够相对于平行光管的光轴转动到所要求的视场角。目前,所有的光具座在提供这种转动时,可以分成两类。第一类是单独由物镜夹持器转动,观察显微镜只能沿光轴移动调焦,并不与待测照相物镜一起转动。物镜夹持器安装在转座上,可以随着待测照相物镜转动。除此之外,待测照相物镜还能与物镜夹持器一起沿轴向调节,以便把照相物镜的后节点调整到物镜夹持器的转动轴线上。第二类是物镜夹持器和观察显微镜一起围绕同一轴线转动。图 8-14 所示为物镜夹持器和观察显微镜的工作原理示意图。物镜夹持器和观察显微镜一起架设在回转臂上。回转臂绕垂直于光轴的轴线相对于底座转动。物镜夹持器在回转臂上可以沿光轴移动,以调节待测照相物镜的后节点与回转轴线相重合。观察显微镜可以在回转臂上沿着与显微镜本身的光轴相垂直的方向移动,如图 8-15 所示。当回转臂转动视场角 ω 以后,观察显微镜相应地转到平行光管光轴之外,此时,必须将观察显微镜沿着与显微镜光轴垂直的方向移动到图中虚线所示的位置才能观测到像平面上的鉴别率图案像。

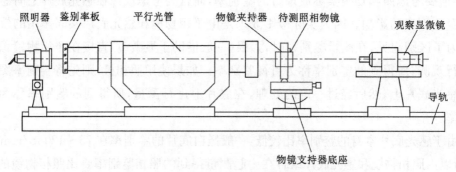

图 8-13 照相物镜目视鉴别率测量原理示意图

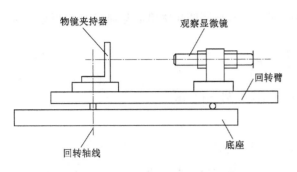

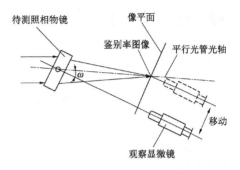

图 8-14　物镜夹持器和观察显微镜工作原理示意图　　图 8-15　照相物镜目视鉴别率测量原理示意图

当测量者通过观察显微镜看到待测照相物镜像平面上的鉴别率图案像后,判读方法和测量望远物镜时的一样,如果鉴别率图案是栅格状的,则由疏到密一组一组地按顺序判读,直到判读出刚刚能分辨清楚的那一组线条。查得该组线条的宽度后,通过换算就可以得到待测照相物镜的鉴别率。如果鉴别率图案是辐射状的,则要测量出中央模糊圆的直径后进行换算。

2. 视场中心(轴上点)鉴别率的测量

如果平行光管物镜焦平面上使用的是栅格状鉴别率图案,则当观察显微镜调焦在待测照相物镜的焦平面上时,人眼观察到鉴别率图案像,并判读出其中某一组线条为刚刚能分辨清楚的线条。根据表 8-2 和表 8-3 可得到对应于该组线条的宽度 a_n,或者可直接查到对应的每毫米内的线对数 N_0。由图 8-16 可看

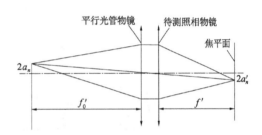

图 8-16　鉴别率测量原理示意图

出,这时所能分辨清楚的是相当于位于平行光管物镜焦平面上间隔距离为 $2a_n$ 的线条组。因此,在待测照相物镜焦平面上实际所能分辨清楚的线条像的间隔 $2a'_n$ 为

$$2a'_n = 2a_n \frac{f'}{f'_0} \ (\mu m)$$

式中,f'_0 是平行光管物镜的焦距;f' 是待测照相物镜的焦距。 $2a_n$ 和 $2a'_n$ 的单位是 μm。由于照相物镜鉴别率的定义是在像平面上 1 mm 内所能分辨开的线对数,所以有 $N = \frac{1\,000}{2a'_n}$ 和 $N_0 = \frac{1\,000}{2a_n}$,于是待测照相物镜的鉴别率 N 可以表示为

$$N = N_0 \cdot \frac{f'_0}{f'} \ (lp/mm) \qquad (8\text{-}23)$$

式中,N_0 是由鉴别率板上对应所能分辨清楚的那组线条计算出的 1 mm 内的线对数。

如果采用的是辐射状鉴别率图案,则应该用测量显微镜代替观察显微镜调焦在待测照相物镜的焦平面上,直接测量出图案像中间模糊圆的直径 d。如果所采用的辐射状鉴别率

图案是共有 m 条透明的(或者不透明的) 扇形线条,则待测照相物镜的鉴别率 N 可以表示为

$$N = \frac{m}{\pi d} \ (\text{lp/mm}) \tag{8-24}$$

式中, d 是在待测照相物镜焦平面上测量到的模糊圆直径,mm。

3. 轴外视场鉴别率的测量

测量轴外视场鉴别率时,必须转动待测照相物镜使它的光轴和平行光管的光轴构成所要求的视场角。如果采用观察显微镜不与物镜夹持器一起转动的光具座,则首先必须调节待测照相物镜的后节点,使它和物镜夹持器的转动轴线重合,如图 8-17 所示。这样物镜在转动时,在物镜焦平面上所形成的鉴别率图案始终保持在平行光管光轴上,只要轴向移动观察显微镜就可以调焦到该鉴别率图案像上。反过来,只要根据待测照相物镜旋转时在观察显微镜中所观察到的鉴别率图案像有横向移动,就可以把待测照相物镜的后节点调节到与旋转轴线相重合。

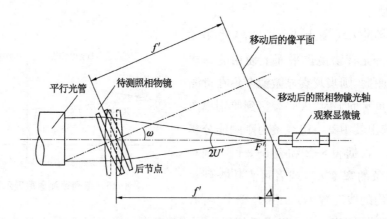

图 8-17 轴外视场鉴别率测量原理示意图

调节好后节点位置以后,先使待测照相物镜设置在视场角为零(即测量视场中心鉴别率)的位置上,如图 8-17 中虚线所示。测量完视场中心的鉴别率后,使待测照相物镜旋转一视场角 ω,如图 8-17 中实线所示位置。从图中可以看出,此时,鉴别率图案成像在旋转后的像平面上,为了使观察显微镜仍调焦在旋转以后的像平面上,必须使观察显微镜向后移动距离 Δ,并且有

$$\Delta = f' \cdot \left(\frac{1}{\cos \omega} - 1 \right) \tag{8-25}$$

式中, f' 是待测照相物镜的焦距; ω 是对应旋转以后的视场角。

如果采用栅格状鉴别率图案,则测量者通过观察显微镜读出其中某一组线条是刚刚能分辨清楚的线条,计算可知该组线条的间隔距离 $2a_n$ 或者每毫米内的线条对数 N_0。为了求出在视场角 ω 下的鉴别率,必须把 $2a_n$ 或者 N_0 换算成待测照相物镜转动 ω 角以后的

像平面上每毫米内的线对数 N。

如图 8-18 所示,在平行光管物镜焦平面处的鉴别率板上,AB 是刚刚能被照相物镜分辨开的间隔距离为 $2a_n$ 的相邻两线条。

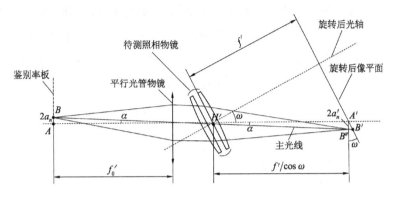

图 8-18　照相物镜轴外视场鉴别率测量原理示意图

AB 线条在旋转以后的待测照相物镜像平面上的像为 $A'B' = 2a'_n$,由图 8-18 有

$$\tan \alpha = \frac{2a_n}{f'_0} = \frac{A'B''}{H'A'}$$

式中,H' 是待测照相物镜的后节点(因为位于空气中,节点和主点相重合);B'' 是主光线在过点 A' 与 $H'A'$ 相垂直的面上的交点。从图中可以看出,$H'A' = \dfrac{f'}{\cos \omega}$,$A'B' = \dfrac{A'B''}{\cos \omega}$,则有

$$\frac{2a_n}{f'_0} = \frac{A'B' \cdot \cos \omega}{f'} \cos \omega$$

$$A'B' = 2a_n \cdot \frac{f'}{f'_0} \cdot \frac{1}{\cos^2 \omega} = 2a'_n \ (\mu\text{m})$$

式中,$A'B' = 2a'_n$ 相当于在像平面上刚刚能被分辨开的间隔距离。

图 8-19 所示的是位于子午面内的情况,因此根据照相物镜鉴别率的定义,把这时子午方向的鉴别率用符号 N_t 来表示,则有

$$N_t = \frac{1\,000}{2a'_n} = \frac{1\,000}{2a_n} \frac{f'_0}{f'} \cos^2 \omega \ (\text{lp/mm}) \tag{8-26}$$

式中,$\dfrac{1\,000}{2a_n}$ 为该组线条在实际鉴别率图案上所代表的每毫米内的线对数,即 N_0,则式(8-26)可写为

$$N_t = N_0 \cdot \frac{f'_0}{f'} \cos^2 \omega \tag{8-27}$$

式(8-27)就是在像平面上观察线条间隔距离在子午方向的线条组时,根据能刚刚分辨开的线条组的 N_0 计算待测照相物镜子午方向鉴别率 N_t 的公式。其中,f_0 是平行光管物镜的焦距,f' 是待测照相物镜的焦距,ω 是视场角。

在图 8-18 中,弧矢面是指过平行光管光轴 AA' 垂直于纸面,则在鉴别率板上线条间隔距离沿着弧矢方向分布的线条所成像的间隔也是在旋转后的像平面上垂直于纸面的。如果在弧矢面内刚刚能被分开的线条组对应的间隔为 $2b_n$,则在待测照相物镜像平面内对应的间隔为 $2b_n$。假设 $2b_n$ 对平行光管物镜的夹角为 β,则有

$$\tan \beta = \frac{2b_n}{f'_0} = \frac{2b'_n}{H'A} = \frac{2b'}{f'} \cos \omega$$

$$2b'_n = 2b_n \frac{f'}{f'_0} \frac{1}{\cos \omega} \ (\mu m)$$

在像平面上弧矢方向的鉴别率用符号 N_s 表示,则有

$$N_s = \frac{1\,000}{2b'_0} = \frac{1\,000}{2b_n} \frac{f'_0}{f'} \cdot \cos \omega \tag{8-28}$$

式中,$\dfrac{1\,000}{2b_n}$ 即为该组线条在实际鉴别率图案上所代表的每毫米内的线对数,同样用 N_0 表示,则有

$$N_s = N_0 \cdot \frac{f'_0}{f'} \cos \omega \tag{8-29}$$

式(8-29)就是在像平面上观察线条间隔距离在弧矢方向上的线条组时,根据刚刚所能分辨清楚的线条组的 N_0 计算待测照相物镜弧矢方向鉴别率 N_s 的公式。

由式(8-23)、式(8-27)和式(8-29)可以看出,即使在视场中央和轴外视场所能分辨的是同一线条组(即 N_0 相同),计算得到的鉴别率值也是不一样的。这是因为在进行轴外视场测量时,从图 8-18 中可看出,平行光管的鉴别率板平面已不再与待测照相物镜的像平面相平行。鉴别率图案在像平面上的成像如投影在一倾斜平面上似的,这时的鉴别率图案像有放大和压扁的现象,如图 8-19 所示。

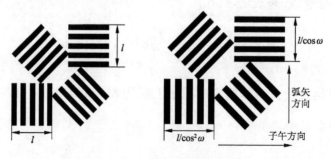

图 8-19 鉴别率图案的形变

图 8-20 所示为在物镜夹持器转动而显微镜不随之转动的光具座上测量的情况。如果测量时采用辐射状鉴别率图案,则根据在不同的像平面方位上测量得到模糊圆的直径有不一样的换算方法,这时显微镜测量的是在垂直于它本身光轴的测量平面内得到模糊圆的直径,图中右下方所示的是测量显微镜中所见到的。

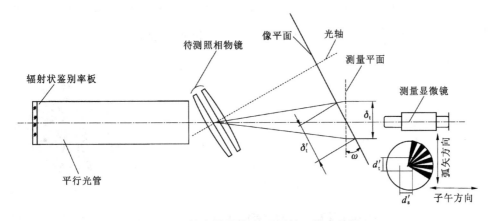

图 8-20　透镜夹持器转动、显微镜不转动的情况

当测量子午方向的鉴别率时,测量出其中模糊圆在弧矢方向的直径 d'_t,则由图 8-20 可知,此时在测量平面内所能分辨清楚的线条间隔为

$$\delta_t = \frac{\pi d'_t}{m}$$

式中,m 是辐射状鉴别率图案中透明(或者不透明)扇形条纹的数目。由图 8-20 可知,所能分辨开的线条间隔从测量平面换算到实际像平面上时,有

$$\delta'_t = \frac{\delta t}{\cos \omega} = \frac{\pi d'_t}{m \cos \omega}$$

于是待测照相物镜在视场角 ω 处,子午方向的鉴别率 N_t 为

$$N_t = \frac{1}{\delta'_t} = \frac{m}{\pi d'_t} \cdot \cos \omega \tag{8-30}$$

当测量弧矢方向的鉴别率时,测量出其中模糊圆在子午方向的直径 d'_s,则由图 8-20 可知,在测量平面内所能分辨开在弧矢方向上的线条间隔 δ_s 为

$$\delta_s = \frac{\pi d'_s}{m}$$

从图 8-20 中还可以看出,弧矢方向上的线条间隔 δ_s 在测量平面内和在像平面内是一样的,即 $\delta'_s = \delta_s$,所以待测照相物镜在视场角 ω 处,弧矢方向的鉴别率 N_s 为

$$N_s = \frac{1}{\delta'_s} = \frac{m}{\pi d'_s} \tag{8-31}$$

图 8-21 所示为在物镜夹持器和测量显微镜一起转动的光具座上测量的情况。此时测量显微镜的测量平面就是待测照相物镜的像平面。但是,由于这时平行光管鉴别率板平面并不与像平面相平行,所以在测量显微镜中所观察到的辐射状鉴别率图案是一个椭圆形的投影像,如图 8-22 所示。由于图案在子午方向和弧矢方向的放大率不一样,所以各扇形线条的夹角在不同的方向上是不一样的。如果辐射状鉴别率图案中共有透明(或不透明)线条 m 条,则在鉴别率板上每一条扇形条纹的张角为 $\alpha = \pi/m$ rad。

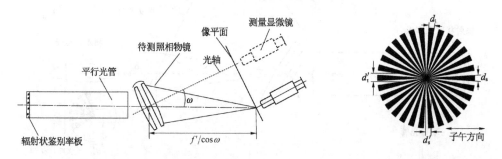

图 8-21 物镜夹持器和测量显微镜一起转动的情况　　图 8-22 辐射状鉴别率图案

根据像平面上的投影放大关系不难证明,在像平面上的鉴别率图案像中,沿着子午方向的扇形条纹的张角 α_s 和沿着弧矢方向的扇形条纹的张角 α_t 分别为

$$
\begin{cases}
\alpha_s = \dfrac{\pi}{m} \cos \omega \\[2mm]
\alpha_t = \dfrac{\pi}{m} \dfrac{1}{\cos \omega}
\end{cases}
\tag{8-32}
$$

若在像平面上测量出子午方向和弧矢方向的模糊圆直径分别为 d'_s 和 d'_t(见图 8-22),则在子午方向和弧矢方向能够分辨开的线条间隔分别为

$$
\begin{cases}
\delta'_t = 2 \cdot \dfrac{d'_t}{2} \cdot \alpha_t = \dfrac{\pi d'_t}{m \cos \omega} \\[2mm]
\delta'_s = 2 \cdot \dfrac{d'_s}{2} \cdot \alpha_s = \dfrac{\pi d'_s}{m} \cos \omega
\end{cases}
$$

于是待测照相物镜的子午方向鉴别率 N_t 和弧矢方向鉴别率 N_s 分别为

$$
\begin{cases}
N_t = \dfrac{1}{\delta'_t} = \dfrac{m \cos \omega}{\pi d'_t} \\[2mm]
N_s = \dfrac{1}{\delta'_s} = \dfrac{m}{\pi d'_s \cos \omega}
\end{cases}
\tag{8-33}
$$

4. 测量注意事项

① 平行光管的通光孔径应足够大,要保证无论是在测量视场中心处的鉴别率还是转动待测物镜后测量轴外视场的鉴别率,光束都能充满待测照相物镜的入射光瞳。很显然,

平行光管物镜本身应具有很好的成像质量。

② 观察显微镜(或者测量显微镜)的物镜数值孔径要足够大,以便保证经过待测照相物镜的成像光束能全部进入显微镜而不被切割。由图 8-17 可看出,经过待测照相物镜的成像光束孔径角 U' 可以近似地表示为 $U' = \dfrac{D}{2f'} = \dfrac{1}{2F}$。其中,$\dfrac{D}{f'}$ 是相对孔径,F 是光阑指数。因此,显微镜的物镜数值孔径 NA 应近似满足下式:

$$NA > \frac{1}{2F} \tag{8-34}$$

在测量轴外视场的鉴别率时,如果使用物镜夹持器和显微镜一起在回转臂上旋转的光具座(见图 8-23),则由于这时显微镜是直接调焦在像平面进行观察的,所以要求显微镜的物镜数值孔径比较大,此时进入显微物镜的最大孔径角达 $(\omega + U')$。为了使用较小数值孔径的显微物镜,可以将显微镜转过一个角度使它对准光束,如图中虚线所示的位置。需要注意的是,如果采用的是辐射状鉴别率图案,则应该用式(8-30)和式(8-31)来计算鉴别率。

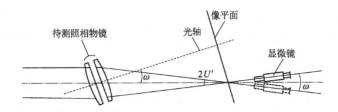

图 8-23　物镜夹持器和显微镜一起转动的情况

③ 观察显微镜(或者测量显微镜)本身的鉴别率应高于待测照相物镜的鉴别率。这里可以用理想鉴别率来估计所要求的显微物镜的数值孔径。从表 8-1 中可查到,待测照相物镜的理想鉴别率为 $N = 1\,716/F$,它相当于在像平面上所能分辨的最小线条间距为 $\delta' = F/1.7\ \mu m$,显微镜的理想鉴别率为 $\delta = 0.29/NA\ \mu m$,则有

$$\frac{F}{1.7} > \frac{0.29}{NA}$$

近似有

$$NA > \frac{1}{2F} \tag{8-35}$$

这和根据孔径角所求的式(8-34)是一样的。

④ 观察显微镜(或者测量显微镜)的放大率应使由待测照相物镜分辨开的相邻两线条经过显微镜后对人眼的张角为 $3' \sim 6'$。如果待测照相物镜的鉴别率为 N,则相邻两线条对直接位于明视距离处观察的人眼的夹角为 $1/(N \cdot 250)$,于是有

$$\frac{1}{N \cdot 250} \cdot \Gamma = (3' \sim 6') \frac{1}{3\,438}$$

$$\Gamma = (0.22 \sim 0.44)N \tag{8-36}$$

这就是显微镜放大率 Γ 的选择范围。

8.4.3　照相物镜的照相鉴别率测量

为了更好地与实际使用效果相联系,照相物镜的成像质量还常常通过测量其照相鉴别率来评定。

照相物镜的照相鉴别率的测量也可以在光具座上进行,可以将照相物镜安装在专用镜箱上,并将照相机装夹在物镜夹持器上;也可以单独将照相物镜装夹在物镜夹持器上,在待测照相物镜的像平面上先用毛玻璃调焦,直到通过观察显微镜看清楚在毛玻璃上所形成的鉴别率图案像,然后在毛玻璃位置上换上感光底片进行曝光照相。后者在测量轴外视场时,要使感光底片和待测照相物镜同时转动相应的视场角,并使底片曝光。这样,一个一个视场依次进行拍照,在同一底片上可以得到一系列视场角的鉴别率图案像。将底片按照规定的条件进行显影和定影等处理后,就可以在显微镜下进行观察和判读。如果平行光管上采用栅格状鉴别率板,则在判读出刚刚能分辨开的线条组后,可以计算出对应的 N_0 值,然后用式(8-23)、式(8-26)和式(8-29)就可以求得相应的鉴别率值。如果采用的是辐射状鉴别率板,则可将底片放在测量显微镜上测量出模糊圆的直径,然后用式(8-24)和式(8-33)计算出鉴别率值。

根据上面所述,这时底片所在的像平面位置是人眼经过观察显微镜用目视办法在毛玻璃上找到的最清晰成像位置。但是由于感光底片的光谱灵敏度和人眼的光谱灵敏度不同,所以目视认为最好的成像位置不一定是拍照时的像平面最佳位置。为了找到拍照时的最佳像平面位置来测量鉴别率,在对鉴别率图案像拍照时,可以相对改变待测照相物镜和感光底片之间的距离,在目视认为最好的像平面前后一系列位置上拍照,根据处理以后的底片判读就可以找到拍照的最佳像平面位置。

待测照相物镜和感光底片之间距离的每次改变量 δL 不宜太大,否则会使最佳像平面遗漏;δL 也不宜太小,否则会使测量工作量增加。通常根据待测照相物镜的 F 数可大致按下式选择:

$$\begin{cases} \text{当 } F < 4 \text{ 时, 取 } \delta L = 0.008F \text{ (mm)} \\ \text{当 } F \geqslant 4 \text{ 时, 取 } \delta L = 0.002F^2 \text{(mm)} \end{cases} \tag{8-37}$$

根据待测照相物镜视场的大小,这种鉴别率板的尺寸应足够大。通常要求待测照相物镜在离开反射式鉴别率板的距离为它本身焦距的 30 倍的位置处进行拍照,因此这种鉴别率板的尺寸要大于待测照相物镜所用感光底片幅面尺寸的 29 倍。例如,对于幅面尺寸为 60 mm×60 mm 的照相物镜,所用鉴别率板的尺寸应不小于 1 740 mm×1 740 mm。

测量时,把安装待测照相物镜的专用照相机架设在反射式鉴别率板的正前方,待测物镜的光轴应垂直于鉴别率板,并通过鉴别率图案分布的中心。整个鉴别率板表面的照明必须均匀,要防止室内灯光或其他反射光进入照相物镜。调节好后按规定控制好曝光时间,进行曝光照相。同样将底片按规定的条件进行显影和定影等处理后,在显微镜下进行判读。

由于在照相时,鉴别率板平面和感光底片平面是平行的,所以判读的结果不必进行修正。如果待测照相物镜离开鉴别率板的距离 L 不是焦距的 30 倍,则应根据成像的实际横向放大率进行换算。如果从底片上判读出刚刚能分辨开的线条组旁标注的数字为 N_0,则待测照相物镜的鉴别率 N 为

$$N = \frac{N_0}{29} \cdot \frac{L - f'}{f'} \tag{8-38}$$

式中,f' 是待测照相物镜的焦距;L 是反射式鉴别率板到待测照相物镜前主面的距离。

综上所述,照相物镜的鉴别率与测量条件有关,如感光底片的种类、曝光时间、照明光源的光谱组成以及底片处理过程等,测量条件不同所得到的结果也不同。因此,在照相鉴别率的测量过程中,必须按照规定严格控制各项测试条件。

第 9 章

成像质量的星点检验

    任何光学系统的作用都是为了给出一个符合要求的物体的像。光学系统的各种像差和误差都必然反映在这个像中。所以很自然地会想到,如果能直接通过物体的像来分析光学系统本身的缺陷,将是一个十分方便的方法。然而并不是所有的物体都能给出这样一个像,使检验者一看就可以知道光学系统所存在的像差和缺陷情况。任意物体都可以看成是由无数个发光的点组成的,经过光学系统所成的像则是由这无数个点所成像的照度分布叠加而成。由于光学系统的像差和缺陷的影响,个别发光物点所成像的照度分布发生变化。这种变化被无数个点的像互相叠加而掩盖,最后给观察者一种模糊的感觉,以致观察者不能发现某种像差在其中所引起的作用。这种分析物体成像的观点通常被称为"点基元"观点,利用这种思想实现的检验方法称为星点检验。

9.1 星点检验的原理和装置

9.1.1 星点检验的原理

    星点检验方法中采用的"点基元"观点和光学传递函数方法中采用的"余弦基元"观点,是从两个不同的角度解释了物体成像的物理过程。从点基元观点出发,这种能直观地反映出光学系统像差和缺陷的最理想的物体就是一个尺寸极小的点光源。因为整个物体的成像是由无数个这种包含像差和缺陷影响而使光能分布发生变化的点光源像叠加而成,所以只要研究这种点光源的成像情况,就可以知道整个物体的成像情况。通常把这种尺寸极小的点光源称为星点,即所谓"点基元"。

    通过考察一个点光源(即星点)经过光学系统后在像平面前后不同截面上所成衍射像的光强分布,定性地评定光学系统成像质量的方法就是星点检验法。

    位于无限远处的发光物点经过理想光学系统成像,在像平面上的光强分布已知。如果光学系统的光瞳是圆孔,则所形成的星点像是夫朗禾费型圆孔衍射的结果。由物理光学中的夫朗禾费(Fraunhofer)圆孔衍射理论可知,在像平面上点光源像的强度分布可以用下式表示:

$$\begin{cases} I = I_0 \left[\dfrac{2J_1(Z)}{Z} \right]^2 \\ Z = \dfrac{2\pi}{\lambda} a\theta \end{cases} \qquad (9-1)$$

式中，I_0 是光学系统所成星点衍射像的中央 P_0 处的光强度；a 是光学系统出射光瞳的半径；θ 是像平面上任意一点 P 和出射光瞳中心的连线与光轴的夹角；I 是点 P 处的光强，如图 9-1(a)所示；$J_1(Z)$ 是一阶贝塞尔函数。从图中可以看出，由于光学系统是沿光轴旋转对称的，所以在像平面上距离点 P 等距离的圆周上，光强度的分布是相同的。因此，在考察像平面上光能量的分布时，可用 θ 作为像平面坐标，同样也可用 Z 作为像平面坐标。因为一阶贝塞尔函数是以 Z 为变量的振荡函数，所以像平面上的光强度变化也是亮暗起伏的，图 9-1(b)表示了像平面上光强随像平面坐标 Z 的变化。由图中可以看出，此时星点经光学系统后在像平面上形成的衍射像的中央有集中了大部分光能量的亮斑，其周围围绕着一系列亮暗相间的圆环，并且亮环的光强度迅速降低，这就是"艾里斑"。表 9-1 中列出了衍射像中各暗环、亮环的坐标位置与各亮环极大值的相对光强，表中的光能量分配是指两个暗环之间包含的光能量占总光能量的百分比。这里可以看出，中央亮斑中集中了绝大部分的光能，周围衍射亮环的亮度随着远离中央亮斑下降得非常快。这也是在通常的星点检验中，除了看到中央亮斑外，往往只能看到周围一个或者两个衍射亮环的原因。

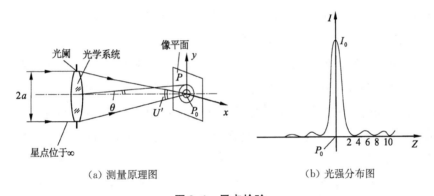

（a）测量原理图　　　　　　　　　　　（b）光强分布图

图 9-1　星点检验

表 9-1　衍射像中各暗环、亮环的坐标位置与各亮环极大值的相对光强

极值名称	$Z = \dfrac{2\pi}{\lambda}a\theta$	θ	I/I_0	光能分配/%
中央亮斑	0	0	1	83.78
第一暗环	$1.220\pi \approx 3.83$	$0.610\dfrac{\lambda}{a}$	0	0
第一亮环	$1.635\pi \approx 5.14$	$0.818\dfrac{\lambda}{a}$	0.017 5	7.22
第二暗环	$2.233\pi \approx 7.02$	$0.116\dfrac{\lambda}{a}$	0	0
第二亮环	$2.679\pi \approx 8.42$	$1.339\dfrac{\lambda}{a}$	0.004 2	2.77

极值名称	$Z=\dfrac{2\pi}{\lambda}a\theta$	θ	I/I_0	光能分配/%
第三暗环	$3.238\pi \approx 10.17$	$1.619\dfrac{\lambda}{a}$	0	0
第三亮环	$3.699\pi \approx 11.62$	$1.849\dfrac{\lambda}{a}$	0.001 6	1.46
第四暗环	$4.240\pi \approx 13.32$	$2.120\dfrac{\lambda}{a}$	0	0
第四亮环	$4.711\pi \approx 14.80$	$2.356\dfrac{\lambda}{a}$	0.000 8	0.86

上面叙述的是发光物点经过理想光学系统时在像平面上形成的衍射图案的形状。这种衍射效应能较容易地观察到。对检验光学系统成像质量来说,更为重要的是检验光学系统或者光学元件存在的像差和缺陷,即使这些像差和缺陷不大,也会在这种衍射图案中反映出来。也就是说,这种衍射图案的变形和在各衍射环之间光能量的分布与理想情况下的差异,能够非常灵敏地反映出光学系统或者光学元件的缺陷。光学系统成像质量的星点检验法就是建立在这个原理基础上的。

必须指出的是,在星点经过理想光学系统所形成的衍射像中,像平面附近前后距离相同的平面上所看到的衍射图案形状也是相同的,也就是说,理想的星点成像在像平面前后应有对称的光强分布。在实际光学系统成像时,由于有很小的像差或者缺陷的存在,所以很容易破坏这种对称性。因此,在星点检验中,常常要通过观察实际像平面前后的衍射图案的情况,用以作为进一步发现缺陷存在的补充。

从衍射成像的角度来看,由发光物点发出的平面波(或者球面波)经过理想光学系统后仍是波面为准确球面的球面波,这时经出射光瞳后在像平面上将得到如上所述的理想的衍射图案形状。对实际光学系统来说,由于像差和种种缺陷的存在,使经过实际光学系统后的波面偏离球面。不同的像差和缺陷会使波面发生具有各自特征的变形。这样的波面经出射光瞳后在像平面上将得到反映出各种缺陷特征的偏离理想形状的衍射图案。当检验员熟悉了包含各种像差和缺陷的衍射图案的特征后,就能十分方便地通过分析实际光学系统所形成的星点衍射像,定性地判断光学系统的成像质量和所存在缺陷的原因。当检验员积累了丰富的经验后,还有可能通过星点衍射像粗略定量地分析各种像差和缺陷的情况。

需要注意的是,实际光学系统的光瞳形状并不总是圆孔形的,有时可能是矩形或者圆环形的。这时理想星点衍射像的形状与上述的圆孔衍射像的形状是不一样的。应用衍射理论,对光瞳形状为矩形或者圆环形这样一些特殊的光学系统不难计算出其理想衍射像的形状。检验时应根据对应的理想星点衍射像来评定光学系统的成像质量。

9.1.2　星点检验的装置

实现星点检验的装置很简单,图 9-2 所示为星点检验的原理示意图。光源通过聚光镜将星点板上作为星点(尺寸极小的发光物点)的小孔照亮。待测物镜可直接对星点成像,在像平面上得到这个星点像的衍射图案。由于这个衍射图案很小,为了能看清楚衍射图案中的亮环,检验者必须通过观察显微镜来观察。由于星点像中的衍射亮环比较暗,只有当光源有足够的亮度时,它们才明显可见。因此,星点检验装置中所用的光源可以是有足够亮度的白炽灯泡,如汽车灯泡、放映灯泡以及卤素灯泡等。利用聚光镜将灯丝直接成像在星点孔上。为了分析各种单色像差或者色差的情况,可以在光源和聚光镜之间加装滤光片。

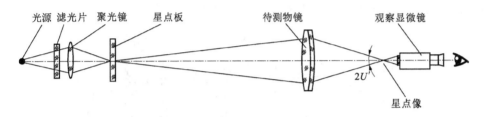

图 9-2　星点检验原理示意图

星点的位置应该在待测光学系统实际工作的物平面上。检验显微物镜时,可以将星点板直接放置在显微镜载物台上,将装有待测物镜的显微镜直接调焦在星点上进行观察。检验望远物镜或者照相物镜时,应该将星点板安放在无限远处或者足够远处。一般认为,对于这种物平面位于无限远处的物镜,实际检验时必须使目标物体位于离开物镜的距离大于焦距 20 倍处才是足够远的。当星点放置在远离待测物镜的地方检验时,必须防止室内空气扰动的影响,因为不稳定的气流会使观察到的星点衍射像抖动,以致观察不出星点像衍射环上缺陷的存在。另外,这样的检验需要在很大的实验室场地中进行。通常为了获得远距离的星点光源目标,把星点板放在平行光管物镜的焦点上,组成如图 9-3 所示的装置。这时平行光管物镜显然应该是高质量的,而且它应该有比待测物镜更大的通光孔径。如果检验望远系统,则应采用前置镜代替观察显微镜。

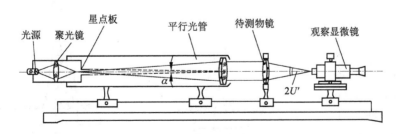

图 9-3　星点检验装置示意图

为了能清楚地观察到星点衍射像,必须对星点光源的尺寸大小、观察显微镜的物镜数值孔径和放大率等有一定的限制,下面分别加以说明。

1. 星点光源的尺寸要求

理论上,星点光源的尺寸应该小到一个几何点,这当然是不可能的。实际上,任何使用的星点光源都有一定的大小。在星点检验中,使用尺寸太大的星点将使衍射像的亮暗衍射环的对比度下降,甚至看不见衍射亮环,而只看到实际上星点小孔像的轮廓。图9-4所示为包括星点孔的测量装置示意图。其中,实际星点孔的直径为d,放置在距待测物镜l处。这时星点孔由许多不相干的亮度相同的发光物点组成,每一个发光点在像平面上形成一个衍射像。图中阴影线部分表示衍射像的光强分布。单个发光点的衍射图案中,对应第一暗环的角半径为θ,在像平面上对应第一暗环的半径σ'就是所谓的艾里斑半径。从图中可看出,$\sigma'=l' \cdot \theta$,其中l'是星点成像的像距,角半径θ可由表9-1查得,$\theta=0.61\lambda/a$,其中a是待测物镜出射光瞳的半径,λ是照明光的波长。

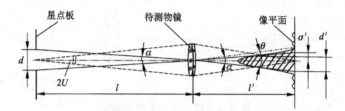

图9-4 包含星点孔的测量装置示意图

如果实际星点孔的直径d较大($a \gg \theta$),则在像平面上单个发光点衍射图案的中央亮斑半径σ'将比星点孔的几何像直径d'小得多。这时在实际星点孔内许多发光点各自在像平面上形成分离的衍射图案,它们的光强分布互相叠加,最后得到的是和几何像d'相似的衍射像,如图9-5(a)所示。这时所能看到的是实际星点的边缘轮廓,而很难看清的是衍射环。如果实际星点孔直径d逐渐减小,则星点孔像的轮廓渐渐模糊,衍射效应越来越明显。当星点孔直径d小到使$a \approx \theta$时,则星点孔像的轮廓完全看不到,衍射像的形状和圆孔衍射像相似,可见到清晰的衍射环,如图9-5(b)所示。如果星点孔直径继续减小($a < \theta$),则像平面上光强度叠加后所得到的衍射图案中,如果待测物镜成像质量良好,则它和理想的星点衍射图案就没有什么区别,如图9-5(c)所示。

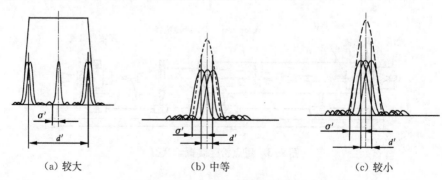

（a）较大　　　　　　　（b）中等　　　　　　　（c）较小

图9-5 不同尺寸星点孔衍射图案的光强分布

在星点检验中,通常把 $\alpha < \theta$ 作为星点孔直径的限制条件。具体来说,就是星点孔的直径对于待检光学系统前节点的张角 α 应小于理想星点衍射图案中第一衍射暗环所对应的衍射角 θ。从图 9-4 中很容易看出,此时有 $d' < \sigma'$,所以星点孔直径的限制条件还可以叙述为:星点孔按几何光学在待检光学系统像平面上所成像的直径 d' 应小于理想衍射图案的中央亮斑半径 σ'。

在实际装置中,为了能清晰地看到星点衍射像,通常把 $\alpha = \theta/2$ 作为计算所要求的星点孔直径的条件。

根据衍射理论或者从表 9-1 可查到,对应第一衍射暗环的衍射角 θ 为

$$\theta = \frac{0.61\lambda}{a} = \frac{1.22\lambda}{D} \tag{9-2}$$

式中,D 是待测物镜的通光直径;a 是半径,即 $D = 2a$。

因为 $\alpha = d/l$,根据条件 $\alpha = \dfrac{1}{2}\theta$,则有

$$d = \frac{0.61\lambda}{D} \cdot l \tag{9-3}$$

当取 $\lambda = 0.55\ \mu m$ 时,则有

$$d = 0.34\frac{l}{D}\ (\mu m) \tag{9-4}$$

式(9-4)为当星点孔直接放在远离待测物镜前方(见图 9-4)时,所要求的星点孔直径的计算公式。其中,l 是星点孔到待测物镜的距离。

由式(9-4)可以看出,距离 l 越大,则星点孔直径 d 就允许越大。一般来说,直径大的星点孔较容易制作,而且使用时比较方便,所以实际上常常把星点放在尽可能远的位置上。对显微物镜的检验来说,星点应位于工作距离上,这时通常要求星点孔的直径是很小的。采用普通的在平整的铝箔上用磨得很尖锐的钢针刺出小孔作为星点孔的办法是很难达到要求的,通常采用在玻璃片上用真空镀铝或者镀银的办法来制作星点。由于玻璃表面难免会有脏点,所以通过显微镜观察镀膜后的铝层或者银层,总是能找到几个适用的针孔,然后根据需要选用其中一个作为透光的星点。

由于星点孔的直径已经限制到所观察的星点衍射像中只能看到衍射圆环,而不允许看到星点孔像的轮廓,所以制作的星点孔稍稍有些不圆整并不是很重要的。

在检验望远物镜和照相物镜时,星点板常放在平行光管物镜的焦平面上,如图 9-6 所示。此时星点孔直径 d 的大小可作如下计算:$\alpha = d/f_0'$。其中,f_0' 是平行光管物镜的焦距。同样,根据条件 $\alpha = \theta/2$,很容易得到

$$d = \frac{0.61\lambda}{D}f_0' \tag{9-5}$$

当取 $\lambda = 0.55 \mu\mathrm{m}$ 时,则有

$$d = \frac{0.34}{D} \cdot f_0' \, (\mu\mathrm{m}) \tag{9-6}$$

式(9-6)为放置在平行光管物镜焦平面处星点孔直径的计算公式。其中,D 是待测物镜的通光孔径。

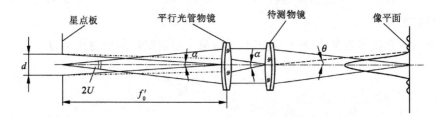

图 9-6　星点板放置在平行光管物镜焦平面上时星点检验装置示意图

例如,待测物镜的通光孔径 $D = 60 \, \mathrm{mm}$,当把星点孔放置在距待测物镜 20 m 处时,根据式(9-4)可知,所要求的星点孔的直径 d 为

$$d = 0.34 \times \frac{20 \times 1\,000}{60} \approx 113 \, (\mu\mathrm{m})$$

如果星点设置在焦距为 1 600 mm 的平行光管物镜焦平面上,则根据式(9-6)可知,所要求的星点孔的直径 d 为

$$d = 0.34 \times \frac{1\,600}{60} \approx 9 \, (\mu\mathrm{m})$$

由上述数据可看出,放在平行光管物镜焦平面处的星点孔直径比直接放在远距离处所要求的直径小得多。但是从图 9-4 和图 9-6 中可以看出,由于星点孔放置的位置 l 比平行光管物镜的焦距长得多,所以即使星点孔直径允许较大,但成像光束的孔径角 U 仍然很小,因此要求使用比采用平行光管时更强的光源照明。

2. 观察显微镜的物镜数值孔径的要求

由于待测物镜的星点衍射像与它的孔径大小直接相关,所以在测量装置上必须保证经过待测系统的光束全部无阻挡地通过观察显微镜。从图 9-3 中可看出,这就要求观察显微镜的物镜数值孔径必须足够大,也就是观察显微镜物镜所允许的物方孔径角必须大于待测物镜检验时的像方孔径角 U',待测物镜的像方孔径角 U' 与其相对孔径有关,即

$$\tan U' = \frac{1}{2} \left(\frac{D}{f'} \right)$$

而显微物镜所允许的最大物方孔径角 $U_{\max}$ 由它的数值孔径决定,即 $NA = n \sin U_{\max}$。这里必须保证 $U_{\max} > U'$,为了保证这一点,通常可以根据待测物镜的相对孔径按照

表 9-2 来选用观察显微物镜的数值孔径。

表 9-2　待测物镜的相对孔径与观察显微物镜的数值孔径对照

待测物镜的相对孔径 $\dfrac{D}{f'}$	观察显微物镜的数值孔径 NA
$0 \sim \dfrac{1}{5}$	0.10
$\dfrac{1}{5} \sim \dfrac{1}{2.5}$	0.25
$\dfrac{1}{2.5} \sim \dfrac{1}{1.4}$	0.40
$\dfrac{1}{1.4} \sim \dfrac{1}{0.8}$	0.65

3. 观察显微镜的放大率要求

由于成像在待测物镜像平面上的星点衍射像的尺寸非常小,当人眼位于明视距离上观察时,各衍射亮环之间对人眼的张角远小于人眼的鉴别率,因此人眼无法直接观察到衍射环的存在,必须借助观察显微镜将衍射像放大,才有可能把衍射像中的各衍射环分辨出来。观察显微镜的放大率应保证像平面上衍射像的第一衍射亮环和第二衍射亮环经放大后对人眼的张角大于人眼的鉴别率。通常为了使观察者能较容易地观察衍射像,这个张角应不小于 $3'$。

根据圆孔衍射理论,从表 9-1 中可查得衍射像中第一衍射亮环的衍射角 θ_1 为

$$\theta_1 = 0.818\frac{\lambda}{a} = 1.636\frac{\lambda}{D}$$

式中,D 是待测物镜的通光孔径,$D = 2a$。

第二衍射亮环的衍射角 θ_2 为

$$\theta_2 = 1.339\frac{\lambda}{a} = 2.678\frac{\lambda}{D}$$

由图 9-7 中很容易看出,第一衍射亮环和第二衍射亮环之间在像平面上的间距 Δ 为

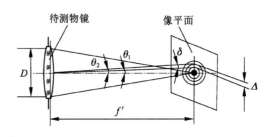

图 9-7　星点检验衍射环示意图

$$\Delta = (\theta_2 - \theta_1) \cdot f' = (2.678 - 1.636)\frac{\lambda}{D} \cdot f' = 1.042\frac{\lambda}{D} \cdot f' \tag{9-7}$$

式中,f' 是待测物镜的焦距。

人眼在明视距离处观察时的视角为 $\Delta/250$,经过显微镜将该视角放大到对人眼的张角大于 $3'$,则有

$$\frac{\Delta}{250} \cdot \Gamma \geqslant 3' \times \frac{1}{3\,438}$$

当取 $\lambda = 0.55 \times 10^{-3}$ mm 时,则有

$$\Gamma \geqslant 380\frac{D}{f'} \qquad (9\text{-}8)$$

式(9-8)是星点检验装置中观察显微镜的放大率要求。其中,D/f' 是待测物镜的相对孔径。

4. 前置镜的放大率要求

在对望远系统或者平面光学元件进行星点检验时,需要借助前置镜观察,如图 9-8 所示。对于前置镜,同样要求它的入射光瞳直径应大于待测望远系统的出射光瞳直径 D',以免切割光束。由于一般的望远系统的出射光瞳直径都较小,普通的前置镜都能满足这点要求,主要是前置镜的放大率应足够大,以保证人眼通过前置镜能分辨开星点衍射像中的第一和第二衍射亮环。

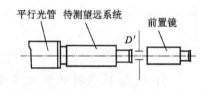

图 9-8　前置镜示意图

如果待测望远系统的入射光瞳直径为 D,则经过物镜之后,在焦平面(即分划板)上形成的星点衍射像中第一和第二衍射亮环之间的间隔 Δ 由式(9-7)计算,即

$$\Delta = 1.042\frac{\lambda}{D}f'_{物}$$

式中,$f'_{物}$ 是待测望远系统物镜的焦距。光束经过待测系统的目镜后,第一和第二衍射亮环的张角为 $\Delta/f'_{目}$,该张角经过前置镜放大以后应不小于 $3'$。如果前置镜的放大率为 $\Gamma_{前}$,则可以写出

$$1.042\frac{\lambda}{D} \cdot \frac{f'_{物}}{f'_{目}} \cdot \Gamma_{前} \geqslant 3 \times \frac{1}{3\,438}$$

现取 $\lambda = 0.55 \times 10^{-3}$ mm,考虑到待测望远系统的放大率 $\Gamma = f'_{物}/f'_{目}$,则有

$$\Gamma_{前} \geqslant 1.5\frac{D}{\Gamma} \quad 或者 \quad \Gamma_{前} \geqslant 1.5D' \qquad (9\text{-}9)$$

式中,D' 是待测望远系统的出射光瞳直径。

9.2　光学系统的缺陷和星点衍射图案

利用星点检验来评定光学系统的成像质量,主要是将实际所形成的星点衍射图案和

理想的星点衍射图案相比较,根据两者的差异来发现实际光学系统中所存在的像差和其他误差。光学系统残留的各种像差和误差都会产生具有各自特征的星点衍射图案。了解和熟悉这些特征是使用星点检验方法所必须具备的技能。下面分别叙述各种类型的像差和误差可能产生的星点衍射图案的变形。

9.2.1　光学系统的共轴性

大部分光学系统都要求各光学元件的光轴相一致,但是在制造和装配过程中这种共轴性往往不能得到保证。其原因主要有装配时元件的位置误差、透镜的定中心误差、胶合透镜的定中心偏差、光学元件表面不规则以及玻璃内部不均匀等。

在检验光学系统的共轴性时,星点光源应位于光学系统的光轴上。使用显微镜观察星点通过待测光学系统的像平面上及其前后位置上的图案。观察显微镜光轴和待测系统光轴应一致。如果采用图 9-3 所示的装置,则应使平行光管、待测物镜和观察显微镜三者的光轴相一致。

如果待测光学系统的共轴性是良好的,则在所见到的星点衍射图案中,虽然各亮环和暗环之间的光能分布与理想的衍射图案可能不一样,但见到的衍射环必定是围绕着中央亮斑的同心圆,而且在每一个衍射圆环上光能量的分布是均匀的。在星点像平面前后附近所见到的衍射图案也应是同心圆环状的。当用白光照亮星点孔时,见到的应是带有各种彩色的衍射图案,但衍射环也应当是同心圆环状的,而且同一衍射圆环上的颜色应相同,深浅应是均匀的。

产生上述现象的原因是:对于共轴性良好的光学系统,即使它存在像差,当入射光是中心位于光轴上的球面波(对应星点位于光轴上的情况)时,虽然光学系统出射的不一定是球面波,但其波面必定是一个以光轴为对称轴的回转面。在像平面上围绕轴上点(即星点衍射像的中心)的任意一个圆的圆周上每一点,这种回转波面的光波对它都有相同的衍射效果,也就是说,这种回转波面上各点发出的次波对圆周上任意点的叠加效果都相同。因此,对于共轴性良好的光学系统,其所得到的星点衍射图案应该是具有中央亮斑的同心衍射亮环。

在检验光学系统时,如果发现轴上星点衍射图案中衍射亮环不成同心圆环,或者同一衍射亮环上的亮度不一样,或者用白光照明时所见到的同一衍射环上颜色不均匀甚至由几种颜色组成,那么就表明待测光学系统的共轴性受到了破坏。这时的星点衍射图案形状和在检验轴外星点成像时待测光学系统存在彗差时的现象一样。这是由于光学系统共轴性的误差破坏了轴向成像光束的对称性。

用星点来检验光学系统共轴性的方法,在多组分的物镜的装配过程中是很有用的。例如,在照相物镜和显微物镜的装配中,通过观察位于光轴上的星点衍射像的圆整情况,可以把各组分之间的光轴调整到严格重合。

9.2.2　光学系统的色差和星点衍射图案

一个没有进行过色差校正的光学系统(如单透镜),从位于其光轴上的星点发出的各种波长的光线经过它之后将分别会聚在光轴的不同位置,如图 9-9(a)所示。对正透镜来说,波长较短的谱线(如蓝光 F 谱线)要比波长较长的谱线(如红光 C 谱线)的像点位置更靠近透镜。这种情况可以用图 9-9(b)中的曲线来表示。

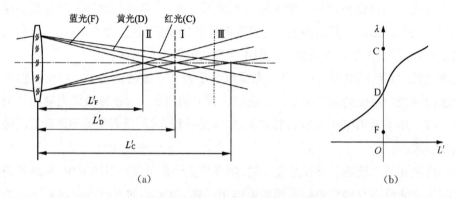

(a)   (b)

图 9-9　光学系统的色差示意图

几乎所有的实际光学系统在设计时都要考虑消色差,也就是消除某些谱线的像点位置差异。对于不同用途的光学系统,消色差谱线的选择是不一样的。图 9-10 所示为几种典型的消色差情况。图 9-10(a)为目视仪器的消色差曲线图,设计时对 C 谱线和 F 谱线消色差,从而使人眼较灵敏的 D 谱线的像点附近光能量最为集中。图 9-10(b)表示使用在照相物镜上的对 C 谱线和 g 谱线消色差的情况,最后光能量集中在对某种感光底片最灵敏的 D 谱线和 F 谱线范围内。图 9-10(c)表示的是复消色差的情况。

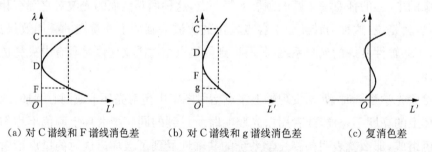

(a) 对 C 谱线和 F 谱线消色差   (b) 对 C 谱线和 g 谱线消色差   (c) 复消色差

图 9-10　典型的消色差情况

用星点来检验光学系统的轴向色差时,星点应位于待测光学系统的光轴上,并且用白光照明。

如果待测光学系统是一个没有经过色差校正的光学系统,则通过观察显微镜在像平面上看到的是颜色非常鲜艳的彩色圆环图案,各种彩色以同心圆环状排列。在 D 谱线像点前后的两个截面上进行观察,可以见到色序相反的两个彩色圆环图案。在靠近待测光学系统的截面(见图 9-9 中Ⅱ)上所见到的颜色次序为：中心是紫蓝色，最外面包围的是红色，中间是黄绿色。在远离待测光学系统的截面(见图 9-9 中Ⅲ)上所见到的颜色次序为：中心是红色，最外面包围的是紫蓝色，中间是黄绿色。

如果待测光学系统是一个经过目视消色差的光学系统，则所见到的星点像的最大特点是其圆环颜色要比没有经过色差校正的颜色柔和得多，不是那么鲜艳。在 D 谱线的像点位置上由于光能最集中，将看不到任何颜色，并可能见到中央亮斑周围的衍射环。在像平面向前的截面上可以看到彩色的图案，其中心是微带绿色的，周围是淡黄色的，最外面是紫红色的。在像平面向后的截面上也可看到彩色的图案，其中心是微带紫红色的，周围是淡黄色的，最外面是黄绿色的。

对于选择其他谱线消色差的光学系统，可以见到具有相应的特殊彩色的星点图案。星点检验法通常只能定性地分析待测光学系统的轴向色差。一般是首先对已知的认为色差校正得比较好的同类型光学系统进行多次观察和分析，等到对星点图案的形状和色彩积累了一些经验之后，再将待测光学系统所形成的星点图案与这个已知的图案相比较，从而来判断该待测光学系统的消色差效果。

根据彩色星点图案还可定量地测量出轴向色差的大小。这时可以采用一组干涉滤光片，依次将干涉滤光片放在光路中。在放入某一块滤光片时，纵向调节观察显微镜，使它调焦在对应这种波长光所形成的星点衍射像位置上。将实际衍射图案与理想衍射图案相比较，确定最为接近的观察显微镜位置，以此作为正确的调焦位置，并在观察显微镜座上记下此时的位置读数。然后取下该滤光片，放入另一块波长的滤光片，采用同样的方法调节观察显微镜，并记录正确的调焦位置读数。这样对应于一组不同波长的干涉滤光片可以得到一组读数值。这些读数值之间的差异就表示了各光波波长之间的色差，也可以把对应各波长的观察显微镜调焦位置读数画成如图 9-11 所示的色差曲线图。

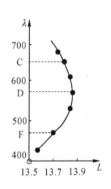

图 9-11　色差曲线图

需要指出的是，在光学系统设计时所采用的轴向色差值是指两种波长的近轴光线或者某一入射光线与光轴的交点之间的轴向距离，而用星点检验法测定的是各种波长的光波在整个通光孔径下所形成星点衍射像的目视最佳成像位置。这里的色差是指最佳成像位置之间的轴向距离。两者在数值上可能稍有差别。

9.2.3　光学系统的球差和星点衍射图案

对于一个球差校正良好的光学系统，从几何光学角度看，轴上物点发出的所有光线经过该系统后将会聚于一点。从波动光学的角度来看，入射的是中心位于光轴上的球面波，出射的也是中心位于光轴上的球面波，如图 9-12(a)所示。如果光学系统只存在球差，则出射该光学系统的光波波面不再是理想的球面，而是某一种以光轴为对称轴的回转面。这时所形成的星点衍射像仍然是中央亮斑由同心衍射圆环组成的图案，但是光能量的分布规律会发生明显的变化。球差值越大,则各衍射亮环上可能分配到的光能量越多。而且,由于波面变形,在理想像平面前后截面上观察到的衍射图案失去对称性,也就是在理想像平面前后距离相同的截面上观察到的衍射图案不一样。因此,根据星点衍射亮环的相对亮暗情况和前后截面上的衍射图案的情况,就可以发现待测光学系统存在的球差。

光学系统残留的球差通常可以分为 3 种形式。第一种形式是边缘光线的交点距光学系统最近,区域光线的入射高度越小,交点越远,近轴光线的交点最远,如图 9-12(b)所示,这种情况称为球差校正不足。第二种形式恰恰相反,边缘光线的交点距离最远,区域光线的入射高度越小,交点越近,近轴光线的交点最近,如图 9-12(c)所示,这种情况称为球差校正过度。第三种形式是存在区域球差,此时边缘光线的交点和近轴光线的交点相接近,而中间区域光线的交点则相对较近(负区域球差)或者较远(正区域球差),如图 9-12(d)所示。

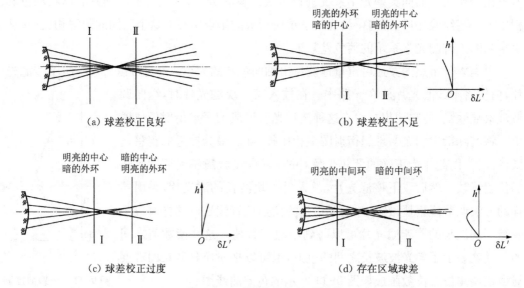

图 9-12　球差曲线和星点检验

检验时,星点位于待测光学系统的光轴上。通过显微镜在像平面上以及像平面前后附近进行观察和分析,会发现不同的球差对星点的衍射像有着不同的影响。

对于球差校正良好的待测光学系统,所观察到的星点衍射像应该和理想的情况相接近。这时可以看到中心有轮廓清晰、明亮的圆斑,周围有轮廓清晰但暗得多的第一衍射亮环和亮度很弱的第二衍射亮环。在离开像平面前后相同距离的位置上,能够观察到形状相同的图案。

如果待测光学系统的球差校正不足或者校正过度,则在前后两个位置上将观察到不同的光能分布图案。如果球差校正不足,则在前截面Ⅰ(靠近待测光学系统的离开实际星点像平面不远的位置)上见到的星点衍射图案是有明亮的外环、暗的中心。而在后截面Ⅱ上见到的是暗的外环、明亮的中心,如图 9-12(b)所示。如果球差校正过度,则看到的情况正好相反,在前截面 Ⅰ 上见到的是明亮的中心、暗的外环,而在后截面 Ⅱ 上见到的是暗的中心和明亮的外环,如图 9-12(c)所示。图 9-13 所示为在一个具有球差校正不足的光学系统上,在不同的截面位置所见到的星点衍射图案的情况,其中点画线位置是星点像平面位置。从图中可以看出,在离开像平面靠近光学系统的截面上,衍射图案中外环的亮度显著增加,而在向后离开像平面的截面上则显著减弱。

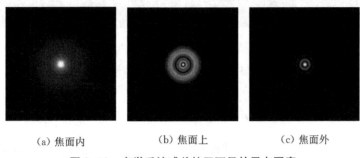

(a) 焦面内　　　　　　　　(b) 焦面上　　　　　　　　(c) 焦面外

图 9-13　光学系统球差校正不足的星点图案

　　如果光学系统存在区域球差,则在衍射像中可见到中间的衍射环亮度将有明显的变化,而中心部分的亮度降低。图 9-12(d)所示为存在负的区域球差的情况,这时在前截面 Ⅰ 上可以见到亮的中间环,而在后截面 Ⅱ 上将见到暗的中间环。当光学系统存在正的区域球差时会看到与上述相反的情况,即在前截面 Ⅰ 上见到的是暗的中间环,而在后截面 Ⅱ 上见到的是明亮的中间环。

　　在用星点法检验所有的各种单色像差时,光路中都应加上与计算像差所采用的谱线波长一样的滤光片。

9.2.4　光学系统的彗差和星点衍射图案

　　光学系统的彗差表现为轴外成像光束的不对称,反映在星点衍射图案中是各衍射环的偏心。图 9-14 所示为存在彗差时的星点衍射图案。其中,图 9-14(a)所示的是彗差较小时的情况,这时中央亮斑和衍射圆环之间已开始出现偏心,而且衍射亮环在粗细和亮度上已变得不均匀。这种情况对应的出射波面变形的波差值大约为 0.2λ。图 9-14(b)所示的星点衍射图中央的亮斑和衍射亮环已产生明显的偏心,同一衍射亮环的亮度已明显不均匀,而各衍射环的明亮部分都趋向于一边。这种情况对应的波长值大约为 0.5λ。图 9-14(c)和图 9-14(d)所示的星点衍射图是对应存在较严重彗差时的情况。此时已形成明亮的头部,各衍射亮环已断开,形成较暗的尾部,呈现出明显的彗星状。其中,图 9-14(d)所示的彗差比图 9-14(c)所示的彗差更为严重,各衍射亮环已残缺不全,这时对应的波差值已超过 2.5λ。

　　如果检验时星点位于待测光学系统的光轴上,看到如图 9-14 所示的星点衍射图案,则一定是由共轴性受到破坏所引起的;如果星点位于待测光学系统的轴外某视场角上,则图 9-14 所示的现象是由光学系统残留的彗差所引起的。在一般情况下,视场角越大,则彗差越大。

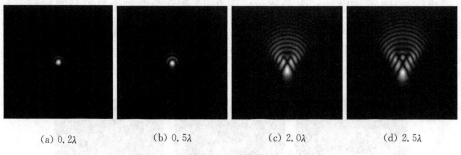

(a) 0.2λ   (b) 0.5λ   (c) 2.0λ   (d) 2.5λ

图 9-14　存在彗差时的星点衍射图案

9.2.5　光学系统的像散和星点衍射图案

光学系统存在像散时使出射的波面在子午和弧矢面内的曲率半径不相等,也就是子午面内的光线和弧矢面内的光线不再相交于一点。这时在星点衍射图案中表现为衍射亮环在子午方向和弧矢方向产生明显的差异。图 9-15(a)和(b)所示为待测光学系统的残留像散不太大时所见到的星点衍射图案,其中中央亮斑已变成椭圆形,衍射亮环也已变成同心的椭圆形。图 9-15(c)和(d)所示为像散较大时,在子午焦线或者弧矢焦线上看到的衍射图案的中央亮斑可以被变成一条亮线,在亮线的两侧伴随有衍射亮环被拉伸成的亮线条。在子午焦线和弧矢焦线位置上看到的亮线是互相垂直的。图 9-15(e)所示为像散较大时,在子午焦线和弧矢焦线中间的位置上可以找到一个截面,在这个截面上,中央亮斑因在子午方向和弧矢方向延伸而带有四个角呈现正方形状。衍射图案中央的这种正方形可以延伸为明显的十字形状,周围的衍射亮环可以断开为四段。

如果检验时星点位于待测光学系统的光轴上,看到如图 9-15 所示的星点衍射图案,则主要是由光学元件表面变形,或者存在较大的像散差光圈所引起的;如果星点位于待测光学系统的轴外某视场上时,则图 9-15 所示的现象主要是由光学系统的残留像散所引起的。

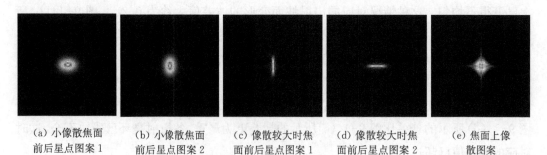

(a) 小像散焦面　　(b) 小像散焦面　　(c) 像散较大时焦　　(d) 像散较大时焦　　(e) 焦面上像
前后星点图案 1　　前后星点图案 2　　面前后星点图案 1　　面前后星点图案 2　　散图案

图 9-15　像散的星点图案

9.2.6　光学系统的其他缺陷和星点衍射图案

1．光学玻璃的光学均匀性

光学玻璃的光学均匀性可以用观察星点衍射图案的方法进行检验。我国光学玻璃的标准中,对光学均匀性为Ⅰ类的玻璃规定应进行星点检验,并且星点衍射像中的衍射环不应出现断裂、有畸角、扁圆以及生尾翘等现象。如果光学系统的玻璃材料中存在较明显的条纹,则在星点衍射像中可以见到边缘清楚的衍射亮环上带有毛刺的现象,在像平面前后截面上将会看到线状或片状的条纹影像把星点衍射像分裂开来。如果玻璃材料中含有颗粒物或者其他夹杂物,则会在星点衍射图案中引入不规则的变形。

2．光学系统的装配应力

光学系统在装配时,光学元件和镜框、镜座等金属元件相连接,压迫光学元件会使其变形或者产生较大的装配应力。另外,镜筒受力或受热变形,金属元件未消除的毛刺引起光学元件卡滞,或者可调机构直接顶在光学元件上等原因,也都会使光学元件产生较大的应力,从而使光学系统的成像质量变差。这种现象反映在星点衍射像中表现为会出现枣形、三角形图案等。例如,在光学元件受力产生装配应力的部位,在星点图案中会相应地产生明显的尖角。

以上叙述了当光学系统中单独存在某一种像差或者缺陷时,在星点衍射图案中所引起的特征形状。但是在实际光学系统中经常是几种像差和缺陷同时存在,所产生的星点衍射图案往往相当复杂。要解释某种星点图案所对应的像差和缺陷情况通常是很困难的,需要积累丰富的实践经验。轴上星点衍射图案的解释一般比较容易,但轴外星点衍射图案的解释较为困难。当然,要从星点衍射图案获得定量的质量评定就更加困难。纵然星点检验有这些不足,但由于星点检验能迅速给出有关待测光学系统的成像质量评定,不需要烦琐的计算和操作过程,而且不需要专用的仪器设备,观察操作简单且方便,更重要的是它的灵敏度非常高,能发现光学系统微量的像差或者缺陷在衍射图案中引起的变化,所以这种古老的方法迄今还是检验光学系统成像质量的重要手段,特别是对那些像质要求接近于衍射极限的小像差、高质量的光学系统。例如,天文光学仪器就经常用星点检验作为像质评价的手段。

第10章

光学系统几何像差的测量

　　光学系统的设计方法都是建立在几何光学的基础之上的,其原理是通过计算某些特定的实际光线经过光学系统的位置,使它与理想情况下光线所应有的位置相比较,并得出它们之间的差异(就是几何像差),最后用各种几何像差来分别衡量轴上物点和轴外物点的成像质量。虽然计算机经过大量的光路计算来找出经过光学系统之后的实际波面形状,最后通过这种波面形状计算与光波衍射有关的一些评价成像质量的指标,如波差、相对中心强度及光学传递函数等,但这些方法往往是在对光学系统设计的最后结果或者接近最后结果做评价时才较为有效,在设计过程中通常还是要利用几何像差值,根据像差理论对所设计的光学系统做进一步的修改。因此,就光学系统成像质量检验来说,直接测量各种几何像差数值是有意义的,因为这样的测量结果不需要经过其他任何换算就可以直接与光学设计所给出的计算结果相比较。

　　测量光学系统几何像差的方法也是建立在"光线"这个概念之上的。该方法是在解决了以下两个问题之后而形成的:①在光源发出的一束光中如何设法把与光线概念相接近的各条"光线"区分开来;②如何找出这些"光线"经过光学系统后在空间的位置。

　　本章主要介绍测量物镜几何像差的哈特曼法和刀口阴影法。这两种方法是最常用的,其测量原理比较简单,具有一定的测量精度,而且能测量多种单色几何像差和色差。对于用作测量目的的照相物镜(如航空摄影物镜),畸变是一项重要的质量指标。本章还将介绍关于照相物镜畸变的测量原理和测量方法,以及用刀口阴影法测量几何像差的原理和方法。

10.1　哈特曼法测量物镜的几何像差

　　哈特曼法是在 1900—1904 年由德国光学工作者哈特曼(Hartmann)首先提出来的。它最初是用于研究天文望远镜的物镜几何像差的,后来经过改进,已成为测量几何像差的基本方法之一,广泛地用于测量照相物镜的几何像差。大多数较为复杂的大型光具座上都有哈特曼装置。最初这种方法由于需要大量的测量和计算工作,测量效率较低,所以对某些重要的正在研制中的物镜才采用这种方法做全面的测量,但近年来在这种方法上采用了微透镜阵列、CCD/CMOS 以及计算机数据处理技术的配套,进一步提高了其测量精度并实现了测量过程的自动化。

10.1.1　测量原理

图 10-1 所示为用哈特曼法测量物镜几何像差的原理示意图。其中,单色光源 S 发出的光线经过聚光镜 C 照亮了小孔光阑 T 上的小孔。这个小孔位于平行光管物镜的焦点上,因此光线经过平行光管物镜后变成一束与平行光管物镜光轴相平行的平行光束。在平行光管物镜的前面有一个区域光阑 D,在这个区域光阑 D 上对称于中心有一系列的小孔。平行光束投射在这个区域光阑 D 上后,只有小孔部分的光才能透过去。这样,平行光束被这些小孔分成一系列的细光束。由于这些小孔足够小,因此这一系列细光束就可以看成是一条一条的光线。这就解决了上面提出的第一个问题。

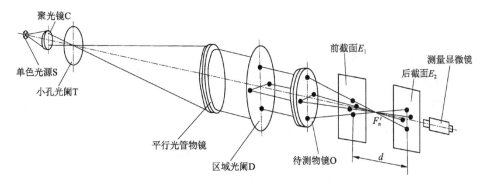

图 10-1　用哈特曼法测量物镜几何像差的原理示意图

光阑 D 上通常是在几个方向上对称于中心的一系列小孔,如图 10-2 所示。该光阑直接套在平行光管物镜上,并且其中心孔正好位于平行光管的光轴上。各小孔相对于中心孔的距离决定了相应光线距离光轴的高度,这些光线代表了成像光束中不同区域的光线,所以光阑 D 又称为区域光阑,通常还称为哈特曼光阑。

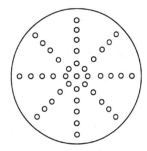

图 10-2　哈特曼光阑

待测物镜 O 放置在区域光阑 D 的前面,由区域光阑 D 所分出的光线经过待测物镜后,分别相交于物镜的焦点附近。现在的目的是把这些经过物镜 O 之后的光线在空间的位置找出来,为此在焦点前后选取两个截面 E_1 和 E_2,分别在两个截面上放置毛玻璃或者感光底片来拦截光线。这样在每一个截面上所得到的是一系列的光斑,用目视的方法,即用测量显微镜直接对准毛玻璃上拦截到的光斑进行观察和测量,或者用照相法,即用感光底片对所拦截到的光斑进行曝光照相,然后在普通的测量显微镜上对底片进行测量。这样可以分别测得在两个截面上拦截到的光斑之间的距离。两个截面 E_1 和 E_2 之间的距离 d 也可以测量出来。经过简单的计算就可以确定这些光线在空间的位置和相对于中心孔距离相等的各成对对称光线的交点位置,这就解决了上面提出的第二个问题。

根据各成对光线的交点位置的变化,就可以把各种几何像差计算出来。因为哈特曼法是在待测物镜焦平面之外的两个截面上进行测量的,所以这种方法又称为两次截面法,或者称为焦外观察法。

上面是哈特曼法测量物镜几何像差的基本原理,下面具体介绍各种几何像差的测量原理。

10.1.2　轴上点像差的测量

根据像差理论的分类,几何像差可以分为 7 种,属于轴上点像差的有球差和轴向色差 2 种,属于轴外点像差的有彗差、像散、场曲、畸变和放大率色差等 5 种。哈特曼法可以很容易地测量出轴上点像差,并获得较高的精度,并且对于轴外斜光束像差的测量,除了畸变和放大率色差以外,都能得到良好的效果。

1. 球差的测量

球差的存在表现为轴上物点发出的一束光,不同入射高的光线经过光学系统后不相交于一点,如图 10-3 所示。这样将找不到一个与物点相对应的像点,在像平面上得到的物点像是一个弥散圆。

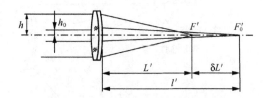

图 10-3　球差光线与光轴交点

球差的定义:轴上物点发出的某一入射高的光线经过光学系统后与光轴的交点 F' 至近轴区域的理想像点 F'_0 之间的距离 $\delta L'$ 称为球差,即

$$\delta L' = L' - l' \tag{10-1}$$

式中,L' 为某一入射高 h 的光线与光轴的交点到光学系统最后表面的距离;l' 为近轴区域的理想像点至光学系统最后表面的距离。所谓近轴区域,即入射高 h 为无限靠近光轴的区域($h \to 0$),在此区域内可视为理想光学系统。

图 10-4 所示为球差测量的原理示意图。由平行光管物镜出射的一束平行光,经过区域光阑上一对相距中心孔的距离为 h_n 的小孔后,分出了一对距离光轴高度为 h_n 的光线。待测物镜放置于区域光阑 D 之前,并使它的光轴与平行光管物镜的光轴相一致。这一对光线对于待测物镜是一对入射高为 h_n 的光线,经过待测物镜后这一对光线相交于 F'_n 处,可以用前后两个截面拦截到的光线来确定交点 F'_n 的位置。

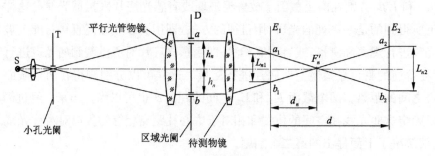

图 10-4　球差测量原理示意图

在前截面 E_1 上,拦截到这一对光线的两个光斑为 a_1 和 b_1,用测量显微镜可以测出它们之间的距离为 $a_1b_1 = L_{n1}$。 在后截面 E_2 上拦截到这一对光线的两个光斑是 a_2 和 b_2,同样用测量显微镜可以测量出它们之间的距离为 $a_2b_2 = L_{n2}$。

测量时,首先把毛玻璃或者感光底片放在前截面 E_1 上,测量或者曝光后,再将毛玻璃或者感光底片移动到截面 E_2 位置上进行测量或者曝光,前后移动的距离 d 可以直接测量,那么这一对光线的交点 F'_n 到截面 E_1 之间的距离 d_n 就可以计算出来。从图 10-4 可以看出:

$$\frac{L_{n1}}{d_n} = \frac{L_{n2}}{d - d_n}$$

则
$$d_n = \frac{L_{n1}}{L_{n1} + L_{n2}} d \tag{10-2}$$

把前截面 E_1 作为参考位置,只要算出交点 F'_n 离开 E_1 的距离 d_n 就确定了点 F'_n 的位置。式(10-2) 中,等式右边的各量都是能够测量出来的,因此 d_n 很容易计算出来。

在球差测量中,只是找出了一对入射高为 h_n 的光线经过待测物镜后的交点 F'_n 的位置。因为区域光阑上具有沿着几个方向上的一系列小孔(见图 10-2),所以通过区域光阑分出的是距离光轴为 h_1, h_2, $\cdots$, h_n 的各种光线对。当待测物镜存在球差时,这些入射高为 h_1, h_2, $\cdots$, h_n 的光线对不相交于一点,它们的交点分别为 F'_1, F'_2, $\cdots$, F'_n。在前截面 E_1 和后截面 E_2 上能拦截到这些光线对的光斑,并可以测量出它们之间的距离。

在前截面 E_1 上,测量获得入射高为 h_1, h_2, $\cdots$, h_n 的光线对的光斑之间的距离分别为 L_{11}, L_{21}, $\cdots$, L_{n1};在后截面 E_2 上,测量获得对应入射高为 h_1, h_2, $\cdots$, h_n 的光线对的光斑之间的距离分别为 L_{12}, L_{22}, $\cdots$, L_{n2}。

对各光线对测量得到一系列 L_{n1} 和 L_{n2},两截面 E_1 和 E_2 之间的距离 d 是可以测量得到的,则分别应用式(10-2) 就可以确定各光线对的交点 F'_1, F'_2, $\cdots$, F'_n 的位置 d_1, d_2, $\cdots$, d_n。

对应入射高 h_1, h_2, $\cdots$, h_n 的光线对经过待测物镜后的交点位置为 d_1, d_2, $\cdots$, d_n,则可以以 h_n 为纵坐标、d_n 为横坐标,作出相对应的曲线,如图 10-5 所示。

根据球差的定义可知,它是某一入射高的光线交点与近轴区域光线的理想交点位置之间的距离,那么现在的问题是理想交点 F'_0 的位置怎么确定。

由于近轴区域的光线是指无限靠近光轴的区域内的光线,也就是入射高 h 趋近于零的光线,但在区域光阑中不可能把小孔做得无限靠近中心孔,因此实际上这种 $h \rightarrow 0$ 的光线对是得不到的。 为了求出近轴区域的理想

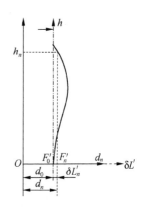

图 10-5 球差曲线图

交点位置,通常在球差曲线图中采用外推法,即顺着曲线的趋势把曲线延长,使它和横坐标轴(即 d_n 轴)相交,其交点就是理想交点 F_0' 的位置 d_0,如图 10-5 中虚线部分所示。各区域交点 F_n' 和理想交点 F_0' 之间的距离就是相应区域的球差 $\delta L_n'$,则有

$$\delta L_n' = d_n - d_0 \tag{10-3}$$

把纵坐标 h 轴平移到位置 F_0' 处,把横坐标 d_n 轴改为 $\delta L'$ 轴,则图 10-5 所示的曲线就是球差曲线。

2. 轴向色差的测量

轴向色差的存在表现为轴上某一物点发出的不同颜色的两种光,即使入射高相同,经过光学系统之后也不相交于一点,如图 10-6 所示。这样在像平面上得到的物点的像不仅是一个弥散圆,而且在其外围还会带有彩色的圆环。

轴向色差的定义:轴上物点发出的某一入射高的光线中,两种指定谱线的单色光(如 C 谱线和 F 谱线)经过光学系统后的两个交点(F_C' 和 F_F')位置之间的距离,用 $\delta L_{FC}'$ 来表示。由图 10-6 可知:

$$\delta L_{FC}' = L_F' - L_C' \tag{10-4}$$

式中,L_F' 是入射高为 h 的 F 谱线光线的交点到光学系统最后表面的距离;L_C' 是同一入射高 h 的 C 谱线光线的交点到光学系统最后表面的距离。

比较球差和轴向色差的定义,很容易看出它们都与某一入射高的光线经过光学系统的交点位置有关,所以轴向色差的测量方法和球差的测量方法完全相同。只要分别对两种指定的谱线光线进行两次球差测量,就可以分别得到两条对应于这两种谱线的曲线。把这两条曲线以同样的比例画在同一坐标中,如图 10-7 所示(注意:在分别对两种谱线的光测量时,参考面位置不能改变)。这时如果两条光线分开,就说明待测物镜存在轴向色差。对于不同的入射高 h_n,存在不同的轴向色差 $\delta L_{FCn}'$。

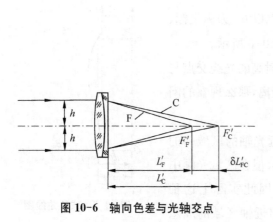

图 10-6　轴向色差与光轴交点　　　　图 10-7　两种谱线球差曲线图

常用两种谱线在近轴区域的理想交点位置之间的距离表示轴向色差的大小。与在球差测量中使用外推法一样，可以在两条谱线的球差曲线上顺着趋势分别将它们延长，找到它们和 d_n 轴的交点，如图 10-7 所示。这两个交点之间的距离就是近轴区域的轴向色差 $\delta L'_{\rm FC}$。由图 10-7 可知：

$$\delta L'_{\rm FC} = d_{\rm OF} - d_{\rm OC} \tag{10-5}$$

式中，$d_{\rm OF}$ 和 $d_{\rm OC}$ 分别是指 F 谱线和 C 谱线在近轴区域 $(h \to 0)$ 的光线交点到测量时所取的参考面的距离。

3. 轴向像散的测量

轴向像散在"像差理论"中是不讨论的，因为对理想的轴对称光学系统而言，轴向像散光线是不存在的。它的存在纯粹是工艺上的原因。

轴向像散的存在表现为轴上物点发出的一束光中，相同入射高 h_n 但不在同一平面内的光线对经过光学系统后不相交于一点。图 10-8 所示为在两个相互垂直的平面内，相同入射高 h_n 的光线对经过待测物镜后不相交于一点的情况。

产生轴向像散的根本原因是光学系统的轴对称性被破坏。这种破坏可能是由光学材料内部的不均匀、表面形状的不规则以及装配过程中各光学元件位置的偏差等引起的。通常都是以在两个互相垂直的平面内，相同入射高的光线对经过待测物镜后交点位置的轴向距离来衡量轴向像散的大小，如图 10-8 中的 $\delta L'_{ts}$。

在一般情况下，轴向像散是不考虑的，因为它的数值总是比较小的。当需要测量轴向像散时，其测量方法和测量球差的方法完全相同。利用区域光阑上两排互相垂直方向上的小孔，分别测量出这两个方向上的各光线对的交点位置，然后分别作出两条球差曲线，把这两条曲线分别以同样的比例画在同一坐标中（见图 10-9），就可以很容易地确定各个区域的轴向像散值。图中，t 和 s 分别表示区域光阑上两个互相垂直方向上的小孔，d'_{nt} 和 d'_{ns} 分别表示在这两个方向上入射高为 h_n 的光线对的交点位置。由图 10-9 可见，对应入射高为 h_n 的区域，轴向像散 $\delta L'_{tsn}$ 为

$$\delta L'_{tsn} = d'_{nt} - d'_{ns} \tag{10-6}$$

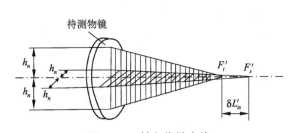

图 10-8　轴向像散光线

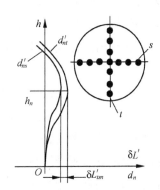

图 10-9　垂直方向的球差曲线图

由于区域光阑上沿 4 个直径方向有一系列的小孔(见图 10-2),所以在测量球差的同时可以方便地测量轴向像散。

10.1.3　轴外点像差的测量

1. 斜光束的获得和主光线的确定

轴外点像差的测量原理和球差的测量原理相类似。区域光阑还是位于平行光管物镜的前面,由它上面的小孔把平行光束分成一系列距离平行光管物镜光轴不同高度的光线对。区域光阑的中心孔位于平行光管物镜的光轴上。为了获得射入待测物镜的斜光束,可以使待测物镜和后面的测量显微镜一起转动一个角度,如图 10-10 所示。这里待测物镜转动的角度为 ω,即入射平行光束与待测物镜光轴的夹角为 ω,也就相当于发出这束平行光的轴外物点位于无限远处,即位于待测物镜的轴外视场角为 ω。

在像差理论中已经知道,所有轴外点像差的度量都是与主光线有关的,所以在测量轴外点像差时首先必须确定主光线的位置。通常把物方成像光束的中心光线称为主光线,如图 10-11 所示。其中,A 和 B 是光学系统内限制轴外光束的光阑(包括镜框和光学元件的边缘等)在物空间的像。在视场角为 ω 的斜光束中,只有以 a 和 b 为界限的这部分光线才能进入光学系统参与成像。所以,以 a 和 b 为界限的这部分光线的中心线 c 就是主光线。

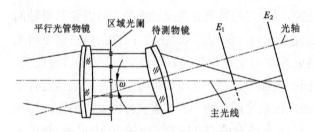

图 10-10　转动透镜测量轴外点像差原理示意图

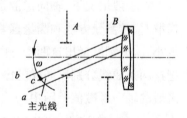

图 10-11　轴外光线的光束限制

利用哈特曼法测量物镜轴外点像差时,为了能容易地判断主光线所在的位置,通常都是将由区域光阑中心孔分出的光线调节至主光线的位置上。为此只要沿着待测物镜光轴前后移动待测物镜就可以达到目的,如图 10-12 所示。如果待测物镜的位置不适当(见图 10-12 中虚线所示位置),则光线在前截面上拦截到的光斑图(见图 10-12 中右边的光斑图)中,中心光斑的上下和

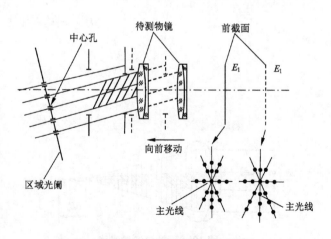

图 10-12　轴外点像差测量过程示意图

左右将分布不同数目的光斑,此时需要移动待测物镜来调节,当调节至区域光阑中心孔分出的光线位于主光线的位置(见图 10-12 中左边的光斑图)时,中心光斑的两边分布相同数目的光斑。因此,根据所拦截到的光斑图,移动待测物镜就可以把从区域光阑中心孔分出的光线调节至主光线的位置上,并且很容易从拦截到的光斑图中把主光线分辨出来。采用哈特曼法可以有效地测量轴外点像差中的像散、彗差和场曲,但是畸变和放大率色差则不能用哈特曼法来测量。

2. 轴外像散的测量

像散的存在表现为在轴外物点发出的一束光中,和主光线距离相同的在子午面内的光线对和在弧矢面内的光线对交点不重合。

像散的定义:在光学系统视场角为 ω 处的物点发出的光束中,围绕主光线的子午细光束和弧矢细光束经过光学系统后两个交点之间的距离,称为在视场角 ω 处的像散。

像散用 $(x'_t - x'_s)$ 的数值来表示,其中 $x'_t = l'_t - l'_0$, $x'_s = l'_s - l'_0$,如图 10-13 所示。这里,l'_0 是指轴上物点的近轴区域光线交点(即理想像点)到光学系统最后表面的距离;l'_t 是指围绕主光线的子午细光束的交点到光学系统最后表面的距离;l'_s 是指围绕主光线的弧矢细光束的交点到光学系统最后表面的距离。

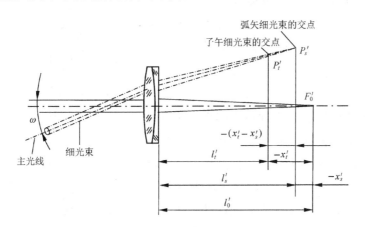

图 10-13　轴外像散测量原理示意图

所谓围绕主光线的子午细光束和弧矢细光束,就是指分别在子午面内和弧矢面内的无限靠近主光线的光束。

从像散的定义可知,对于不同视场角的入射光束,有不同的像散值。像散的测量原理与球差的测量原理很相似,可以用图 10-14 来说明。

图 10-14 所示为像散在子午面内的情况。其中,点 P'_{tm} 是子午面内的两条和主光线相距为 h_n 的光线对经过待测物镜之后的交

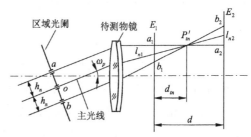

图 10-14　轴外像散测量过程示意图

点位置，它距前截面 E_1 的距离为 d_{tn}，可以通过测量出在两个相距为 d 的截面 E_1 和 E_2 上所拦截到的光斑之间的距离来确定交点 P'_{tn} 的位置 d_{tn}。

在前截面 E_1 上拦截到这一对光线的两个光斑 a_1 和 b_1，可以测量出它们之间的距离为 $a_1b_1=l_{n1}$；在后截面 E_2 上拦截到这一对光线的两个光斑 a_2 和 b_2，同样可以测量出它们之间的距离为 $a_2b_2=l_{n2}$。从图 10-14 中很容易看出：

$$d_{tn}=\frac{l_{n1}}{l_{n1}+l_{n2}}\cdot d \tag{10-7}$$

式中，d 是两个截面之间的距离；d_{tn} 是以前截面 E_1 为参考面的相距主光线为 h_n 的子午光线对的交点位置。由于区域光阑上具有一系列的小孔，所以可以得到与主光线的距离分别为 h_1，h_2，$\cdots$，h_n 的子午光线对。这些光线对经过待测物镜后的交点分别是 P'_{t1}，P'_{t2}，$\cdots$，P'_{tn}，用上面叙述的方法可以分别确定出这些光线对交点的位置为 d_{t1}，d_{t2}，$\cdots$，d_{tn}。其测量过程如下：

在前截面 E_1 上可以测量出与主光线相距为 h_1，h_2，$\cdots$，h_n 的子午光线对的光斑之间的距离为 l_{11}，l_{21}，$\cdots$，l_{n1}；在后截面 E_2 上可以测量出相应的光斑之间的距离为 l_{21}，l_{22}，$\cdots$，l_{2n}。分别应用式（10-7）就可以确定各子午光线对交点（P'_{t1}，P'_{t2}，$\cdots$，P'_{tn}）的位置（d_{t1}，d_{t2}，$\cdots$，d_{tn}）。以 h 为纵坐标、d_t 为横坐标，作出对应的 h-d_t 曲线，如图 10-15 所示。

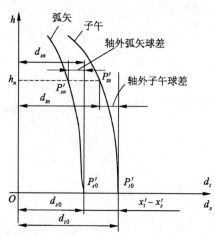

图 10-15　轴外像散曲线图

根据像散的定义可知，必须找出围绕主光线的子午细光束的交点位置。由于细光束是指相距主光线为 $h\to 0$ 的光线，因此也可以像测量球差时确定近轴区域光线交点位置一样，在 h-d_t 曲线图中采用外推法来求得，即在图中顺着曲线的趋势将它延长，使延长线和 d_t 轴相交，其交点即决定子午细光束的光线交点位置 d_{t0}，如图 10-15 中虚线所示。

通常把在视场角 ω 下相距主光线高度为 h 的子午光线对交点 P'_{tn} 和子午细光束交点 P'_{t0} 之间的距离称为视场角 ω 下的轴外子午球差 $\Delta L'_t$。从图 10-15 中可知：

$$\Delta L'_t=d_{tn}-d_{t0} \tag{10-8}$$

弧矢细光束交点位置的确定可以采用与子午细光束完全相同的方法。区域光阑上与子午面内一排小孔相垂直的另一排小孔是位于弧矢面内的。这排小孔分出了位于弧矢面内与主光线相距为 h_1，h_2，$\cdots$，h_n 的弧矢光线对。这些光线对经过光学系统后的交点位置分别为 d_{s1}，d_{s2}，$\cdots$，d_{sn}（同样采用前截面 E_1 为参考面）。在前后两截面 E_1 和 E_2 上拦截到的光斑图中，可以分别测量出这些弧矢光线光斑之间的距离，这样就可以确定这些弧

矢光线对交点的位置。对于弧矢光线对,同样可以得到类似于式(10-7)的关系式,即

$$d_{sn} = \frac{l'_{n1}}{l'_{n1} + l'_{n2}} \cdot d \qquad (10\text{-}9)$$

式中,l'_{n1} 和 l'_{n2} 分别为在前、后截面上测量出的与主光线相距 h_n 的弧矢光线对的两个光斑之间的距离;d 是前、后两个截面之间的距离。

对于与主光线相距为 $h_1, h_2, \cdots, h_n$ 的弧矢光线对,可用式(10-9)求出相应的交点位置 $d_{s1}, d_{s2}, \cdots, d_{sn}$。同样以 h 为纵坐标、d_s 为横坐标作出对应的 $h\text{-}d_s$ 曲线,可以把此曲线和 $h\text{-}d_t$ 曲线画在同一坐标中,如图 10-15 所示。

与确定子午细光束交点位置的方法一样,也可以在 $h\text{-}d_s$ 曲线图中采用外推法来确定弧矢细光束的交点位置 d_{s0},如图 10-15 中虚线部分。

综上所述,在视场角 ω 下,围绕主光线的子午细光束和弧矢细光束经过待测物镜后的交点位置(即到参考面 E_1 的距离)d_{t0} 和 d_{s0} 都已求出,则由图 10-15 可看出,在视场角 ω 处的像散值为

$$x'_t - x'_s = d_{t0} - d_{s0} \qquad (10\text{-}10)$$

同样把距离主光线高度为 h_n 的弧矢光线对交点 P'_{sn} 和弧矢细光束交点 P'_{s0} 之间的距离称为视场角 ω 下的轴外弧矢球差 $\Delta L'_s$。从图 10-15 中可知:

$$\Delta L'_s = d_{sn} - d_{s0} \qquad (10\text{-}11)$$

3. 场曲的测量

对理想光学系统而言,垂直于光轴的物体所形成的像也是垂直于光轴的。实际上光学系统中由于场曲的存在,在不同视场角的情况下,围绕各自主光线的细光束经过光学系统后的交点不再位于垂直于光轴的理想像平面上,如图 10-16 所示。场曲表示位于无限远处垂直于光轴的物体经过光学系统后所成的像变成弯曲的形状。

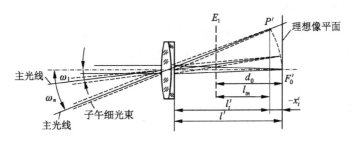

图 10-16　场曲测量原理示意图

场曲可以分为子午场曲和弧矢场曲两种,图 10-16 所示为在子午面内,围绕主光线的子午细光束经过光学系统后的交点偏离理想像平面的情况。偏离量 x'_t 称为子午场曲。同样,围绕主光线的弧矢细光束经过光学系统后的交点也会偏离理想像平面,把这时的偏离量 x'_s 称为弧矢场曲。从图 10-16 中很容易看出:

$$\begin{cases} x'_t = l'_t - l' \\ x'_s = l'_s - l' \end{cases} \tag{10-12}$$

式中，l' 是轴上物点的近轴区域光线经过光学系统后的交点（即理想像平面位置）到光学系统最后表面的距离；l'_t 和 l'_s 分别是在视场角 ω 时围绕主光线的子午细光束交点和弧矢细光束交点到光学系统最后表面的距离。

由于存在像散，所以子午场曲和弧矢场曲不相同，它们的差值就是像散的大小。不同的视场角有不同的子午场曲 x'_t 和不同的弧矢场曲 x'_s。根据场曲和像散的概念可知，场曲的测量可以在像散测量的基础上进行。在像散的测量中，确定了某一视场角 ω 处围绕主光线的子午细光束交点到参考面（前截面 E_1）的距离 d_{t01} 和围绕主光线的弧矢细光束的交点到同一参考面 E_1 的距离 d_{s01}。

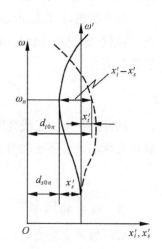

场曲测量时，对应于每一个视场角 ω_1，ω_2，…，ω_n，根据像散测量时已分别确定的围绕各自主光线的子午细光束的交点到参考面的距离 d_{t01}，d_{t02}，…，d_{t0n}，以及弧矢细光束的交点到同一参考面的距离 d_{s01}，d_{s02}，…，d_{s0n}，则可以 ω 为纵坐标，d_{t0} 和 d_{s0} 为横坐标，把 ω-d_{t0} 曲线和 ω-d_{s0} 曲线分别以相同的比例画在同一坐标中，如图 10-17 所示（习惯上以虚线表示子午场曲，以实线表示弧矢场曲）。随着视场角的减小，当 $\omega = 0°$ 时，就是轴上点近轴区域的交点位置。当轴向像散为零时，两条曲线将在 $\omega = 0°$ 处相重合，这个位置就是理想平面的位置。现将纵坐标平移到这个位置上，把横坐标改成 x'_t 和 x'_s，则这两条曲线就是子午场曲和弧矢场曲，如图 10-17 所示。

图 10-17　场曲曲线图

场曲曲线图表示了不同视场角 ω 时对应的子午场曲 x'_t 和弧矢场曲 x'_s，因此也就表示了不同视场角的像散值（$x'_t - x'_s$）。

需要指出的是，由于在确定不同视场角下的子午细光束和弧矢细光束的交点位置时，都是采用前截面 E_1 作为参考面的，所以在整个测量过程中应保持参考面和待测物镜之间的相对位置不变。在前面已提到，对某一视场角 ω 进行测量时，首先需要轴向移动待测物镜，以使由区域光阑中心孔分出的光线位置正好是主光线的位置。这时必须使待测物镜和参考面一起移动。

4. 彗差的测量

彗差的存在表现为光束经过光学系统后对称性的破坏，也就是由轴外物点发出的以主光线为对称轴的一束光线，经过光学系统后的交点不再位于主光线上，而且在这束光线中，距离主光线不同高度的光线对经过光学系统后的交点偏离主光线的距离也不一样，如图 10-18 所示。图中，点 b 是入射光束中相距主光线为 h 的一光线对经过光学系统后的交点。由于存在彗差,点 b 已不在原来的主光线上。

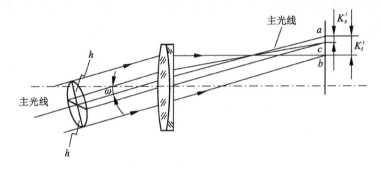

图 10-18　彗差测量原理示意图

彗差的大小用在垂直于光轴的方向上相距主光线为 h 的一光线对经过光学系统的交点到主光线的距离来表示,如图 10-18 中 ab 的长度。彗差分为子午彗差和弧矢彗差两种。子午彗差是指在子午面内相距主光线为 h 的光线对经过光学系统后的交点到主光线在垂直于光轴方向上的距离,即图中的 K_t'。弧矢彗差是指在弧矢面内相距主光线为 h 的光线对经过光学系统后的交点到主光线在垂直于光轴方向上的距离,即图中的 K_s'。彗差的大小随视场角 ω 和相距主光线高度 h 的不同而不同。

图 10-19 所示为彗差的测量过程示意图。图中表示了一束视场角为 ω 的光线,通过区域光阑上中心孔 c 的是主光线。区域光阑上 a 和 b 两个小孔分出了一对相距主光线高度为 h 的光线对。这一对光线经过待测物镜后相交于点 B。图中表示的是在子午面内的情况,可见 AB 就是所需要测量的子午彗差 K_t',根据像差理论有 $K_t' = -AB$。

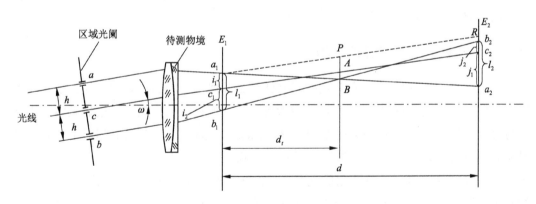

图 10-19　彗差测量过程示意图

在前截面 E_1 上拦截到三条光线的三个光斑,可以测量出三个光斑之间的距离分别为 $a_1 b_1 = l_1$,$c_1 a_1 = i_1$,$c_1 b_1 = i_2$。

在后截面 E_2 上也拦截到这三条光线的三个光斑,同样可以测量出这三个光斑之间的距离为 $a_2 b_2 = l_2$,$c_2 a_2 = j_1$,$c_2 b_2 = j_2$。

前、后两个截面 E_1 和 E_2 的距离 d 是可以直接测量出来的,通过这些测量出来的量就可以计算出彗差的大小。

在图 10-19 中,过前截面 E_1 上的点 a_1 作主光线 c_1c_2 的平行线,交截面 E_2 于点 R,交 BA 的延长线于点 P。

从图 10-19 中可以看出:

$$a_1c_1 = PA = Rc_2 = i_1, \quad PB = PA + AB = i_1 + AB$$
$$Ra_2 = Rc_2 + c_2a_2 = i_1 + j_1$$

根据 $\triangle a_1PB \sim \triangle a_1Ra_2$,则有

$$K'_t = -AB = i_1 - \frac{(i_1 + j_1)}{d} \cdot d_t \tag{10-13}$$

式(10-13)就是测量子午彗差的计算公式。其中,d_t 是与主光线相距为 h 的这一对光线经过待测物镜后的交点 B 到参考面 E_1 的距离。比较图 10-14 和图 10-19 可以得出,d_t 在测量像散时利用式(10-7)就可以计算出来。因此,彗差测量可以与像散测量同时进行,只要在拦截到的光斑图中测量出计算彗差所需要的与主光线光斑之间的距离即可。

由上面的叙述可知,在视场角为 ω 时,相距主光线为 h 的光线对的子午彗差 K'_t,在区域光阑上相对于中心孔分布了一系列的小孔,因此可以同时测量出相距主光线为不同高度的光线对的子午彗差 K'_t 值。改变视场角 ω,就可以测量出不同视场角情况下相距主光线不同高度的光线对的子午彗差。

弧矢彗差可以通过区域光阑上位于弧矢面内的一排小孔在前、后截面上所形成的光斑来测量。其测量原理和子午彗差的测量原理完全一样,可以参照子午彗差的测量方法,推导出相应的计算关系式,从而进行测量和计算。

10.1.4　测量装置及其注意事项

由上面叙述的测量原理可知,用哈特曼法测量几何像差的测量装置必须包括平行光管、区域光阑、物镜夹持器、安放毛玻璃或者感光底片的拦截面框架及测量显微镜。为了进行轴外点像差的测量,物镜夹持器、框架和测量显微镜应连在一起且能相对平行光管光轴旋转对应的视场角,以保证拦截面总是和待测物镜的光轴相垂直。为了在测量轴外点像差时,使从区域光阑中心孔出射的光线正好位于主光线位置,物镜夹持器应能够带着待测物镜沿轴向进行调节,移动的距离应能在装置上读出来。拦截面框架和测量显微镜应能前后移动,移动的距离必须能准确地测量出来,以便选取两个焦外截面位置拦截光线进行测量。在较大型的光具座上通常都带有相应的测量装置。

下面对测量装置和测量方法中的具体问题作简要说明。

1. 关于两个截面位置的选取问题

两个截面应选在待测物镜焦点前后的两个位置上。原则上这两个位置可以是任意的,但是这两个位置都不能太靠近焦点,否则所拦截到的光斑都紧靠在一起,会影响观察

和测量。两个截面位置应该离开焦点适当的距离,以便使所拦截到的光斑图中各光斑尺寸既小而又能清晰地分开来。有人提出,焦点前和焦点后两截面离开焦平面的距离分别选择为待测物镜焦距的 1/7 和 1/5 较合适。

2. 关于区域光阑上的小孔直径大小问题

区域光阑上小孔的直径应尽可能小一些,以便在两个截面上拦截到尺寸比较小的光斑。光斑的尺寸越小,则测量时越容易对准,所测得的光斑之间的中心距离就越准确。但是当小孔直径太小时,衍射现象会越明显,反而使光斑尺寸变大而且变得不清晰,使测量精度降低。根据经验指出,区域光阑上小孔的直径可以取待测物镜焦距的 1/400∼1/200。当待测物镜的入射光瞳直径较小时,应取上述范围的下限,就是使小孔直径小一些,以保证所拦截到的光斑图中有足够数量的光斑,能提供足够的测量数据以便作出相应的曲线。

3. 关于参考面位置的选取问题

在上面所述的测量原理中,区域光线对的交点位置 d_n 或 d_{tn} 等都是选取前截面 E_1 作为参考面的。实际上,参考面的位置不一定都要选在前截面 E_1 上,也可以选在后截面 E_2 上,或者选在待测物镜的最后表面上。因为各种几何像差都是指实际光线的交点和理想位置之间的距离,所以参考面位置的选择对最后的几何像差数值没有影响,只是计算公式要做相应的修改。

4. 关于哈特曼法不能测量畸变和放大率色差的问题

畸变是指轴外物点经过光学系统后在理想像平面上所成的像离光轴的高度和理想成像位置的高度不一样,如图 10-20 所示。轴外无穷远处视场角为 ω 的一个物点经过光学系统后,理想成像位置应为 A'_0,它的高度为 y'_0,而实际成像的位置在 A',其高度为 y'_z。

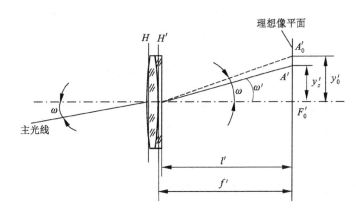

图 10-20　理想像高和实际像高示意图

畸变的大小有两种表示方法,一种称为绝对畸变,用 δ'_y 表示,即

$$\delta'_y = y'_z - y'_0 \tag{10-14}$$

另一种称为相对畸变,用 q 表示,即

$$q = \frac{y'_z - y'_0}{y'_0} \times 100\%$$ (10-15)

式中，y'_0 是理想像高；y'_z 是主光线在理想像平面上的投射高度。

由此可见，要测量物镜的畸变，必须确定理想像高 y'_0 和实际主光线在理想像平面上的投射高 y'_z 的大小。在哈特曼法中要确定 y'_z 是困难的，因为在测量轴外点像差时，物镜旋转了一个视场角 ω，这时在前、后两个截面上拦截到的是由区域光阑分出的一系列光线的光斑，此时能确定的只是主光线在两个截面上形成的光斑和其他一系列光线形成的光斑之间的相对位置。由于待测物镜的光轴在这两个截面上（实际测量时这里放的是毛玻璃或者感光底片）并没有留下任何痕迹，因此无法测量这些光斑到光轴的距离。这样也就无法得到实际主光线在理想像平面上的投射点到光轴的距离 y'_z，所以哈特曼法不能用于测量畸变。

放大率色差是指由轴外某一物点发出的光束经过光学系统后在理想像平面上成像，不同颜色的光线所成像的位置不一样，如图 10-21 所示。如果是指 F 谱线和谱线之间的放大率色差，则可用 $\Delta y'_{FC}$ 来表示，并且有

$$\Delta y'_{FC} = y'_F - y'_C$$ (10-16)

式中，y'_F 和 y'_C 分别是在视场角为 ω 时，F 谱线和 C 谱线的主光线在理想像平面上的投射高。

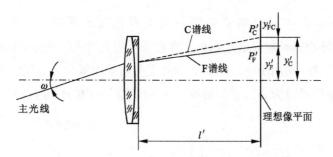

图 10-21　两种谱线之间的放大率色差示意图

由此可见，要测量放大率色差，必须测量出两种谱线的主光线在理想像平面上的投射点到光轴的距离。由于在哈特曼法中无法测量出此距离，所以哈特曼法也不能用来测量放大率色差。

10.1.5　哈特曼法测量物镜几何像差的改进方法

哈特曼法测量几何像差的优点：① 测量原理比较简单，而且可以测量多种像差；② 可以直接得到几何像差的数值或者像差曲线，可以将它们与光学设计所给出的计算像差数值或者像差曲线直接相比较；③ 可以用照相的方法在前、后两个截面上得到光斑底片图，然后在精度较高的测量显微镜或者比长仪上测量底片上光斑之间的距离，再换算成像差值，这样可以得到一定精度的测量结果；④ 测量仪器的通用性好，在一般多用途的精

密光具座上都附带哈特曼测量装置,只要在普通的光具座上加上一些附加装置(如区域光阑、安装毛玻璃或照相底片的框架等)就可以完成这种测量。

　　这种方法的主要缺点体现在测量精度和测量效率两个方面。影响测量精度的主要原因:① 由于两个拦截面必须离开焦平面位置,以便使拦截到的光斑互相分开,所以拦截到的光斑是一个弥散圆斑,加上区域光阑上小孔衍射的影响,以及感光底片上有灰雾和散射等现象,实际上在感光底片上得到的光斑是一个并不清晰的扩散得较宽的弥散圆斑,用测量显微镜或者比长仪测量这样的光斑之间的距离时,对准精度将大大降低;② 对几何像差来说,特别重要的是近轴区域的光线交点位置和围绕主光线的细光束交点位置都是通过在曲线图中用“外推法”来确定的,这种方法受作图技巧和工具的影响,很容易产生较大的误差。

　　正因为哈特曼法有上述缺点,所以它的应用也受到了很大的限制。

　　自哈特曼法提出以来,已经有许多研究者对它提出各种改进意见。在现代的哈特曼测量系统中,使用 CCD/CMOS 光电图像传感器采集光斑数据,并使用计算机进行数据测量与处理,使该技术的测量精度和测量效率都得到了提高。

　　图 10-22 所示为光电哈特曼法测量几何像差原理图。图中,平行光管出射一束轴向平行光,由区域光阑上的小孔分出距离光轴为 h 的光线经过待测物镜后投射到位于焦平面附近的一块固体图像传感器上。CCD/CMOS 图像传感器由一排排极小的半导体光电传感单元组成,每个单元称为一个像素。各个像素之间是独

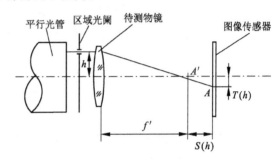

图 10-22　光电哈特曼法测量几何像差原理示意图

立的,相邻两个像素之间的距离一般为几微米,一块固体图像传感器上可能有数百万至数千万个像素,当光束投射到图像传感器上时,相应位置上半导体单元由于受光照影响而产生信号电荷。由于区域光阑上的小孔足够小,而且成像传感器位于待测物镜的焦平面附近,所以固体成像传感器平面所拦截到的光斑实际上是接近于理想圆孔衍射的衍射图案,该衍射图案同时覆盖了好几个像素。由于衍射图案中光能量分布不均匀,则相邻像素上所受照度不相同,所输出的光电流信号强度也不相同。根据图像传感器上受光照的像素坐标位置和所输出光电流信号强度的分布,可以准确地找到衍射图案中心所在的位置,也就是图中光线在图像传感器平面上的交点 A 的坐标 $T(h)$,如图 10-22 所示。坐标 $T(h)$ 可以看成距离光轴为 h 的光线在以成像传感器表面为参考面上的横向像差,该光线与光轴的交点 A' 到参考面的距离 $S(h)$ 就是对应的纵向像差。从图 10-22 中可以看出,纵向像差和横向像差之间的关系可以近似表示如下:

$$S(h) = \frac{f'}{h} - T(h) \tag{10-17}$$

式中，f' 是待测物镜的焦距。

下面就测量方法中的几个问题做一些说明。

1. 近轴区域交点位置的确定方法

为了测量待测物镜的球差，必须找到测量时的参考面（即成像传感器表面）位置离开理想像平面的距离，也就是参考面的离焦量。利用成像传感器可以准确地测量出不同入射高 h 的光线在参考面上对应的横向像差 $T(h)$。在像差理论中已提到，由于光学系统具有轴对称性，则轴上点横向像差 $T(h)$ 可以用 h 的幂级数来表示，即

$$T(h) = \sum_{k=0}^{\infty} c_{2k+1} \cdot h^{2k+1} = c_1 h + c_3 h^3 + c_5 h^5 + \cdots \tag{10-18}$$

式中，c_{2k+1} 称为球差系数。将式(10-18)代入式(10-17)，则纵向像差可表示为

$$S(h) = \frac{f'}{h} - \sum_{k=0}^{\infty} c_{2k+1} \cdot h^{2k+1} = c_1 \cdot f' + c_3 \cdot f \cdot h^2 + c_5 \cdot f' \cdot h^4 + \cdots \tag{10-19}$$

近轴区域 $(h \to 0)$ 光线与光轴的交点离开参考面的距离 Δ 即参考面的离焦量，由图 10-22 可看出，当 $h \to 0$ 时，$S(h)$ 就是参考面的离焦量 $(-\Delta)$，则由式(10-19)可得到

$$-\Delta = c_1 \cdot f'$$

即

$$c_1 = -\frac{\Delta}{f'} \tag{10-20}$$

由式(10-20)可知，球差系数中的 c_1 即为与理想像平面位置 Δ 直接有关的量，因为 f' 是常数，所以只要在式(10-18)中求出 c_1，就可以求出不同入射高光线的球差值。

由于区域光阑上有一系列的距光轴不同高度 h 的小孔，则利用固体成像传感器可以测量出相应的 $T(h)$ 值。现把 $h_1, h_2, \cdots, h_n$ 对应测得的 $T(h_1), T(h_2), \cdots, T(h_n)$ 代入式(10-18)，则有

$$\begin{cases} T(h_1) = c_1 h_1 + c_3 h_1^3 + \cdots + c_m h_1^m \\ T(h_2) = c_1 h_2 + c_3 h_2^3 + \cdots + c_m h_2^m \\ \vdots \\ T(h_n) = c_1 h_n + c_3 h_n^3 + \cdots + c_m h_n^m \end{cases} \tag{10-21}$$

式中，$m < 2n-1$。式(10-21)是线性方程组，很容易解出其中的系数 c_1，也就是计算出的理想像平面的位置 Δ，于是对应各入射高的纵向像差 $S(h)$ 和理想像平面位置之间的距离就是对应的球差值。

2. 横向像差 $T(h)$ 的准确测定

光电哈特曼法的关键是由固体图像传感器准确地测量得到横向像差 $T(h)$。由于图像传感器上各个像素是互相独立的，当所形成的小圆孔衍射图案投射在图像传感器表面

上时,各像素根据它上面的光照度输出各自的光电流 $I(x)$,如图 10-23 所示。图中,e 是单个像素的宽度,x_i 表示第 i 个像素的位置坐标,显然有 $x_{i+1} - x_i = e$。根据各像素上输出的光电流值,可以得到一组对应不同像素位置 x_i 的光电流抽样数据 y_i。

离散的对应于 x_i 的光电流信号 y_i 可以用图 10-23 中的阶梯状曲线表示。离散的函数值 y_i 可以用多项式通过最小二乘法进行拟合,其数学运算过程如下:

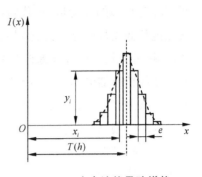

图 10-23　光电流信号阶梯状曲线图

设有多项式 $f(x) = \sum_{k=0}^{N} a_k x^k$,其所代表的曲线如图 10-23 中虚线所示,它是对由各光电二极管输出的已知的 y_i 值的拟合。根据最小二乘法原理,可以找出拟合的具体的多项式表达式,也就是求出 $f(x)$ 中的各项系数 a_k。令评价函数 ϕ 为

$$\phi = \sum_{i=1} \left[y_i - f(x_1) \right]^2 = \sum_{i=1} \left[y_i - \sum_{k=0}^{N} a_k x_i^k \right]^2 \tag{10-22}$$

并且有

$$\frac{\partial \phi}{\partial a_k} = 0 \ (k = 0, \ 1, \ \cdots, \ N) \tag{10-23}$$

通常用四次多项式 $f(x) = \sum_{k=0}^{4} a_k x^k$ 对 y_i 进行拟合就可以了,即式(10-23)中 $N = 4$。由式(10-22)和式(10-23)可得到

$$\sum_{i=1} 2 \left[y_i - \sum_{k=0}^{4} a_k x_i^k \right] \cdot x_i^k = 0 \tag{10-24}$$

式(10-24)就是关于 5 个未知数 $a_0, a_1, \cdots, a_4$ 的线性方程组。根据图像传感器所探测到的衍射光斑图所覆盖的像素位置(x_i),以及它们受光照后输出的光电流信号(y_i),可以得到超过 5 组的 x_i 和 y_i 的对应值。将这些对应值分别代入式(10-24)就可以求解该线性方程组得到 $a_0, a_1, \cdots, a_4$ 的值,也就是求出了 $f(x)$ 的具体表示式。

从图 10-23 中可以看出,当得到拟合曲线(图中虚线表示)的表达式后,它的极值位置所对应的坐标 x 就是所需要测量的横向像差 $T(h)$ 值。因此,只要使 $\frac{\partial f}{\partial x} = 0$ 并求解出对应的 x 值,则 $x = T(h)$。

以上的数学运算过程包括求出理想近轴区域交点位置的式(10-21)的运算过程,都是由计算机自动完成的,这样可以迅速而又准确地得到 $T(h)$。

3. 测量装置简介

图 10-24 所示为哈特曼法测量横向像差装置示意图。图像传感器上探测到的衍射光

斑图应有足够的光能量,现代哈特曼传感器一般使用激光或者 LED 作为光源,光源经过聚光镜和滤光片照亮小孔光阑上的小孔。滤光片是一块半波带宽为 15 nm 的干涉滤光片,其峰值波长对应计算像差时所取的波长。为了防止其他波长的光线透过干涉滤光片而对图像传感器的输出信号产生干扰,通常在使用干涉滤光片的同时再附加两块普通滤光片。被照亮的小孔位于平行光管物镜的焦点上,由平行光管物镜出射的轴向平行光束经过区域光阑,区域光阑上是一排小孔。区域光阑有两种,一种区域光阑的小孔直径为 0.6 mm,间隔为 1.2 mm;另一种区域光阑的小孔直径为 0.8 mm,间隔为 1.5 mm。在区域光阑旁边设置有另一取样光阑,该光阑上开有一条狭缝,狭缝的方向与区域光阑上的小孔排列方向相垂直,它可以相对于区域光阑沿垂直于光轴方向移动,以使区域光阑上某一高度的小孔位于狭缝中,使光透过。透过的光经过待测物镜后在图像传感器上形成圆孔衍射图案。一方面,图像传感器应位于待测物镜的焦点附近,以便获得较为清晰的衍射光强分布。另一方面,图像传感器还必须离开焦点一定的距离,以便使该平面上得到的衍射图案的尺寸不小于 $70\ \mu m$,这样可以在图像传感器上覆盖足够多的像素,以便在足够多的 x_i 位置(见图 10-23)上取得输出光电流信号 y_i 的抽样值,满足求解线性方程组(10-24)的需要。所以,测量时首先必须选取图像传感器的位置,使它在满足上述要求的前提下尽量靠近待测物镜的焦平面。

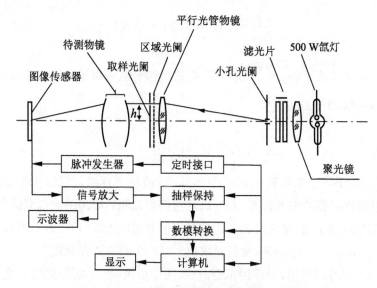

图 10-24　哈特曼法测量横向像差装置示意图

　　图像传感器上各像素输出的光电流信号经过电路处理后用计算机进行处理。移动取样光阑对不同入射高的光进行测量,经过计算最终可以显示出所要求的结果,这些结果可以包括所有的像差系数 c_{2i+1},见式(10-18),以及对应不同入射高 h 的球差值。

　　利用哈特曼法测量的横向像差 $T(h)$ 的重复测量精度可以达到 $0.3\ \mu m$,近轴区域光线交点位置的测定精度可以达到 $5\sim10\ \mu m$。

10.2　刀口阴影法测量物镜的几何像差

前面已经提到,刀口阴影法是一种发现会聚同心光束(或者球面波面)完善程度非常灵敏的方法。对于一个理想的物镜,当入射光束为同心光束(或者平行光束)时,出射的光束一定还是同心光束。物镜存在的几何像差使得出射光束不再是同心光束,不同区域的光线将相交于空间不同的位置,这时利用刀口在各不相同的交点位置切割光束,将可以看到具有各种特征形状的阴影图,根据刀口切割光束时所在的位置和阴影图的几何形状,就可以测量出待测物镜的几何像差。

与前面提到的几种测量几何像差的方法相比较,刀口阴影法测量几何像差的精度是较低的。但是,刀口阴影法所使用的仪器设备很简单,不需要大量的测量和计算工作,只要对刀口位置进行简单的调节,从所观察到的阴影图的变化就可以迅速知道待测物镜所存在的像差种类和大小。因此,这种方法仍是一种在生产中很有实用价值的方法。

下面主要介绍几种几何像差与阴影图形状特征的关系,以及测量几何像差的原理。

10.2.1　刀口阴影法测量轴向球差

图 10-25(a) 所示为刀口阴影法测量轴向球差的原理示意图。由于存在球差,因此不同入射高 h 的区域光线相交于光轴上的不同位置处。刀口在待测物镜像平面前后不同的位置上切割光束,刀口位置和阴影图形状之间的关系如下：如果在阴影图中某区域出现均匀的半暗阴影,则表示刀口所在的位置正是这一区域光线的交点位置,这就可以通过观察阴影图中不同区域出现均匀半暗阴影时刀口所在位置的差别把球差测量出来。

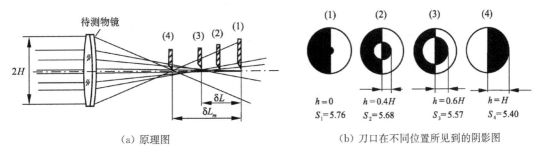

（a）原理图　　　　　　　　　　　　（b）刀口在不同位置所见到的阴影图

图 10-25　刀口阴影法测量轴向球差

图 10-25(b)所示为刀口在不同位置时所见到的阴影图。其中(1)表示在阴影图的中心刚刚出现均匀的半暗阴影,其余部分都是左边一半暗,右边一半亮,这表示刀口所在的位置是近轴光线(即入射高 h 很小的光线)的交点位置。其他区域的光线交点位置都在刀口位置(1)的前面(靠近待测物镜的方向),相当于刀口在这些区域光线的交点之后切割光束,因此当刀口移动切割的方向正好与阴影移动方向相反时,见到的图案为左暗右亮。当看到

中心刚刚出现均匀半暗阴影图案时,记下刀口仪上的位置读数(图中 $S_1 = 5.76$),然后沿着光轴移动刀口。当刀口位于图中位置(2) 时,在阴影图中见到 $0.4H$(H 为最大入射高)的区域出现均匀的半暗阴影图案,这说明刀口所在的位置是入射高为 $0.4H$ 区域光线的交点位置,在刀口仪上又可记下一个位置读数(图中 $S_2 = 5.68$)。当刀口位于图中位置(3) 时,阴影图中 $0.6H$ 的区域出现均匀的半暗阴影图案,则这时的刀口位置读数(图中 $S_3 = 5.57$)是 $h = 0.6H$ 区域光线的交点位置。当刀口位于图中位置(4) 时,均匀的半暗阴影出现在整个圆面的边缘,则这时刀口位置读数(图中 $S_4 = 5.40$)就是边缘光线的交点位置。各个位置的读数与近轴区域光线的交点位置 S_1 的差值就是相应的各区域的球差值,即

$$\delta L'_{0.4} = S_2 - S_1 = 5.68 - 5.76 = -0.08$$
$$\delta L'_{0.6} = S_3 - S_1 = 5.57 - 5.76 = -0.19$$
$$\delta L'_{1.0} = S_4 - S_1 = 5.40 - 5.76 = -0.36$$

利用刀口阴影法测量物镜的轴向球差有两种光路。图 10-26(a)所示为非自准直光路。该光路中使用了一根像质良好的平行光管,在待测物镜的焦点上设置星点小孔,以提供一束良好的轴向平行光束。刀口在待测物镜的焦平面前后切割光束,这时由阴影图中所确定的对应各区域光线交点的刀口位置和对应近轴区域交点的刀口位置之间的实际距离就是各区域的球差值。图 10-26(b)所示为自准直光路。该光路中使用了一块表面质量良好的平面反射镜,并且与待测物镜的光轴垂直放置。在待测物镜焦平面前后设置刀口仪。由图中可以看出,由于光线两次通过待测物镜,因此各区域光线的球差值为实际球差值的两倍。但是考虑到刀口仪在轴向不同位置时,刀口仪上的星点小孔与刀口一起沿轴向移动,所以根据阴影图与刀口的对应位置测得的值为各区域光线球差值的一半,也就是正好等于待测物镜实际的球差值。

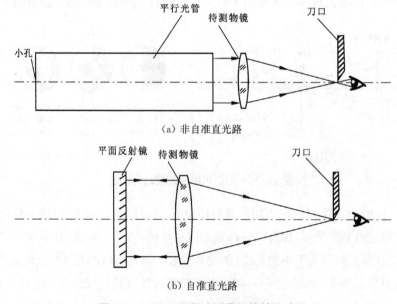

(a) 非自准直光路

(b) 自准直光路

图 10-26　刀口阴影法测量物镜轴向球差

图 10-27 所示为待测物镜存在区域球差而边缘球差校正为零的情况。在图 10-27(a) 中,刀口切割位置Ⅰ在近轴区域光线交点的位置上,由于边缘球差为零,所以这个位置也是边缘光线的交点位置。这时所观察到的阴影图的中心和边缘同时出现均匀的半暗阴影。其他部分由于光线交点都在刀口位置Ⅰ的前面,所以见到的是左边暗、右边亮的阴影图,如图 10-27(b) 所示。当刀口位置沿着光轴从位置Ⅰ移动到位置Ⅱ时,阴影图中在两个区域位置上出现均匀的半暗阴影,也就是刀口所在位置对应了两个区域光线的交点位置。这一点可以从图 10-27(c) 像差曲线图中清楚地看到。另外,这时近轴区域光线交点和边缘区域光线交点都在刀口位置Ⅱ的后边,因此在阴影图中看到中央和边缘部分都是左边亮、右边暗的。中间区域的光线交点在刀口位置Ⅱ的前面,所以在阴影图中看到的中间区域是左边暗、右边亮的,如图 10-27(c) 所示。记下这时刀口位置的读数,它与刀口位置Ⅰ的读数之差即为这两个区域的球差值。继续向靠近待测物镜的方向移动刀口,这时在阴影图Ⅱ的基础上可以看到里边的半暗阴影向外扩大,外边的半暗阴影向内收缩,直到刀口位置移动到位置Ⅲ时,两个半暗阴影区重叠,这时对应最大球差的区域光线交点位置,这时的刀口位置读数与刀口位置Ⅰ的读数之差就是区域球差的最大值。如果刀口从位置Ⅲ继续向靠近待测物镜方向移动,则这时全孔径内的光线交点都在刀口之后,此时将看到完整的左亮右暗的阴影图。

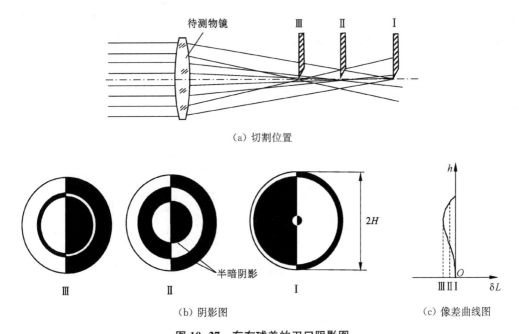

（a）切割位置

（b）阴影图　　　　　　　　　　（c）像差曲线图

图 10-27　存在球差的刀口阴影图

根据不同的均匀半暗阴影所对应的刀口位置读数,很容易作出对应的球差曲线图。对于其他的球差校正状况,根据上面的分析方法可以知道相应的阴影图。

很显然,刀口阴影法测量几何像差的装置必须使用单色光。通常在光路中加入滤光片以获得所要求波长的单色光。但是必须注意,为了避免滤光片的厚度(相当于平板玻璃)对会聚光路产生像差等影响,应把滤光片加在照明灯泡和星点小孔之间的光路中;如果不影响观察,也可以把滤光片加在刀口之后、观察者眼睛之前。

10.2.2　刀口阴影法测量轴向色差

轴向色差的存在使在同一入射高的情况下,不同波长光线对应的交点位置不一样。用刀口阴影法测量轴向色差的原理是两次分别使用设计时所指定的两种单色光(也就是分别使用相应的滤光片),就能找出在同一区域出现均匀的半暗阴影时的刀口位置,这两个位置的差异就是这一区域的轴向色差值;或者分别测量出对应这两种单色光的球差曲线,并将它们画在同一坐标中,则两条曲线的差异就表示了对应各不同区域的轴向色差值。

10.2.3　刀口阴影法测量像散

如果待测光学系统存在像散,则当入射光为平面波(或者球面波)时,出射光束的波面不再是球面,在各个截面内波面曲率半径不一样。波面曲率半径的最大和最小方向在子午面 MM 和弧矢面 SS 内,如图 10-28(a)所示。星点光源经过这种光学系统成像,在像方两个不同的位置上可以分别得到两条互相垂直的明亮且短的直线 mm 和 ss,其中 mm 与子午面垂直,它是由与子午面 MM 相平行的不同截面内的光线交点组成的,被称为子午焦线。ss 与弧矢面垂直,它是由与弧矢面 SS 平行的不同截面内的光线交点组成的,被称为弧矢焦线。这两条焦线之间的距离在待测物镜光轴方向的投影长度,就是待测物镜的像散大小。如在星点检验法中,用显微镜观察星点光源经过待测物镜的像时,在前后两个位置上很容易发现这两条焦线。

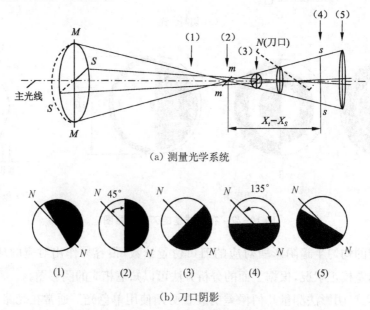

(a) 测量光学系统

(b) 刀口阴影

图 10-28　刀口阴影法测量像散原理示意图

　　用刀口阴影法测量像散时,如果刀口的方向平行于其中一条焦线而垂直于另一条焦线,这样切割光束是不能发现像散的,因为它的阴影图变化与刀口切割具有球面波面的会聚光束时没有区别,通常是使刀口与焦线方向成 45°,并使刀口从右上方向左下方移动来切割光束,此时可以从阴影图中发现存在像散时的特殊现象。

　　如果刀口位置在子午焦线 mm 处,如图 10-28(a)中位置(2),当刀口倾斜着由右上方向左下方切割时,可以发现从右边开始出现阴影,并且亮暗的分界线是和子午面相平行的,即与刀口方向成 45°,如图 10-28(b)中(2)所示。这一点在图中很容易看出,由于刀口切割子午焦线 mm 是从右边开始的,而右边焦线正是波面上平行子午面 MM 的右半部分的光线交点。如果刀口位置在弧矢焦线 ss 处,如图 10-28(a)中位置(4),则当刀口倾斜着由右上方向左下方切割时,可以发现从下面半部分开始出现阴影,并且亮暗分界线是与子午面相垂直的,也就是与刀口的方向 NN 成 135°,如图 10-28(b)中(4)所示。如果刀口的位置是在两条焦线之间的某一位置,则当刀口倾斜着由右上方向左下方切割时,可发现在阴影图中的某一方向上出现阴影,并且阴影图的亮暗分界线与刀口方向 NN 之间的夹角在 45°~130°范围内,如图 10-28(b)中(3)所示,在这中间可以找到一个夹角为 90°的位置。如果刀口是在子午线 mm 之前的位置上切割光束,如图 10-28(a)中位置(1),则在阴影图中所见到的亮暗分界线与刀口方向 NN 之间的夹角小于 45°,如图 10-28(b)中(1)所示。如果刀口的位置是在弧矢焦线 ss 之后切割光束,如图 10-28(a)中位置(5),则阴影图中亮暗分界线与刀口方向 NN 之间的夹角大于 135°,如图 10-28(b)中(5)所示。

　　由此可以得出,当刀口倾斜着(与焦线成 45°)从右上方向着左下方切割具有像散的光束,并且使刀口的位置沿着主光线的方向从前面向后面(向着远离待测物镜的方向)渐渐移动时,可发现阴影图中的亮暗分界线是旋转的。如果亮暗分界线以顺时针方向旋转,则表明经过待测物镜后的子午焦线位于弧矢焦线的前面(即更靠近待测物镜一些),此时像散是负的。如果亮暗分界线以逆时针方向旋转,则说明子午焦线位于弧矢焦线的后面(即更远离待测物镜一些),此时像散是正的。

　　测量像散大小时,当刀口沿着主光线方向移动时,总可以找到两个位置,在其中一个位置上见到的阴影图的亮暗分界线与子午面平行(即刀口位于子午焦线处),在另一个位置上见到的阴影图的亮暗分界线与子午面垂直(即刀口位于弧矢焦线处)。这两个位置之间的距离 l 可以直接从位置读数上得到,如图 10-29 所示。由图可以看出,待测物镜在视场角 ω 处的像散值为 $X'_t - X'_s = l\cos\omega$。

　　确定子午焦线 mm 和弧矢焦线 ss 时,可以先使刀口方向与子午面垂直,沿主光线方向找到一个位置,在这个位置上切割光束,若出现一瞬间视场均匀变暗的现象,则表明刀口位于弧矢焦线位置上。然后将刀口方向旋转 90°,同样找到刀口切割光束时视场内一瞬间均匀变暗的现象,这表明刀口位于子午焦线位置上。但这种方法只有当待测物镜只存在像散而没有其他像差时才比较灵敏,而且刀口的方向应与焦线方向准确平行(或者垂直)。

　　如果待测物镜同时存在像散和彗差,则从阴影图中判断像散的特征就不会很明显。

也就是刀口沿主光线移动时,阴影图中亮暗分界线的旋转并不容易看到。这时可以减小待测物镜的通光口径,使彗差的影响减小到最低限度。这样出射光束的结构主要是像散,从阴影图中很容易看到像散所具有的特征。这时测量得到的像散值也接近于细光束像散。

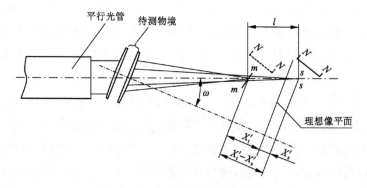

图 10-29　像散大小测量光路图

10.2.4　刀口阴影法测量彗差

图 10-30 所示为彗差测量原理示意图。图中,右边表示的是星点光源在理想像平面上所形成的有彗差的像的形状,光线 OO' 是主光线。出射波面上 $M_2S_2M_2'S_2'$ 和 $M_1S_1M_1'S_1'$ 是两个不同直径的区域。在同一直径区域上的光线在像平面上也相交于同一圆周上。子午面内 M_2 和 M_2' 处的光线相交于像平面上的 m_2 处,M_1 和 M_1' 处的光线相交于像平面上的 m_1 处。弧矢面内 S_2 和 S_2' 处的光线相交于像平面上的 s_2 处,S_1 和 S_1' 处的光线相交于像平面上的 s_1 处,出射波面的同一圆周上的其他光线相交于像平面上的同一圆周上。最后在像平面上得到具有彗差像的特殊形状,如图 10-30 所示。从该像的尖端(称为彗差像的头部)至另一端(称为彗差像的尾部)的距离就是子午彗差 K_t'。

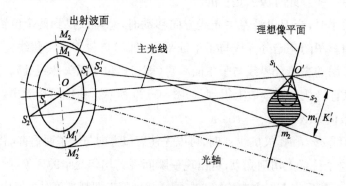

图 10-30　彗差测量原理示意图

用刀口阴影法测量时,刀口在彗差像处切割光束。随着刀口沿着各个不同的方向切割光束,在阴影图中可以看到各种不同的特殊现象,如图 10-31 所示。图 10-31(a)和(b)

表示彗差对称轴与刀口垂直的情况,其中图 10-31(a)表示刀口自右向左移动切割,从彗差像的头部开始切割。从图 10-30 中可以看出,彗差像头部的点 O 是由主光线附近的光线形成的,因此首先从视场中央出现阴影。点 s_2 是由出射波面弧矢面内边缘光线 S_2 和 S_2' 形成的,视场内阴影自中心扩大到弧矢面边缘处,此时其他位置上的光线并没有切割到,因此形成图 10-31(a)所示的阴影图。随着刀口向左移动切割,阴影向两边扩大,直到整个圆面变暗。如果刀口是从彗差像的尾部开始切割,则从图 10-30 中可以看出,彗差像尾部的点 m_2 是由子午面内的边缘光线形成的,因此视场中首先在子午方向的边缘部分出现阴影。当刀口自尾部切割到彗差像中的点 s_1(图 10-30 中所示)时,则刚刚挡住弧矢面内的边缘光线。这时视场中的阴影扩到弧矢面边缘处,其他位置上的光线并未切割到,因此形成图 10-31(b)所示的阴影图。图 10-31(c)和(d)表示彗差像相对于刀口倾斜时(即彗差像的对称轴与刀口不垂直)的情况,这时看到的阴影也是倾斜的。从图中可以看出,在任何情况下,阴影图的对称轴都垂直于彗差像的对称轴,因此根据阴影图可以很方便地判断出彗差像的方向。

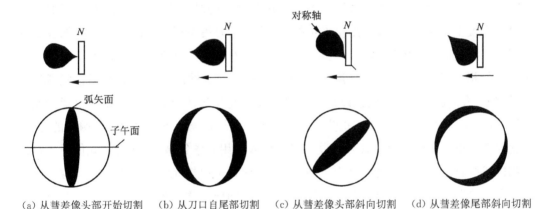

(a) 从彗差像头部开始切割　　(b) 从刀口自尾部切割　　(c) 从彗差像头部斜向切割　　(d) 从彗差像尾部斜向切割

图 10-31　彗差刀口阴影图

　　综上所述可知,用刀口阴影法测量彗差是很简单的。如果在测量时见到的阴影图与图 10-31(a)所示的一样,则只要记下中心刚刚出现阴影时的刀口位置和整个圆面都被阴影遮住时的刀口位置,两个位置的距离(即刀口移动的距离)就是子午彗差值 K_t'。 如果在测量时见到的阴影图与图 10-31(b)所示的一样,同样只要记下边缘刚刚出现阴影时的刀口位置和中央亮区最后消失时的刀口位置,两个位置的距离就是子午彗差值。如果所见到的阴影图与图 10-31(a)和(b)都不一样,则可以调节待测物镜或者星点光源的位置,直至所见到的阴影图与这两个图之一所示的阴影图相似,然后再移动刀口切割光束进行测量。

　　上面叙述的对应各种几何像差的阴影图形状特征都是针对只存在某一种像差或者只存在某种初级像差时的情况获得的。实际上,当存在多种像差和其他误差时,阴影图的形状会比较复杂。这时需要测量人员有一定的经验,排除其他因素的影响,以找出所需要测量的那种几何像差的阴影图形状特征。

第 11 章

光学传递函数的测量

　　目前,无论在光学测量还是在光学设计方面,都普遍认为光学传递函数是一种评价光学系统成像质量较为完善的指标。光学传递函数概念在应用光学领域已经同几何像差和波像差那样作为一种基本概念被大家所熟悉。

　　长期以来,人们一直致力于寻找一种较为合理的成像质量评价指标,因为传统的成像质量评价指标和评价方法总是存在不足之处。例如,星点检验法虽然能非常灵敏地反映出像质上的缺陷,但是通常只能定性判断,无法得出明确的测量数值结果。鉴别率指标虽然有明确的数值,而且测量方法比较简便,但是它和光学系统成像质量之间的关系并不直观,不能全面地反映光学系统在各种使用条件下的成像质量。另外,鉴别率的测量在很大程度上受主观条件(如测量人员的经验、注意力集中程度)和客观条件(如仪器的照明、工作环境的亮暗和稳定等)的影响。几何像差虽然一直是光学设计者使用的主要像质评价指标,但是存在测量精度不高或测量效率太低的问题。在总结以往实践经验的基础上,人们逐渐认识到仅仅以孤立的发光物点经光学系统所成的像来评价成像质量的局限性,所以发展了以光强按正弦分布的物体经光学系统所成的像为评价像质的方法。这就要把傅里叶变换这种强有力的数学工具引入应用光学领域中。这样,人们不仅可以把物体成像看作光能量在像平面上的重新分配,而且可以把光学系统看成对于空间频率的低通滤波器,并通过频谱分析的方法对光学系统的成像质量进行评价。类比光学系统和电学系统,于是很自然地在光学系统中引进光学传递函数的概念,并用它作为评价成像质量的指标。

　　近一个世纪以来,人们逐渐加深了对光学传递函数本质的理解,统一了光学测试技术和计算方法中的许多观点,使测量精度和计算精度不断提高,尤其是光电测试技术和计算机的发展,推动了光学传递函数测量和计算方面的日益完善。近年来,已经有很多成熟的光学传递函数测试方法以及相应的数据处理算法方面的报道。目前,关于光学传递函数的技术已相当成熟。当前的任务是把这种技术更加广泛地应用到光学仪器的生产部门。虽然光学传递函数技术并不可能完全取代传统的成像质量评价方法,但事实上它已是一种公认的成像质量评价的主要方法。我国在光学传递函数技术方面做了大量的研究工作,并且取得了很大的成就。国内自主研发的光学传递函数测定仪器达到国际先进水平。

　　本章主要介绍有关光学传递函数测量方面的内容。其中包括几种主要测量方法的基本原理和测量仪器的光路、利用光学传递函数评价成像质量的方法,以及光学传递函数与其他成像质量评价方法之间的关系等。

11.1　光学传递函数的定义和测量方法分类

11.1.1　光学传递函数的定义

为了使用光学传递函数,光学系统应具备三个必要条件。这些条件在实际工作中往往被忽视,从而成为造成测量误差的原因之一。因为光学传递函数的测量原理都是直接从其定义出发的,所以本节给出三种光学传递函数的定义方式。只有充分理解其定义,才有可能对测量原理有正确的认识。

1. 使用光学传递函数概念的必要条件

第一,光学系统必须满足线性条件,也就是其能被看作线性系统。这样,像平面上任一点处的光量(可以是光振幅或光强度)$i(x', y')$,可以看成物平面上每一点的光量 $o(x, y)$ 在像平面上 (x', y') 处所形成光量的叠加,如图 11-1 所示。

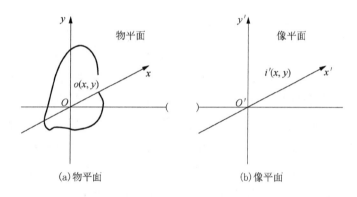

图 11-1　物平面和像平面的坐标关系

光学系统满足线性条件时,有

$$i(x', y') = \iint_{\sigma} o(x, y) h(x, y, x', y') \mathrm{d}x\mathrm{d}y \tag{11-1}$$

式中,σ 是物平面内物体光量的分布范围;$h(x, y, x', y')$ 是物平面上位于 (x, y) 处光量为单位值的一点经过光学系统后在像平面上 (x', y') 处所形成的光量大小。当认为物平面上物体所占的范围之外的光量值为零时,可以把式(11-1)写为

$$i(x', y') = \int_{-\infty}^{\infty} \int_{-\infty}^{\infty} o(x, y) h(x, y, x', y') \mathrm{d}x\mathrm{d}y \tag{11-2}$$

光学系统一般都是满足线性条件的。如果物平面上各点发出的光波都是独立的,则在像平面上同一点形成光量叠加时并不产生干涉现象,这时式(11-2)中的光量 $o(x, y)$ 和 $i(x', y')$ 可以看作光强的分布,也就是光学系统对光强度而言是线性系统。如果物平面上

各点发出的光波并不独立,或者说光波的初位相之间有联系,则在像平面上叠加时就会产生干涉现象。当物平面上各点发出的光波的初位相都相等时,式(11-2)中的光量 $o(x,y)$ 和 $i(x',y')$ 可以看作光振幅分布,也就是光学系统对光振幅而言是线性系统。

第二,光学系统必须满足等晕条件。等晕条件表示,物平面上任意位置 (x,y) 光量为单位值的发光物点在像平面上所成像的光量分布是相同的。光量分布函数可以写为

$$h(x,y,x',y')=h(x'-x,y'-y) \tag{11-3}$$

式(11-3)表示像平面上点 (x',y') 处从物点 (x,y) 所成像中获得的光量,只与它离开相应理想像点的距离 $(x'-x)$ 和 $(y'-y)$ 有关。

在讨论光学传递函数时,通常把物体在像平面上按几何光学所成的理想像的位置坐标归化成与物平面上的坐标一样,这样可以消去横向放大率因子的影响,并且可以使实际成像位置直接与理想像相比较。当满足等晕条件时,将式(11-3)代入式(11-2),则可以写成

$$i(x',y')=\int_{-\infty}^{\infty}\int_{-\infty}^{\infty}o(x,y)h(x'-x,y'-y)\mathrm{d}x\mathrm{d}y \tag{11-4}$$

式(11-4)表示卷积,它表明如果光学系统既满足线性条件又满足等晕条件,则像平面上的光量分布可以表示成物平面上光量分布与物点成像光量分布的卷积。等晕条件在光学系统中又称为空间不变性。满足上述两个条件的系统称为空间不变线性系统。

等晕条件要求物平面上任意位置的发光物点在像平面上都有相同的光量分布,也就是在整个像平面上都有相同的成像质量,这一条件对实际光学系统来说是达不到的。这种发光物点在像平面上的光量分布形状在不同的视场位置上总是有差别的。事实上,衍射理论或者实践都已证明,物平面上发光物点的全部光量成像在像平面上时,总是局限在理想像点周围很小的范围内,正如在星点检验中所看到的星点衍射像那样。这表示在光量分布函数 $h(x,y,x',y')$ 中,只要距离量 $(x'-x)$ 和 $(y'-y)$ 的值较大,该函数值即为零。另外,为了能利用式(11-4)求像平面上 (x',y') 处的光量,实际上只要求保证在点 (x',y') 附近较小范围内满足光量分布形状不变使得式(11-3)成立即可。

对于一个实际应用的经过消像差设计的光学系统,通常都是在一定程度上满足所谓的正弦条件或者余弦条件,这两个条件保证了在轴上像点或者轴外像点的附近存在一个不大的区域,在该区域内成像质量不变,也就是在该区域内发光物点成像时的光量分布形状不变。这个区域称为等晕区。只要等晕区的范围不小于光量分布 $h(x,y,x',y')$ 所包围的范围,则式(11-4)成立,满足空间不变线性系统的要求。这样,在利用式(11-4)考察整个像平面上的光量分布时,只要把物平面划分成一系列等晕区,就可在等晕区内分别计算成像情况。

第三,非相干照明条件。一般讨论光学传递函数时都是研究物体和所成像的光强度之间的关系,尤其在光学传递函数测量中都是以光能量为测量对像。为了使物平面上邻近的

发光点在像平面上叠加时不产生干涉现象,可直接进行光强度叠加,但必须考虑物体的非相干照明。物体的非相干照明是保证物体上邻近的点发出的光波因初位相没有恒定的关系而互相不产生干涉的。在光学传递函数测试时要做到物体被完全的非相干光照明是很困难的,通常邻近物点发出的光波之间总是有一定联系的,这样的照明通常称为部分相干光源,这时像平面上的光强分布除了直接由物体上各点光强分布的叠加外,还存在或多或少的互相干涉的影响。实际工作中只是使照明尽可能接近非相干光照明,把干涉影响减小到最小。

在非相干照明情况下,物平面上光强为单位值的一点经过光学系统之后在像平面上的光强分布称为光学系统的点扩散函数,用符号 $PSF(x,y)$ 表示。于是,式(11-4)可以写为

$$i(x',y')=\int_{-\infty}^{\infty}\int_{-\infty}^{\infty}o(x,y)\cdot PSF(x'-x,y'-y)\mathrm{d}x\mathrm{d}y \qquad (11-5)$$

式中, $o(x,y)$ 和 $i(x',y')$ 分别为物平面光强分布和像平面光强分布。式(11-5)是引入光学传递函数概念的最基本公式,它表明像平面上的光强分布是物平面光强分布和点扩散函数的卷积,而这个关系式是以上面提出的三个条件为基础的,所以上面叙述的三个条件正是引入光学传递函数概念的必要条件。

以上的讲述都是在二维情况下讨论的。实际上为了讨论和在测量上的方便,通常将二维情况转化为一维情况进行讨论。此时物平面上的光强分布限在一个方向(如 x 轴)上变化,即表示为 $o(x)$ 。在满足上述三个条件的情况下,经过光学系统成像后,像平面上的光强分布为 $i(x')$,和式(11-5)相似,可以写为

$$i(x')=\int_{-\infty}^{\infty}o(x)LSF(x'-x)\mathrm{d}x \qquad (11-6)$$

这里 $LSF(x)$ 表示物平面上垂直于光强分布方向的一条亮线经过光学系统成像后的光强分布,通常把它称为线扩散函数。

光学系统的线扩散函数 $LSF(x)$ 和点扩散函数 $PSF(x,y)$ 之间有如下关系:

$$LSF(x)=\int_{-\infty}^{\infty}PSF(x,y)\mathrm{d}y \qquad (11-7)$$

关于光学传递函数的定义,目前有从正弦光栅成像进行定义和从点扩散函数出发进行定义两种,尚未统一。这两种定义在任何一篇讲述光学传递函数基本概念的文章中都会同时给出。这里为了后面讲述测量原理的需要,对这些定义作一些简要说明。

2. 以正弦光栅成像为基础的光学传递函数定义

正弦光栅透过率光强分布曲线如图 11-2 所示。正弦光栅的透过率光强分布函数为

$$o(x)=I_0+I_a\cos 2\pi rx \qquad (11-8)$$

式中, r 称为空间频率,它的单位是每毫米内的正弦波形个数,用 c/mm 表示,或称为对

线/毫米；I_0是平均光强；I_a是光强按正弦变化的幅值。

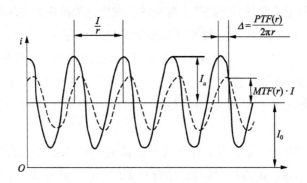

图 11-2　正弦光栅透过率光强分布曲线

正弦光栅经过光学系统成像，它的像分布函数只要把式(11-8)代入式(11-6)就很容易得到，即

$$i(x') = I_0 + I_a \cdot MTF(r)\cos\left[2\pi r x' - PTF(r)\right] \tag{11-9}$$

式中，$MTF(r)$ 和 $PTF(r)$ 是与线扩散函数有关的常数，即

$$\begin{cases} MTF(r) = \sqrt{H_c^2 + H_s^2} \\ PTF(r) = \arctan\left(H_s/H_c\right) \\ H_c = \displaystyle\int_{-\infty}^{\infty} LSF(x)\cos 2\pi r x \, \mathrm{d}x \\ H_s = \displaystyle\int_{-\infty}^{\infty} LSF(x)\sin 2\pi r x \, \mathrm{d}x \end{cases} \tag{11-10}$$

式(11-9)表示像平面光强分布，在图 11-2 中用虚线表示。这里可以得出：

① 正弦光栅所成的像仍然是正弦光栅。在不考虑光学系统对光的吸收和反射等损失的情况下，正弦光栅像的平均光强和原来物平面上的正弦光栅平均光强 I_0 一样。正弦光栅像的空间频率保持不变，仍为 r。

② 正弦光栅像的幅值由原来的 I_a 改变为 $I_a \cdot MTF(r)$。在光学传递函数理论中把对比度 C 定义为

$$C = \frac{I_{\max} - I_{\min}}{I_{\max} + I_{\min}}$$

式中，$I_{\max}$ 和 $I_{\min}$ 分别表示最大光强和最小光强值。因此，正弦光栅物体的对比度用 $C_0(r)$ 表示，则有

$$C_0(r) = \frac{(I_0 + I_a) - (I_0 - I_a)}{(I_0 + I_a) + (I_0 - I_a)} = \frac{I_a}{I_0}$$

正弦光栅像的对比度用 $C_i(r)$ 表示，则有

$$C_i(r) = \frac{[I_0 + I_a MTF(r)] - [I_0 - I_a MTF(r)]}{[I_0 + I_a MTF(r)] + [I_0 - I_a MTF(r)]} = \frac{I_a}{I_0} \cdot MTF(r)$$

由此可见

$$MTF(r) = \frac{C_i(r)}{C_0(r)} \qquad\qquad (11\text{-}11)$$

式(11-11)表示,在正弦光栅像的光强分布式(11-9)中,$MTF(r)$ 值表示了正弦光栅成像时像的对比度和原来物的对比度之比。它反映了光学系统对正弦光栅成像时所引起的对比度下降的倍数。通常把 $MTF(r)$ 称为光学系统对空间频率为 r 的正弦光栅成像的调制传递因子。

在通常情况下,对不同空间频率 r 的正弦光栅成像时,调制传递因子 $MTF(r)$ 值是不相同的,即 $MTF(r)$ 是随空间频率改变而改变的。当把 $MTF(r)$ 看成随空间频率 r 变化的函数时,把它称为光学系统的调制传递函数。

③ 正弦光栅成像时,不仅像的幅值有改变,而且正弦光栅像的位置相对于理想像应有的位置发生了横移。当把横移量 Δ 表示成正弦光栅的位相变化,并且用 $PTF(r)$ 来表示时,则有 $PTF(r) = 2\pi r\Delta$,这里 $PTF(r)$ 以角度为单位。由此可见,$PTF(r)$ 表示了光学系统对正弦光栅成像时正弦光栅像在位相上的改变。通常把 $PTF(r)$ 称为光学系统对空间频率为 r 的正弦光栅成像的位相传递因子。

同样,不同空间频率 r 的正弦光栅成像时,位相传递因子 $PTF(r)$ 值也是不同的。当把 $PTF(r)$ 看成随空间频率 r 而变化的函数时,把它称为光学系统的位相传递函数。

④ 由于正弦光栅成像时在幅值和位相上同时发生了变化,很容易与数学上复函数对正弦函数的作用相联系,于是光学系统的作用相当于这样一个复函数:

$$OTF(r) = MTF(r) \cdot \exp[iPTF(r)] \qquad\qquad (11\text{-}12)$$

通常把 $OTF(r)$ 称为光学系统的光学传递函数。调制传递函数 $MTF(r)$ 为光学传递函数 $OTF(r)$ 的模值;位相传递函数 $PTF(r)$ 为光学传递函数 $OTF(r)$ 的幅角。这就是以正弦光栅成像为基础的光学传递函数的定义。为了下文讲述方便,把它称为第一种定义。

3. 从点扩散函数出发的光学传递函数定义

根据光学系统成像时的像平面光强分布和物平面光强分布之间的卷积关系式(11-5),由傅里叶变换中的卷积定理可以直接写出

$$I(r, s) = O(r, s) \cdot OTF(r, s)$$

这里 $O(r, s)$ 和 $I(r, s)$ 分别是物平面光强分布 $o(x, y)$ 和像平面光强分布 $i(x', y')$ 的傅里叶变换;r 和 s 分别表示沿着两个坐标轴方向的空间频率。

上式中 $OTF(r, s)$ 就是光学传递函数,它是点扩散函数 $PSF(x, y)$ 的傅里叶变换,即

$$OTF(r, s) = \int_{-\infty}^{\infty} \int_{-\infty}^{\infty} PSF(x, y) \exp[-2\pi i(rx + sy)] \mathrm{d}x \mathrm{d}y \qquad (11\text{-}13)$$

式(11-13)就是从点扩散函数出发的光学传递函数定义。为区别起见,把它称为第二种定义。

上面是在二维情况下得到的定义,同样,在一维情况下可以由式(11-13)得到

$$OTF(r) = \int_{-\infty}^{\infty} LSF(x) \exp(-2\pi irx) \mathrm{d}x \qquad (11\text{-}14)$$

式(11-14)表示在一维情况下,光学传递函数是线扩散函数 $LSF(x)$ 的傅里叶变换。

式(11-13)和式(11-14)表示光学传递函数是复函数,可以将其实部和虚部分开写为

$$OTF(r) = \int_{-\infty}^{\infty} LSF(x) \cos(2\pi rx) \mathrm{d}x - i \int_{-\infty}^{\infty} LSF(x) \sin(2\pi rx) \mathrm{d}x$$
$$= H_c(r) - iH_s(r)$$

这里 $H_c(r)$ 和 $H_s(r)$ 表示 $OTF(r)$ 的实部和虚部,因此同样可以表示为

$$OTF(r) = MTF(r) \exp[iPTF(r)]$$

这里表示的模量 $MTF(r)$ 就是调制传递函数,幅角 $PTF(r)$ 就是位相传递函数,并且有

$$MTF(r) = \sqrt{H_c^2 + H_s^2}$$
$$PTF(r) = \arctan(H_s / H_c)$$

将上面的式子与式(11-10)相比较就可以看出第一种定义和第二种定义在物理意义上是完全相同的。

4. 用光瞳函数表示的光学传递函数定义

从上面关于光学传递函数的定义可以看出,它实际上描述了光学系统对物平面上发光物点成像时像的光强分布。点扩散函数是在空间域中描述这种光强分布的,而光学传递函数是在频率域中描述这种光强分布的。两者反映的是同一事物的本质,只是从不同的角度进行考察而已。

光学系统对于发光物点成像的光强分布与它本身的像差和衍射情况有关。根据光学系统在有像差时的衍射成像,利用基尔霍夫衍射公式推导出像平面上光扰动的振幅分布与光学系统的光瞳函数 $G(\xi, \eta)$ 有如下关系:

$$U(x, y) = C \int_{-\infty}^{\infty} \int_{-\infty}^{\infty} G(\xi, \eta) \exp[2\pi i(\xi x + \eta y)] \mathrm{d}\xi \mathrm{d}\eta$$

式中,ξ 和 η 是光瞳面上的直角坐标变量,它的坐标方向与像平面直角坐标系的 x 和 y 轴相对应。光瞳函数 $G(\xi, \eta)$ 描述的是光学系统由于存在像差和光吸收等时,在出射光瞳上光振动的振幅和位相分布。它由下式定义:

$$G(\xi,\eta)=\begin{cases}A(\xi,\eta)\exp\left[\mathrm{i}\dfrac{2\pi}{\lambda}W(\xi,\eta)\right], & \text{在光瞳内}\\[2mm]0, & \text{在光瞳外}\end{cases} \qquad (11\text{-}15)$$

式中，$A(\xi,\eta)$ 是振幅分布，它是由光学系统对透过光的不均匀吸收引起的，通常情况下可以认为它是常数，并令它为 1；$W(\xi,\eta)$ 是出射光瞳面处的波像差函数。这里可看出，光瞳函数实际上描述了出射光瞳处的实际波面形状。

发光物点像的光强分布就是点扩散函数 $PSF(x,y)$。根据光强与振幅的关系，有

$$PSF(x,y)=U(x,y)\cdot U^*(x,y)$$

式中，U^* 表示 U 的共轭复数。根据光学传递函数的定义式(11-13)，有

$$OTF(r,s)=C\int_{-\infty}^{\infty}\int_{-\infty}^{\infty}G(\xi+\xi',\eta+\eta')G^*(\xi,\eta)\mathrm{d}\xi\mathrm{d}\eta \qquad (11\text{-}16)$$

式(11-16)表示光学传递函数和光瞳函数 $G(\xi,\eta)$ 的自相关积分成正比，如图 11-3 所示。其中，ξ' 和 η' 是光瞳函数自相关积分时光瞳的位移量，它们与空间频率 r 和 s 直接有关，即

$$\begin{cases}r=\dfrac{\xi'}{\lambda R}\\[3mm]s=\dfrac{\eta'}{\lambda R}\end{cases} \qquad (11\text{-}17)$$

式中，λ 是光波的波长；R 是出射光瞳面到像平面的距离。

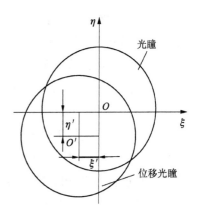

图 11-3 光瞳函数的自相关

在光学传递函数概念中，令

$$OTF(0,0)=MTF(0,0)\exp[\mathrm{i}PTF(0,0)]=1 \qquad (11\text{-}18)$$

式(11-18)称为零频归化。通常的光学传递函数值都是指零频归化后的值。在零频归化条件下，相应有 $MTF(0,0)=1$，$PTF(0,0)=0$。

当对式(11-16)表示的光学传递函数进行零频归化后，可以得到

$$OTF(r,s)=\frac{\displaystyle\int_{-\infty}^{\infty}\int_{-\infty}^{\infty}G(\xi+\xi',\eta+\eta')\cdot G^*(\xi,\eta)\mathrm{d}\xi\mathrm{d}\eta}{\displaystyle\int_{-\infty}^{\infty}\int_{-\infty}^{\infty}|G(\xi,\eta)|^2\mathrm{d}\xi\mathrm{d}\eta} \qquad (11\text{-}19)$$

这里常数 C 已消去。式(11-19)就是用光瞳函数表示的光学传递函数关系式。它表示光学系统的光学传递函数直接与光瞳函数的自相关积分有关。这种关系式不仅成为测量光学传递函数的基本方法之一，而且也是由光学系统结构参数计算光学传递函数的主要途径之一。

上面所给出的一些公式的详细讲述,可以在应用光学和物理光学教材中找到,这里不再赘述。

11.1.2 光学传递函数测量方法的分类

测量方法的分类大致有两种,一种是直接根据定义分类,另一种是根据测量装置的运动方式分类。

1. 直接根据定义分类

根据第一种定义的测量方法称为对比度法。这种方法是使待测光学系统直接对不同空间频率并且已知对比度的正弦光栅成像,通过测量正弦光栅像的对比度来求得光学传递函数。

根据第二种定义的测量方法称为傅里叶变换法。这种方法主要是先使待测光学系统对位于物平面上的狭缝成像,在像平面上得到扩散函数,再根据式(11-14)实现傅里叶变换,就可以得到光学传递函数。对像平面上的线扩散函数(即狭缝像)实现傅里叶变换的方法又可以分为光学方法模拟、电学方法模拟和数字计算方法等。光学方法模拟主要是在像平面上采用正弦光栅或者矩形光栅等进行扫描,然后用光电接收器件接收透过的光通量,从光电器件输出的就是直接与光学传递函数有关的电信号。这里通常还把用正弦光栅扫描狭缝像的方法称为光学傅里叶分析法,用矩形光栅或其他类似的光栅扫描狭缝像的方法称为光电傅里叶分析法。电学方法模拟通常是在像平面上用狭缝对狭缝像进行扫描,并用光电接收器件把透过的光通量变成分布形状和线扩散函数相似的电信号,然后直接对它进行频谱分析即可给出光学传递函数,这种方法通常还称为电学傅里叶分析法。数字计算方法主要是在像平面上用狭缝或者刀口屏对狭缝像进行扫描,并用光电接收器对一系列扫描位置的透过光通量进行抽样,然后把变成电信号的抽样数据再变换成数字信号,送到电子计算机直接进行傅里叶变换计算。这种方法通常称为数字傅里叶分析法。

根据光学传递函数是光瞳函数的自相关积分,式(11-19)的测量方法称为自相关法。这种方法主要利用干涉方法对待测光学系统的光瞳函数进行自相关模拟。除此之外,用干涉方法还可以直接求出光瞳函数 $G(\xi, \eta)$,对光瞳函数进行傅里叶变换得到发光物点像的振幅分布,也就是得到点扩散函数,然后再对点扩散函数进行傅里叶变换得到光学传递函数。这种方法称为二次变换法。傅里叶变换可以在电子计算机上用快速傅里叶变换计算方法进行计算。

2. 根据测量装置的运动方式分类

这种分类方法把光学传递函数测量方法分成扫描法和干涉法两大类。

扫描法是使待测光学系统对物平面上一定形状的目标(如狭缝或者某种形状的光栅)成像,在像平面上利用一定形状的窗孔(如光栅或者狭缝等),使它们产生相对运动从而进行扫描的方法。同样,目标或者窗孔采用正弦光栅的方法称为光学傅里叶分析法,采用矩形光栅或者类似光栅的方法称为光电傅里叶分析法。目标采用狭缝、窗孔采用狭缝或者刀口进行扫描的方法,如前面所叙述的那样,可以有电学傅里叶分析法和数字傅里叶分析法。

干涉法就是通过光波干涉找出待测光学系统的光瞳函数或者利用干涉方法直接模拟光瞳函数的自相关积分。直接找出光瞳函数然后进行数字计算的方法就是二次傅里叶变换法。光瞳函数可以通过对干涉图进行专门的分析得到。模拟光瞳函数自相关积分的方法就是自相关法,通常是利用剪切干涉仪来实现的。

另外,在通信系统中常用随机噪声来测量其频率响应,在光学系统中也有类似的应用。光学传递函数可以通过光强随机分布的物体 $o(x, y)$ 的互相关函数来得到,这种方法称为互相关法。

11.2　测量光学传递函数的对比度法

11.2.1　测量原理

用对比度法测量光学传递函数是测量原理最简单的一种方法,如图 11-4 所示。将一块透过光强沿一个方向按正弦形分布的正弦光栅放置在待测物镜的物平面上。这种正弦光栅(如图 11-4 中左下方所示)称为变密度型正弦光栅。正弦光栅的对比度 $C_0(r)$ 是已知的,其中 r 是正弦光栅的空间频率。用非相干光照明正弦光栅,在像平面上设置图像传感器,把正弦光栅像记录下来。使用计算机程序对光栅图像进行处理,绘制光强分布曲线,再将图像上的密度分布换算成正弦光栅像的光强分布,从而求得像的对比度 $C_i(r)$。于是由式(11-11)就可以直接计算出待测物镜对空间频率 r 的调制传递因子。

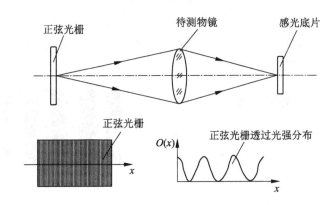

图 11-4　对比度法测量光学传递函数原理示意图

只要准备不同空间频率的一组正弦光栅,依次在感光底片上记录下待测物镜所成的像,这样就可以测量出不同空间频率的调制传递因子。这种调制传递因子随空间频率的变化就是调制传递函数 $MTF(r)$。画出 $MTF(r)$ 相对于 r 的曲线就是调制传递函数曲线。

这种测量方法显然很麻烦,但它却是光学传递函数最基本的测量方法,因为它不需要精密的专用仪器设备。正弦光栅像的对比度 $C_i(r)$ 也可以用光电转换方法测量,如图 11-5 所示。正弦光栅像经高质量显微物镜放大后成像在扫描狭缝平面上。当扫描狭缝移动时,透过狭缝的光通量就随着正弦光栅像不同位置的光强而变化。透过光经聚光镜后由光电管接收,输出光电流的变化就反映了正弦光栅像的光强变化,从而通过电量就可以测量出对比度 $C_i(r)$。这种方法实际上就是傅里叶变换法中的光学傅里叶分析法。图 11-5 中显微物镜的作用是把正弦光栅像放大,以便能使用较宽的比较实用的扫描狭缝。

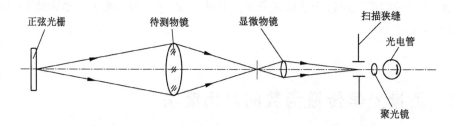

图 11-5　光电转换法测量正弦光栅像对比度原理示意图

利用对比度法测量时,通常只能测量 $MTF(r)$,而不能测量 $PTF(r)$。

需要指出的是,实践中已经证明评定光学系统成像质量时,调制传递函数 $MTF(r)$ 在大多数情况下起主要作用,即调制传递函数显得比位相传递函数重要。这是因为位相传递函数主要是由光学系统的不对称像差(如彗差等使点扩散函数形状不对称)引起的。在轴上物点和轴外视场不大时,位相传递函数值是不大的。特别是在空间频率较低的时候,位相传递函数值很小,而这种在低频区域的调制传递函数曲线的下降情况则常常直接反映了光学系统的使用效果。所以,$MTF(r)$ 常作为评价成像质量的主要依据。为了使测量仪器简单一些,目前常用的一些光学传递函数测量仪器大多数只能测量调制传递函数,而不能测量位相传递函数,用于生产车间的光学传递函数测量仪器则更是这样。只有那些用于大型实验室对样品仪器进行全面分析的光学传递函数测量设备,才同时兼备测量调制传递函数和位相传递函数两种功能。

11.2.2　利用矩形光栅的测量

上面所叙述的密度型正弦光栅是比较难制作的,要得到一块精度较高的正弦光栅是很不容易的,尤其是空间频率较高的密度型正弦光栅,其制作更加困难。为此,可以设法用矩形光栅来代替正弦光栅进行测量。矩形光栅的形状如图 11-6 所示,它由透光和不透光相间隔的等宽的线条组成。相邻两透光线条(或者相邻两不透光线条)之间的中心距离称为空间周期,它的倒数称为空间频率 r。

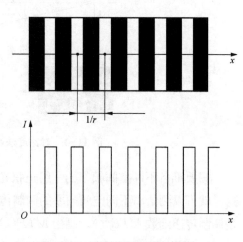

图 11-6　矩形光栅图案示意图

将空间频率为 r、对比度为 $C_0'(r)$ 的矩形光栅放在图 11-4 中代替正弦光栅,同样用非相干光照明,在像平面上可以用感光底片记录矩形光栅像。在感光底片上可测量得到矩形光栅像的对比度 $C_i'(r)$,现把像对比度和物对比度之比称为光学系统对空间频率 r 的方波响应,用 $M_R(r)$ 来表示,即

$$M_R(r) = C_i'(r)/C_0'(r) \tag{11-20}$$

很显然,光学系统的调制传递因子与同样空间频率 r 的方波响应是不一样的。它们之间有如下关系:

$$MTF(r) = \frac{\pi}{4}\left[M_R(r) + \frac{1}{3}M_R(3r) - \frac{1}{5}M_R(5r) + \frac{1}{7}M_R(7r) + \cdots \right] \tag{11-21}$$

根据式(11-21),只要利用空间频率分别为 r,$3r$,$5r$,$7r$,$\cdots$ 的一组矩形光栅进行测量,就可以得到对应不同空间频率的方波响应 $M_R(r)$,$M_R(3r)$,$M_R(5r)$,$M_R(7r)$,$\cdots$。将这些数值代入式(11-21),就可以计算出光学系统对空间频率 r 的调制传递因子 $MTF(r)$。

仿照式(11-21),同样可以写出

$$MTF(3r) = \frac{\pi}{4}\left[M_R(3r) + \frac{1}{3}M_R(9r) - \frac{1}{5}M_R(15r) + \frac{1}{7}M_R(21r) + \cdots \right]$$

$$MTF(5r) = \frac{\pi}{4}\left[M_R(5r) + \frac{1}{3}M_R(15r) - \frac{1}{5}M_R(25r) + \frac{1}{7}M_R(35r) + \cdots \right]$$

$$\vdots$$

$$\tag{11-22}$$

由此可见,根据测量所得到的方波响应可以直接计算出对应各种空间频率的调制传递因子 $MTF(r)$,$MTF(3r)$,$MTF(5r)$,$\cdots$,于是就得到了待测物镜的调制传递函数 $MTF(r)$,并能画出相应的调制传递函数曲线。

上面所讲述的用对比度法测量 $MTF(r)$,通常是在实验室中无专用的测量设备的情况下才采用的。实际上应用得最广泛的方法还是傅里叶变换法。下面将分别介绍各种傅里叶变换法的测量原理。

11.3　光电傅里叶分析法测量光学传递函数

光电傅里叶分析法主要是利用矩形光栅或者由矩形光栅组合产生的其他波形光栅代替光学傅里叶分析法中的正弦光栅。矩形光栅的制作比正弦光栅容易得多,而且精度容易得到保证。下面以矩形光栅为例来说明光电傅里叶分析法的测量原理。

光电傅里叶分析法也可以分为由矩形光栅扫描狭缝像和由狭缝扫描矩形光栅像两种方法,如图 11-7 所示。这两种扫描方式是等价的。

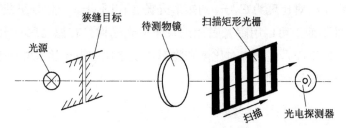

（a）由矩形光栅扫描狭缝像

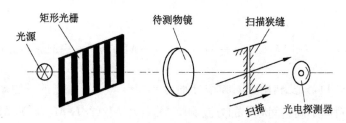

（b）由狭缝扫描矩形光栅像

图 11-7　光电傅里叶分析法测量原理图

用 $g_R(x)$ 表示矩形光栅的透过率分布,如图 11-8 所示。图中,P 表示周期,r 表示矩形波光栅的空间频率,即 $r=1/P$。在一个周期($-P/2 < x < P/2$)范围内,$g_R(x)$ 可以表示为

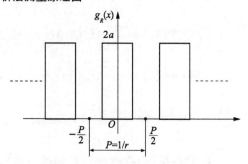

$$g_R(x)=\begin{cases}2a, & |x| < P/4 \\ 0, & |x| > P/4\end{cases}$$

图 11-8　矩形光栅透过率曲线

这样的周期函数,利用傅里叶级数很容易展开为如下表示式:

$$g_R(x)=a\left\{1+\frac{4}{\pi}\left[\cos 2\pi rx-\frac{1}{3}\cos 2\pi(3r)x+\frac{1}{5}\cos 2\pi(5r)x+\cdots\right]\right\} \quad (11\text{-}23)$$

现用图 11-7(a)中矩形光栅扫描狭缝像的方式来说明测量原理。假定狭缝目标的宽度足够窄,透过光的光强分布可以表示为 δ 函数,则在像平面上所形成的狭缝像光强分布 $i(x')$ 可以用卷积公式(11-6)表示为

$$i(x')=\int_{-\infty}^{\infty} LSF(x)\cdot\delta(x'-x)\mathrm{d}x=LSF(x')$$

上式表示此时狭缝像光强分布就是待测物镜的线扩散函数。当该狭缝像被矩形光栅扫描时,透过矩形光栅的光通量变化 $L(x'')$ 为

$$L(x'')=\int_{-\infty}^{\infty} i(x')g_R(x''-x')\mathrm{d}x'=\int_{-\infty}^{\infty} LSF(x')g_R(x''-x')\mathrm{d}x'$$

将式(11-23)代入上式很容易得到下面的结果：

$$L(x'') = a \left\{ 1 + \frac{4}{\pi} MTF(r) \cos\left[2\pi r x'' - PTF(r) \right] - \right.$$

$$\frac{1}{3} \cdot \frac{4}{\pi} MTF(3r) \cos\left[2\pi(3r)x'' - PTF(3r) \right] +$$

$$\left. \frac{1}{5} \cdot \frac{4}{\pi} MTF(5r) \cos\left[2\pi(5r)x'' - PTF(5r) \right] - \cdots \right\} \quad (11\text{-}24)$$

式(11-24)表示用矩形光栅扫描时的结果,相当于用傅里叶级数展开式(11-23)中所包含的空间频率分别为 r, $3r$, $5r$, $\cdots$ 一系列正弦光栅扫描后叠加的结果。其中,空间频率为 r 的成分称为基频成分,其余部分称为高次谐波。由式(11-24)可以看出,如果能设法把其中的基频成分和高次谐波区分出来,或者将高次谐波消除,就可以如同光学傅里叶分析法一样把 $MTF(r)$ 测量出来。但是用光学的方法是难以消除高次谐波的,通常借助电路系统的滤波手段,就能较为简单地把高次谐波滤掉。

式(11-24)表示的是由光电探测器接收到的随着矩形光栅扫描移动位置而改变的光通量的变化。如果矩形光栅扫描速度为 u,则有 $u \cdot t = x''$,光通量随时间变化的频率为 $v = r \cdot u$,则有

$$L(t) = a \left\{ 1 + \frac{4}{\pi} MTF(r) \cos\left[2\pi u t - PTF(r) \right] - \right.$$

$$\frac{1}{3} \cdot \frac{4}{\pi} MTF(3r) \cos\left[2\pi(3u)t - PTF(3r) \right] +$$

$$\left. \frac{1}{5} \cdot \frac{4}{\pi} MTF(5r) \cos\left[2\pi(5u)t - PTF(5r) \right] \cdots \right\} \quad (11\text{-}25)$$

光电探测器将上述光通量变化转换成光电流信号,如果使这种光电流信号经过一个中心频率为 v 的窄带通滤波器,则只能使基频成分通过,其余高次谐波成分一律通不过。这样滤波后的光电信号就相当于光电探测器只能接收到式(11-25)中所表示的基频成分,即

$$L(t) = a \left\{ 1 + \frac{4}{\pi} MTF(r) \cos\left[2\pi u t - PTF(r) \right] \right\} \quad (11\text{-}26)$$

从式(11-26)可以看出,光电流信号经过滤波以后,这种用矩形光栅的测量方法就和用正弦光栅的测量方法完全相同了。式(11-25)中有一常系数 $4/\pi$,由于 $MTF(r)$ 是反映正弦光栅的像和物对比度的比值,而式(11-25)所表示的矩形光栅的基频成分同样包含常系数 $4/\pi$,所以可以证明表示成像对比度下降的因子还是 $MTF(r)$,常系数在其中表示物对比度不是 1,对调制传递因子 $MTF(r)$ 没有影响。所以只要测量经过滤波以后的光电流信号中交流成分的振幅和初位相,就可以得到相应的调制传递因子和位相传递因子。

利用不同空间频率的矩形光栅分别进行扫描和测量,就可以得到调制传递函数 $MTF(r)$ 和位相传递函数 $PTF(r)$。

如果狭缝具有有限宽度 $2d$,由于它对调制传递函数 $MTF(r)$ 的测量影响和用正弦光栅时完全相同,所以可以利用下式

$$S(r) = M_s(r) \cdot \exp\left[iP_s(r)\right] = \frac{\sin 2\pi rd}{2\pi rd} \tag{11-27}$$

计算出狭缝函数 $S(x)$ 的傅里叶变换 $S(r)$ 的模量 $M_s(r)$,对所测量的 $MTF(r)$ 进行修正。

从上面的讲述可以看出,利用矩形光栅时,线扩散函数 $LSF(x)$ 的模拟傅里叶变换是通过光学(狭缝和矩形光栅相对移动扫描)和电学(滤波)的方法共同完成的,所以称为光电傅里叶分析法。这种方法除了使用矩形光栅外,还可以利用其他形状的周期变化的光栅,常用的有三角形波光栅和梯形波光栅。三角形波光栅可以利用两块空间频率相同的矩形光栅以小角度交叉重叠在一起而获得,这种光栅就是所谓的莫尔条纹。梯形波光栅可以利用类似辐射状鉴别率图案的光栅和狭缝组合得到。三角形波和梯形波同样可以用包括基频成分和一系列高次谐波的傅里叶级数来表示,所以同样可以通过电学滤波来获得正弦波响应,即实现 $MTF(r)$ 的测量。

11.4　数字傅里叶分析法测量光学传递函数

11.4.1　测量原理

上面所讲述的几种测量方法所能测量的空间频率范围是有限的。虽然可以使用频率扩展器,但是所能测量的最高空间频率通常也不超过 160 lp/mm。这是因为扫描光栅只能制作成很低空间频率的,否则精度很难保证。对电学傅里叶分析法来说,光电流信号的高次谐波分量的振幅是越来越小的,高于一定空间频率的谐波分量就难以测量了。

数字傅里叶分析法是通过测量得到线扩散函数 $LSF(x)$ 的一系列关于坐标 x 位置的抽样数值,将其变换成数字信号后直接输入数字电子计算机进行傅里叶变换计算的方法。线扩散函数的获得通常有两种方法,一种是在像平面上用一狭缝对待测物镜所成的狭缝像进行扫描,这时像平面上是单一的一个狭缝扫描,并且在扫描过程中按照一定的扫描移动间隔 Δx 可以给出相应的信号。如果在物平面上狭缝宽度足够小,则在像平面上的狭缝像光强分布就可以看成线扩散函数 $LSF(x)$。当扫描狭缝的宽度也不大时,则扫描狭缝所在的位置 x_i,透过扫描狭缝的光通量就表示了线扩散函数在 x_i 处的值 $LSF(x_i)$。该光通量由光电倍增管接收转换成电信号。这样,当扫描狭缝沿 x 轴方向做一次扫描后,就可以给出一系列间隔为 Δx 的位置 x_0, x_1, $\cdots$, x_{N-1} 处的线扩散函数抽样数据值,如

图 11-9 所示。利用这 N 个抽样数据就可以对线扩散函数 $LSF(x)$ 进行傅里叶变换的数值计算。

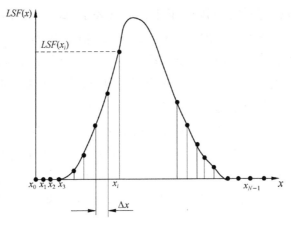

图 11-9　线扩散函数曲线图

由式(11-14)可以写成下列形式

$$OTF(r) = \Delta x \sum_{k=0}^{N-1} LSF(x_k) \exp(-2\pi ir \cdot x_k) = C - iS \tag{11-28}$$

式中，

$$\begin{cases} C = \Delta x \sum_{k=0}^{N-1} LSF(x_k) \cos(2\pi r x_k) \\ S = \Delta x \sum_{k=0}^{N-1} LSF(x_k) \sin(2\pi r x_k) \end{cases} \tag{11-29}$$

式(11-29)表示的运算就称为离散傅里叶变换。根据光学传递函数零频归化条件，即要求 $OTF(0) = 1$，在式(11-27)中可以令

$$M = \Delta x \sum_{k=0}^{N-1} LSF(x_k) \tag{11-30}$$

则很容易看出 M 即表示图 11-9 中线扩散函数 $LSF(x)$ 曲线下所包围的面积。经过零频归化后，式(11-28)可以改写为

$$\begin{aligned} OTF(r) &= \frac{\Delta x}{M} \sum_{k=0}^{N-1} LSF(x_k) \cdot \exp(2\pi ir x_k) \\ &= \frac{1}{M}(C - iS) = MTF(r) \exp[iPTF(r)] \end{aligned} \tag{11-31}$$

由式(11-31)可知，$MTF(r)$ 和 $PTF(r)$ 可以按下式计算：

$$\begin{cases} MTF(r) = \frac{1}{M} \sqrt{C^2 + S^2} \\ PTF(r) = \arctan(C/S) \end{cases} \tag{11-32}$$

式(11-29)、式(11-30)和式(11-32)就是根据测量得到的一系列（N 个）线扩散函数抽样数值计算 $MTF(r)$ 和 $PTF(r)$ 的公式。由这些公式可以看出，为了保持一定的计算准确度，要求 Δx 值（称为抽样间隔）很小。通常要求 $\Delta x < (1/2r_c)$，其中 r_c 是对应 $MTF(r_c) = 0$ 的空间频率（称为截止频率）。由于 Δx 值很小，所以抽样数目 N 是比较多的。由于对一种空间频率 r 就需要重新计算一遍，所以当空间频率数目要求较多时，这种计算是相当麻烦而且费时间的。利用数字电子计算机，并采用快速傅里叶变换（FFT）的计算方法，才使这种测量原理变为一种实用的测量方法。

获得线扩散函数的另外一种方法是刀口扫描法，如图 11-10 所示。在待测物镜的物平面上设置的是一被照亮的星点小孔，经过待测物镜成像，在像平面上的光强分布可以认为就是点扩散函数 $PSF(x, y)$。在像平面上设置一刀口对该星点像扫描，当刀口位于坐标位置 x 时，则透过刀口的光通量用 $ESF(x)$ 表示，并称其为刀口函数。

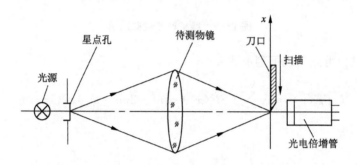

图 11-10　刀口扫描法测量线扩散函数原理示意图

刀口函数与点扩散函数之间的关系为

$$ESF(x) = \int_0^x \int_{-\infty}^{\infty} PSF(x, y)\mathrm{d}x\mathrm{d}y \qquad (11-33)$$

由于刀口边缘的长度与点扩散函数分布范围的宽度相比要大得多，所以沿 y 轴方向的积分范围可以扩大到无限。根据式(11-7)，则有

$$ESF(x) = \int_0^x LSF(x)\mathrm{d}x$$

由上式可以得到

$$LSF(x) = \frac{\mathrm{d}}{\mathrm{d}x}[ESF(x)] \qquad (11-34)$$

式(11-34)表示线扩散函数 $LSF(x)$ 可以用刀口函数 $ESF(x)$ 的微分来表示。 $ESF(x)$ 可以通过在像平面上用刀口对星点像扫描时，由光电倍增管所接受的光通量变化来测量。按刀口扫描移动一定的间隔 Δx，就可以得到一系列 $ESF(x)$ 的离散抽样值。利用电子计算机很容易由测得的这些离散抽样数据进行式(11-34)所表示的微分运算，这样就可以得到线扩散函数 $LSF(x)$。

得到线扩散函数 $LSF(x)$ 以后,就可以和前面的方法一样,由电子计算机对线扩散函数进行离散傅里叶变换,从而得到 $MTF(r)$ 和 $PTF(r)$。

随着现代计算机技术的迅速发展和广泛应用,这种数字傅里叶分析法越来越受到人们的重视。加上它所测得光学传递函数的空间频率是不受限制的,数字傅里叶分析法测量光学传递函数的原理将作为光学传递函数测试技术得到越来越广泛的应用。

11.4.2　测量装置

图 11-11 所示为利用数字傅里叶分析法测量光学传递函数的装置图。光源通过聚光镜把星点孔照亮。显微物镜把星点孔成像在待测物镜的目标位置上。该缩小的星点孔像经待测物镜成像,在像平面上形成点扩散函数 $PSF(x)$ 分布。由计算机控制系统给出信号使电机转动,带动刀口做扫描移动。透过刀口的光通量经中继透镜后,由光电倍增管接收。输出的光电流信号经前置放大和模数转换电路处理后送到计算机。在刀口扫描过程中,计算机接收到一系列等间隔的刀口函数 $ESF(x)$ 的抽样数据,经计算机进行微分运算和傅里叶变换计算,打印出所需要空间频率范围内的 $MTF(r)$ 值和 $PTF(r)$ 值。显示器可直接显示出刀口函数 $ESF(x)$。

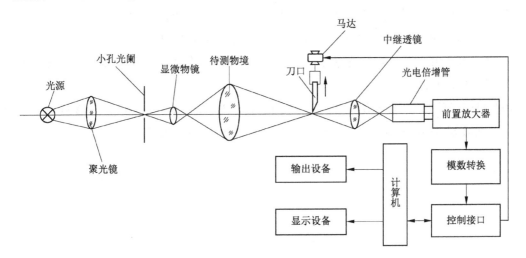

图 11-11　利用数字傅里叶分析法测量光学传递函数的装置图

刀口扫描运动的开始和结束都是由计算机控制的,接入额外的控制器可以进行离焦测量。整个仪器是组件式的,可以方便地安放和固定在光学平台上,与待测物镜组成不同的共轭光路形式。

参 考 文 献

［ 1 ］ 费业泰. 误差理论与数据处理[M]. 7 版. 北京:机械工业出版社,2015.

［ 2 ］ [印度]SIROHI R S. 光学计量导论[M]. 付永杰,才滢,等译. 北京:国防工业出版社,2020.

［ 3 ］ 苏俊宏,田爱玲,杨利红. 现代光学测试技术[M]. 北京:科学出版社,2013.

［ 4 ］ 周言敏,李建芳,王君. 光学测量技术[M]. 西安:西安电子科技大学出版社,2013.

［ 5 ］ 王文生,苗华,陈宇,等. 现代光学测试技术[M]. 北京:机械工业出版社,2013.

［ 6 ］ 沙定国. 光学测试技术[M]. 2 版. 北京:北京理工大学出版社,2009.

［ 7 ］ 冯其波. 光学测量技术与应用[M]. 北京:清华大学出版社,2008.

［ 8 ］ 王自强,包正康. 光学测量[M]. 杭州:浙江大学出版社,1989.

［ 9 ］ [墨西哥]D. 马拉卡拉. 光学车间检测[M]. 3 版. 杨力,伍凡,等译. 北京:机械工业出版社,2012.

［10］ MALACARA D, SERVíN M, MALACARA Z. Interferogram Analysis For Optical Testing[M]. 2th ed. New York：CRC Press,2005.